MATLAB 程序设计及应用

第2版

蒋 珉◎编 著

北京邮电大学出版社
www.buptpress.com

内 容 简 介

MATLAB 是美国 Mathworks 软件开发公司推出的一款高效科学计算软件。本书基于 MATLAB R2013b，全面地介绍了 MATLAB 的基础知识和基本应用，包括 MATLAB 的基本操作、数据结构和类型、基本绘图、程序设计、数值运算、符号运算、Simulink 仿真以及 MATLAB 在工程中的应用等。本书内容简明扼要，实例丰富，便于读者掌握。

本书适合作为高校控制、自动化、电子信息等专业的教材或教学参考书，也可供相关领域的科学研究和工程技术人员学习参考。

图书在版编目（CIP）数据

MATLAB 程序设计及应用 / 蒋珉编著. -- 2 版. -- 北京：北京邮电大学出版社，2015.11（2023.9 重印）
ISBN 978-7-5635-4536-0

Ⅰ.①M… Ⅱ.①蒋… Ⅲ.①Matlab 软件—程序设计 Ⅳ.①TP317

中国版本图书馆 CIP 数据核字（2015）第 228208 号

书　　名：MATLAB 程序设计及应用(第 2 版)
著作责任者：蒋　珉　编著
责 任 编 辑：刘春棠
出 版 发 行：北京邮电大学出版社
社　　址：北京市海淀区西土城路 10 号(邮编：100876)
发　行　部：电话：010-62282185　传真：010-62283578
E-mail：publish@bupt.edu.cn
经　　销：各地新华书店
印　　刷：唐山玺诚印务有限公司
开　　本：787 mm×1 092 mm　1/16
印　　张：16.5
字　　数：405 千字
版　　次：2010 年 3 月第 1 版　2015 年 11 月第 2 版　2023 年 9 月第 5 次印刷

ISBN 978-7-5635-4536-0　　定　价：32.00 元

第2版前言

本书是“普通高等院校电子信息类应用型规划教材”《MATLAB程序设计及应用》(北京邮电大学出版社,2010)的第2版。

本书第1版作为“普通高等院校电子信息类应用型规划教材”之一于2010年出版,被国内多家高校选作教材,受到好评,也收到了很多建议和修改意见。为了适应MATLAB技术的发展及新形势下本科教育改革的需求,作者对第1版进行了修订。在保留第1版章节目录的基础上,主要进行了以下修改和补充。

(1) 用MATLAB R2013b取代了MATLAB R2007b,相应地修改了有关的程序运行结果和图形。

(2) 在数据和函数的可视化中增加了三维曲线和曲面的绘制。

(3) 在Simulink交互式集成仿真环境中增加了S函数设计。

(4) 增加若干实例,并对其余部分作了适当修改,改正了第1版中存在的疏漏。

本书编写过程中,参考了大量的国内外著作和文献,在此致以由衷的谢意。东南大学自动化学院研究生车琳为本版的图形编辑和文字校对做了许多工作,在此表示感谢。

对于本版中存在的错误和不妥之处,恳请广大读者继续批评指正。

编著者

2015年8月

第1版前言

MATLAB是美国Mathworks软件开发公司自1984年开始推出的一种使用简便的科学计算软件，是随着Microsoft Windows操作系统的发展而迅速发展起来的。它充分利用Windows环境的交互性、多任务功能和图形功能，开发了矩阵的智能表示方式，使得矩阵运算和操作变得极为简单。MATLAB是一种更为抽象的高级计算机语言，既有与C语言等同的一面，又更为接近于人的抽象思维，便于学习和编程。同时，它具有很好的开放性，用户可以根据自己的需求，利用MATLAB提供的基本工具，灵活地编制和开发自己的程序，开创自己的应用。

自问世以来，MATLAB历经了实践的检验、市场的筛选和时间的锤炼，已经成为广大科研技术人员、高校师生最常用和最可信赖的科学计算仿真软件。大批学者也对MATLAB进行了自主开发，并以Toolbox（工具箱）的形式加入MATLAB总体环境中。

本书以MATLAB R2007b（即MATLAB7.5）/Simulink7.0为基础，讲述MATLAB的基础知识和基本应用。全书的内容经过了精心剪裁，每一章节都详细介绍了MATLAB的基本指令、函数和运算功能，并给出了简单的应用例题以说明其应用。某些章节给出了较为复杂的应用例题，说明利用基本指令的开发过程。每一章后面都给出了一定数量的习题，以便于读者自学。本书的讲解及语言力求简洁明了，通俗易懂。书中的所有例题均出于作者自己的实践，避免了仅仅翻译MATLAB的HELP解释所引起的语言烦琐和不确定性。同时，力求讲述的内容更为实用和集中，以减少不必要的篇幅。全书的内容深入浅出，叙述较为全面，适合于不同层次多个专业的读者。不仅可以作为初学读者的入门指导教材，也可以供中级水平的读者使用参考。

本书共分为9章。第1章为MATLAB入门与基本操作，介绍MATLAB的发展沿革、特点和应用领域，MATLAB的安装和操作界面以及MATLAB指令窗操作入门，目的是使读者能对MATLAB有一个初步的认识，并能够利用MATLAB指令窗完成一些简单的计算。第2章为数值数组及其运算，主要介绍数值数组的创建、标识、查询和定位，数组的运算和操作，以及MATLAB中特有的“无穷大”“非数”和“空”数组，目的是使读者掌握MATLAB的基本数据结构。第3章介绍字符串、元胞和结构数组,掌握这些数组是进行数据运算和操作的基础。第4章为数据和函数的可视化,主要介绍二维图形和特殊图形的绘制以及图形的修饰。第5章为MATLAB程序设计基础,介绍MATLAB的关系和逻辑运算、程序控制结构,M文件程序的编制和调试方法,以及MATLAB的函数类别与函数句柄。第6章为数值运算,全面地介绍包括多项式运算、曲线拟合和插值运算、数值微积分、线性代数的数值计算等MATLAB最基本的科学计算功能。第7章简要地介绍MATLAB的符号运算功能,包括符号对象的创建、符号表达式的代数运算和基本操作、符号微积分运算、符号方程的求解以及符号函数的可视化。第8章为Simulink交互式集成仿真环境,详细地介绍Simulink的基础、Simulink的模块库、Simulink仿真的配置、Simulink仿真实例与技巧、子系统及封装技术,为读者今后进一步学习和使用打下基础。第9章介绍MATLAB在自动控制、电路分析以及信号处理中的各种应用,目的是使读者在学习完MATLAB运算和操作功能后,能够结合具体工程实际,应用MATLAB求解实际工程问题。为了便于熟悉C/C++语言的读者能够在自己编制的C/C++语言程序中调用MATLAB的函数完成所需的运算,作者在附录部分简要地介绍了C++与MATLAB的混合编程。

在本书的写作过程中,作者参阅了国内外许多专家、同行的教材、著作和论文。书中插图的计算机绘制、程序设计的复核、部分程序的编写以及书稿的校核等由作者的研究生黄春平、张春玲和李东晓完成。在此一并表示由衷的谢意!

由于作者水平有限,书中的错误与不当之处在所难免,敬请各位专家和读者批评指正。

编著者

2009年12月

目　　录

第1章　MATLAB入门与基本操作 ………………………………………… 1

1.1　MATLAB的发展沿革 ………………………………………………… 1
1.2　MATLAB的特点及应用领域 ………………………………………… 2
1.3　MATLAB的安装启动与默认窗口简介 ……………………………… 3
1.3.1　MATLAB的安装和启动 ……………………………………… 3
1.3.2　MATLAB默认窗口简介 ……………………………………… 4
1.3.3　MATLAB R2013b界面菜单工具栏 ………………………… 5
1.4　MATLAB指令窗操作入门 …………………………………………… 5
1.4.1　MATLAB指令窗简介 ………………………………………… 5
1.4.2　最简单的计算器使用方法 ……………………………………… 6
1.4.3　数值、变量和表达式………………………………………………… 7
1.4.4　工作空间与变量管理 …………………………………………… 9
1.4.5　指令窗的显示方式与指令行的编辑及标点符号……………… 10
1.4.6　在线帮助…………………………………………………………… 12
习题 ……………………………………………………………………… 14

第2章　数值数组及其运算 ……………………………………………… 15

2.1　数值数组的创建、标识、查询和定位………………………………… 15
2.1.1　数组的创建……………………………………………………… 15
2.1.2　数组的标识……………………………………………………… 20
2.1.3　数组的查询和定位……………………………………………… 21
2.2　数组的运算和操作……………………………………………………… 22
2.2.1　数组的代数运算………………………………………………… 22
2.2.2　数组的块操作…………………………………………………… 25
2.2.3　数组的翻转操作………………………………………………… 25
2.2.4　数组运算的常用数学函数……………………………………… 26
2.3　“无穷大”“非数”和“空”数组……………………………………… 27
2.3.1　“无穷大” …………………………………………………… 27
2.3.2　“非数” ……………………………………………………… 27

2.3.3 “空”数组 …… 28
习题 …… 29

第 3 章 字符串、元胞和结构数组 …… 32

3.1 字符串数组 …… 32
3.1.1 字符串的创建、属性和标识 …… 32
3.1.2 字符串数组及字符串转换函数 …… 35
3.2 元胞数组 …… 36
3.2.1 元胞数组的创建和显示 …… 37
3.2.2 元胞数组的扩充和收缩 …… 39
3.2.3 元胞数组的内容获取 …… 39
3.3 结构数组 …… 40
3.3.1 结构数组的创建 …… 40
3.3.2 结构数组数据的获取和设置 …… 41
3.3.3 结构数组的扩充和收缩 …… 43
习题 …… 44

第 4 章 数据和函数的可视化 …… 45

4.1 二维曲线绘制的基本指令 plot …… 45
4.1.1 基本调用格式 plot(x,y,'s') …… 45
4.1.2 plot 指令的衍生调用格式 …… 46
4.2 坐标轴控制和图形标识 …… 48
4.2.1 坐标轴的控制 …… 48
4.2.2 坐标刻度标识 …… 49
4.2.3 网格和坐标框 …… 50
4.2.4 图形标识 …… 50
4.2.5 图例注解 …… 53
4.3 图形的控制、表现和双纵坐标 …… 54
4.3.1 多次叠绘 …… 54
4.3.2 图形窗的创建、选择和删除 …… 54
4.3.3 多子图 …… 55
4.3.4 双纵坐标图 …… 56
4.4 其他常用的二维绘图指令和从图形中取数据 …… 57
4.4.1 对数坐标图形 …… 57
4.4.2 极坐标图形 …… 58
4.4.3 其他常用的二维绘图指令简介 …… 59
4.4.4 获取二维图形数据的指令 ginput …… 60

4.5　三维绘图指令简介 …… 61
4.5.1　三维曲线绘制指令 plot3 …… 61
4.5.2　三维曲面图绘制指令 mesh 和 surf …… 62
习题 …… 63

第 5 章　MATLAB 程序设计基础 …… 65

5.1　MATLAB 程序设计入门 …… 65
5.2　M 文件编辑调试器 …… 68
5.3　MATLAB 的关系和逻辑运算 …… 68
5.3.1　关系操作符 …… 69
5.3.2　逻辑操作符 …… 70
5.4　MATLAB 流程控制结构 …… 71
5.4.1　循环结构 …… 71
5.4.2　条件结构 …… 76
5.4.3　开关结构 …… 78
5.4.4　试探结构 …… 79
5.4.5　控制程序流的其他常用指令 …… 80
5.5　M 脚本文件和 M 函数文件 …… 82
5.5.1　M 脚本文件 …… 82
5.5.2　M 函数文件 …… 82
5.5.3　局部变量和全局变量 …… 83
5.5.4　M 函数文件的一般结构 …… 84
5.6　MATLAB 的函数类别与函数句柄 …… 87
5.6.1　主函数 …… 87
5.6.2　子函数 …… 88
5.6.3　匿名函数 …… 89
5.6.4　函数句柄简介 …… 90
5.7　MATLAB 程序的跟踪调试 …… 91
5.8　加快 MATLAB 程序运行速度的建议 …… 95
习题 …… 97

第 6 章　数值运算 …… 100

6.1　多项式运算 …… 100
6.1.1　多项式的表达和创建 …… 100
6.1.2　多项式的四则运算和微积分运算 …… 100
6.1.3　多项式的求值、求根和部分分式展开 …… 103
6.1.4　两个有限长序列的卷积 …… 105

6.2 曲线拟合和插值运算 …… 107
6.2.1 多项式拟合 …… 107
6.2.2 插值运算 …… 108
6.3 数值微积分 …… 110
6.3.1 近似数值导数 …… 110
6.3.2 数值求和与近似数值积分 …… 113
6.3.3 常微分方程的数值解 …… 115
6.4 线性代数的数值计算 …… 119
6.4.1 常用的线性代数矩阵函数 …… 119
6.4.2 矩阵的标量特征参数的计算 …… 119
6.4.3 矩阵的特征值和特征向量的计算 …… 120
6.4.4 线性方程求解 …… 122
习题 …… 123

第 7 章 符号运算简介 …… 125

7.1 符号对象的创建 …… 125
7.2 符号表达式的代数运算 …… 129
7.2.1 符号运算中的算符和函数 …… 129
7.2.2 符号数值的任意精度控制和运算 …… 129
7.2.3 符号对象与数值对象的转换 …… 130
7.3 符号表达式的基本操作 …… 131
7.3.1 符号表达式中自变量的确定 …… 131
7.3.2 符号表达式的化简 …… 132
7.3.3 符号表达式的替换 …… 135
7.4 符号微积分运算 …… 136
7.4.1 极限和导数的符号运算 …… 136
7.4.2 序列/级数的符号求和运算 …… 138
7.4.3 符号积分运算 …… 139
7.5 符号方程的求解 …… 140
7.5.1 符号代数方程的求解 …… 140
7.5.2 符号微分方程的求解 …… 142
7.6 符号函数的可视化 …… 143
习题 …… 146

第 8 章 Simulink 交互式集成仿真环境 …… 147

8.1 Simulink 启动与模型库 …… 147
8.2 仿真结构图 …… 152
8.3 仿真的配置 …… 157
8.4 Simulink 仿真实例与技巧 …… 159

8.4.1 仿真结果的输出 …… 159
8.4.2 微分方程的 Simulink 仿真 …… 160
8.4.3 仿真结构的参数化 …… 162
8.4.4 与 M 函数文件的组合仿真 …… 163
8.4.5 采样控制系统的仿真 …… 164
8.5 用 MATLAB 指令运行 Simulink 模型 …… 168
8.6 子系统及封装技术 …… 169
8.6.1 创建子系统 …… 169
8.6.2 子系统的封装 …… 171
8.7 S 函数设计与应用简介 …… 178
8.7.1 S 函数的介绍 …… 178
8.7.2 S 函数的编写 …… 178
8.7.3 S 函数的应用 …… 180
习题 …… 181

第 9 章 MATLAB 在工程中的应用 …… 187

9.1 MATLAB 在自动控制中的应用 …… 187
9.1.1 控制系统数学模型及转换的 MATLAB 实现 …… 187
9.1.2 控制系统时域响应的 MATLAB 实现 …… 197
9.1.3 控制系统稳定性分析的 MATLAB 实现 …… 201
9.1.4 经典控制的 MATLAB 辅助设计简介 …… 207
9.1.5 现代控制的 MATLAB 辅助设计简介 …… 210
9.1.6 拉普拉斯变换、Z 变换及其逆变换 …… 214
9.2 MATLAB 在电路分析中的应用 …… 216
9.2.1 电阻电路 …… 216
9.2.2 动态电路 …… 218
9.2.3 正态稳态电路 …… 222
9.2.4 频率响应 …… 224
9.3 MATLAB 在信号处理中的应用 …… 227
9.3.1 离散傅里叶变换 …… 227
9.3.2 数字滤波器的结构 …… 231
9.3.3 FIR 数字滤波器的设计 …… 233
9.3.4 IIR 数字滤波器的设计 …… 236
习题 …… 238

附录 C/C++与 MATLAB 的混合编程 …… 244

参考文献 …… 248

第1章 MATLAB入门与基本操作

在自动化、电子、信息等相关领域的工程中存在着大量复杂烦琐的计算和仿真曲线绘制任务。随着计算机的广泛应用,许多重复烦琐的工作都可以交给它来完成,但用户需要编制计算机程序。MATLAB及其工具箱和Simulink交互式集成仿真环境的出现为系统的分析、设计和仿真提供了一个有效的工具。

本章简要介绍MATLAB的发展历史、特点和应用领域,各个窗口界面,主要语法和指令操作键,显示格式,相关内容的查找。

1.1 MATLAB的发展沿革

MATLAB是美国New Mexico大学的数学和计算机教授Cleve Moler在20世纪70年代中后期讲授线性代数课程时首创的,全名为MATrix LABoratory(矩阵实验室)。其初衷是利用他和同事编写的两个子程序库LINPACK(线性代数计算软件包)和EISPACK(基于特征值计算的软件包),为学生提供一套集指令翻译、科学计算于一身的软件系统。早期的MATLAB是用Fortran语言编写的,只能作矩阵运算;绘图也只能用极其原始的方法,即采用星号描点的形式画图;内部函数也仅仅提供了几十个。但由于在MATLAB下矩阵的运算变得异常容易,并且作为免费软件,因此即使其当时的功能十分简单,还是吸引了大批的使用者。

MATLAB从产生之日起,就得到了国外许多大学的师生和科技人员的关注、使用和开发。20世纪80年代初,John Little等人将先前采用Fortran语言编写的MATLAB全部用C语言进行改写,形成了新一代的MATLAB。1984年,Cleve Moler等一批数学家和软件专家成立了MathWorks软件开发公司,对MATLAB进行了大规模的扩展和改进,并于同年推出了第一个MATLAB的商用版本。大批美国和其他国家的学者也对MATLAB进行了自主开发,并以Toolbox(工具箱)的形式加入MATLAB总体环境。

1993年,MathWorks公司推出了基于PC的以Windows操作系统为平台的MATLAB4.0版。与以前的版本相比,MATLAB4.0版有了很大的改进,特别是增加了Simulink、Control、Neural Network、Optimization、Signal Processing、Spline、Robust Control等工具箱,使得MATLAB的应用范围越来越广。同年,MathWorks公司又推出了MATLAB4.2版,首次开发了Symbolic Math工具箱。

1997年推出的基于Windows 95的MATLAB5.0版实现了真正的32位运作,数值计算更快,图形表现更丰富有效,编程更简洁直观,用户界面十分友好。

2000年推出的MATLAB6.0版(Release 12)在核心数值算法、界面设计、外部接口、应用桌面等方面有了极大的改进。

2004年,MathWorks公司又推出了MATLAB7.0版(Release 14),其中集成了MATLAB7.0编译器、Simulink6.0图形仿真器及许多工具箱,在编程环境、代码效率、数据可视化、文件I/O等方面都进行了全面的升级。

MATLAB R系列是从2006年开始发布的,MathWorks公司在技术层面上实现了一次飞跃。从此以后,产品的发表模式也发生了变化。每年的3月和9月MathWorks公司进行两次产品发布,版本的命名方式为"R+年份+代码",对应于上下半年的代码分别是a和b。每一次发布都会包含所有的产品模块。

MATLAB R2013b是MathWorks公司在2013年9月推出的产品。除了包含前面版本的基本功能外,MATLAB R2013b新推出了Fixed-Point Design(设计和执行定点算法并分析定点数据)和Trading Toolbox(访问价格、定制订单并将订单发送到交易市场工具箱),并且对外观界面和一些函数的使用进行了改进,同时对前面版本的一些工具箱进行了更新。

最近的一次版本更新是2015年9月推出MATLAB R2015b。该版本对许多工具箱作了相应的升级,使得MATLAB的功能更强,应用更简便。

1.2 MATLAB的特点及应用领域

MATLAB具有不同于其他计算机程序设计语言(如Fortran、C语言等)的特点,被称为第四代计算机语言,又称为"草稿纸式"的语言。它可以把工程技术人员从烦琐的程序代码中解放出来,能够快速地验证自己的模型和算法。概括起来,MATLAB具有如下特点。

(1) MATLAB以复数数组(包括矩阵)作为基本编程单元,每个变量代表一个数组,其中的每个元素都可以是复数。数组的维数不需要预先定义即可采用,还可以随时改变数组的尺寸,这在其他高级语言中是很难实现的。MATLAB的所有运算包括加、减、乘、除、函数运算等都对数组和复数有效。

(2) MATLAB易学易用,其函数名和表达更接近书写计算公式的思维表达方式。使用MATLAB编程犹如在草稿纸上排列公式和求解问题。MATLAB是一种解释性语言,它对每条语句解释后立即执行并得出结果,无须专门的编辑器。如果运行中出现错误会立即作出反应,便于编程者立即纠正。

(3) MATLAB是一种面向科学和工程计算的高级语言。它以数组运算为基础,极少的代码就可以实现复杂的功能。例如,在求矩阵的行列式时,MATLAB只需要用一条指令det()即可,而C语言等则需要几十甚至上百条代码。

(4) MATLAB具有强大而智能化的图形功能。MATLAB本身就是一个Windows操作系统下的具有良好用户界面的系统,并且提供了丰富的图形界面设计函数,可以方便地将工程计算结果可视化。它能根据输入数据自动确定最佳坐标,规定多种坐标系(如极坐标系、对数坐标系等),设置不同颜色、线形、视角等,并能绘制三维坐标中的曲线和曲面。

(5) MATLAB提供了许多面向应用问题求解的工具箱函数,从而大大方便科研人员的使用。目前,MATLAB提供了几十个工具箱,如信号处理、图像处理、控制系统、非线性控制设计、鲁棒控制、系统辨识、最优化、神经网络、模糊系统和小波等。它们中包含了各个领域应用问题求解的便利函数,使系统的分析与设计变得更加简捷。

(6) MATLAB开放性好,易于扩充。除了MATLAB提供的内部函数外,MATLAB

的其他文件都是公开的、可读可改的源文件,体现了MATLAB的开放性特点。用户可以修改源文件和加入自己的文件,甚至构造自己的工具箱。

(7) MATLAB与C语言和Fortran语言有良好的接口。用户可以在C语言和Fortran语言中调用MATLAB的函数或程序,完成MATLAB与它们的混合编程,从而充分利用已有的MATLAB资源。同样,也可以在MATLAB中调用C语言和Fortran语言编写的程序。

但是,MATLAB作为一种解释性语言,与C语言和Fortran语言等其他高级语言相比较,也存在如下一些缺点:

- 运行效率较低,执行相同功能的代码运行时间较长;
- 用户编制的程序文件为文本文件,可以用文本编辑器直接打开,不利于保密;
- 访问硬件的能力相对较差,图形用户界面功能也不够灵活。

MATLAB以商品形式出现后,仅仅几年时间,就以其良好的开放性和运行的可靠性使得原先控制领域里的封闭软件包(如英国的UMIST、瑞典的LUND和SIMNON、德国的KEDDC等)被纷纷淘汰,而改以MATLAB为平台加以重建。目前,MATLAB已经成为国际控制界公认的标准计算软件。从20世纪90年代初期开始,在国际上的众多数学类科技应用软件中,MATLAB在数值计算方面一直独占鳌头。在国内外大学中,诸如应用代数、数理统计、自动控制、数字信号处理、模拟与数字通信、时间序列分析、动态系统仿真等课程都将MATLAB作为学习内容,使其成为攻读学位的大学生、硕士生和博士生必须掌握的基本工具。

MATLAB的应用领域十分广阔,典型的应用举例如下:

- 数据分析;
- 数值与符号计算;
- 工程与科学绘图;
- 控制系统设计;
- 电路分析计算;
- 通信系统设计与仿真;
- 航天工业;
- 汽车工业;
- 生物医学工业;
- 语音处理;
- 图像与数字信号处理;
- 财务、金融分析;
- 建模、仿真与样机开发;
- 新算法的研究开发。

1.3 MATLAB的安装启动与默认窗口简介

1.3.1 MATLAB的安装和启动

MATLAB可以在Windows环境下直接安装。一般说来,当MATLAB光盘插入光驱后,会自启动“安装向导”。假如自启动没有实现,那么可以在“我的电脑”或“资源管理器”中双击 setup.exe 应用程序,使“安装向导”启动。安装过程中出现的所有界面都是标准的,用户只要按照屏幕提示操作,如输入用户名、单位名、口令等就行了。

MATLAB 安装完成后,会在 Windows 桌面上自动生成 MATLAB 的快捷方式图标 matlab.exe。使用时,在 Windows 桌面上直接双击该图标,启动 MATLAB,就打开了如图 1.1 所示的 MATLAB 默认窗口(Desktop)。

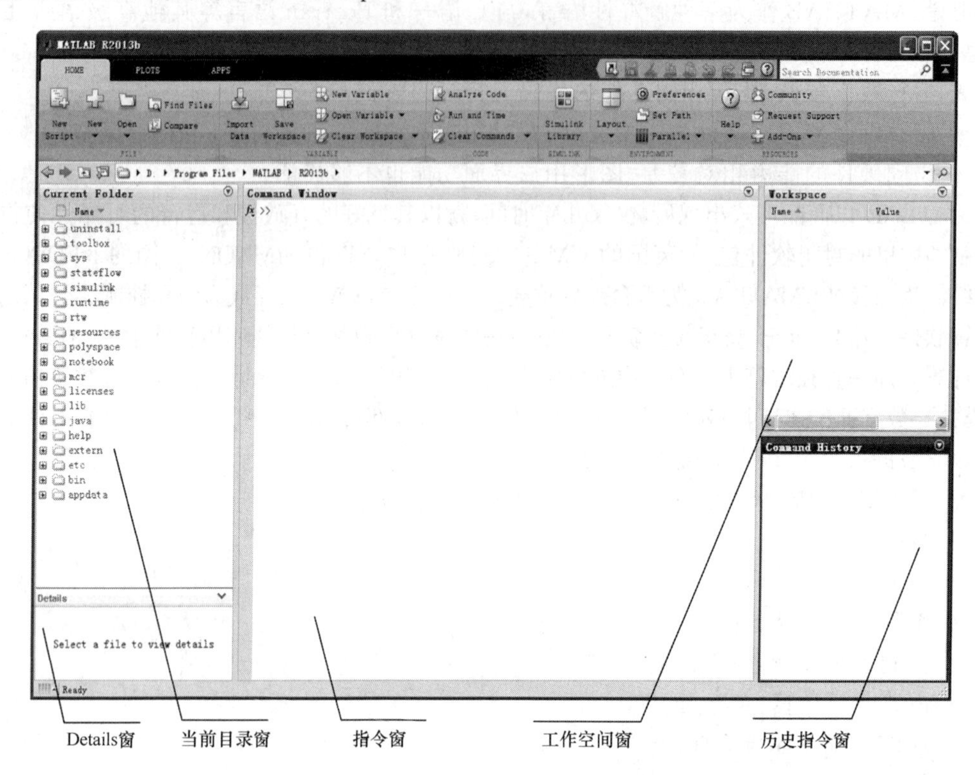

图 1.1　MATLAB R2013b 启动后的默认窗口

假如 Windows 桌面上没有 MATLAB 图标,那么可以双击 MATLAB\R2013b\bin 文件夹下的快捷方式图标 matlab.exe MATLAB Starter A... The MathWorks Inc.,启动 MATLAB。

1.3.2　MATLAB 默认窗口简介

从图 1.1 中可以看到 MATLAB 默认窗口共分为 5 个区域:指令窗、当前目录窗、历史指令窗、工作空间窗和 Details 窗。

- 指令窗(Command Window)

该窗口是进行各种 MATLAB 操作的最主要窗口。它位于 MATLAB 默认窗口的正中间,如图 1.1 所示。用户可以在该窗口中提示符“fx>>”后直接键入指令,按“Enter”键后,即可运行并显示除窗口外的所有运行结果。当指令窗提示符为“fx>>”时,表示系统已经准备好,用户可以输入指令、函数、表达式,按“Enter”键后便可执行。

- 当前目录窗(Current Folder)

该窗口位于 MATLAB 默认窗口的左上方。它显示了当前目录下所有文件的文件名、文件类型、最后修改时间和文件相关描述等信息。

- 历史指令窗(Command History)

该窗口位于MATLAB默认窗口的右下方。它自动记录从MATLAB安装起所有已经运行过的指令、函数、表达式,以及它们的运行日期和时间,从而方便用户查询。该窗口中的所有指令、文字都允许复制、重新运行及用于产生M文件。

- 工作空间窗(Workspace)

该窗口位于MATLAB默认窗口的右上方。它列出了MATLAB工作空间中所有的变量名、大小、字节数和变量类型说明。在该窗口中,可以对变量进行观察、编辑、提取、保存和删除等操作。

- Details 窗

该窗口位于MATLAB默认窗口的左下方,用于显示文件的细节。

另外,在MATLAB操作桌面的上方,还嵌入了菜单栏和工具栏,如图1.1所示。它们的使用及选择方式与Windows环境中的相同。

1.3.3 MATLAB R2013b界面菜单工具栏

MATLAB R2013b的界面相比较于其旧版本有了很大的差别,菜单和工具合为一体,即菜单工具。在MATLAB启动后,在默认窗口(如图1.1所示)的上方,用户可以看到如图1.2所示的菜单工具栏。顶层菜单有HOME(基本菜单和工具)、PLOTS(绘图工具)和APPS(应用程序)共3项。我们将在后面的章节中,根据需要选择介绍。

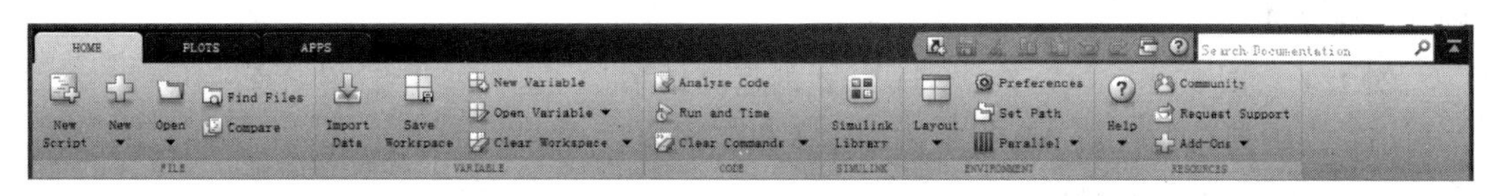

图1.2 菜单工具栏

1.4 MATLAB指令窗操作入门

MATLAB有很多种使用方法和多种形式的窗口。但最基本的、入门时首先要掌握的是:MATLAB指令窗的基本表现形态和操作方式。

1.4.1 MATLAB指令窗简介

MATLAB指令窗位于MATLAB默认窗口的正中间,如图1.1所示。如果用户希望得到脱离操作桌面的几何独立的指令窗,只要单击图1.2中的图标 Layout,并在下拉菜单中选择 Command Window Only 就可以获得如图1.3所示的指令窗。

【说明】

- 图1.3所示指令窗显示了例1.1运行的结果。
- 如果用户希望让几何独立的指令窗嵌入回MATLAB默认窗口,则只要单击下拉菜单中的图标 Default 即可。

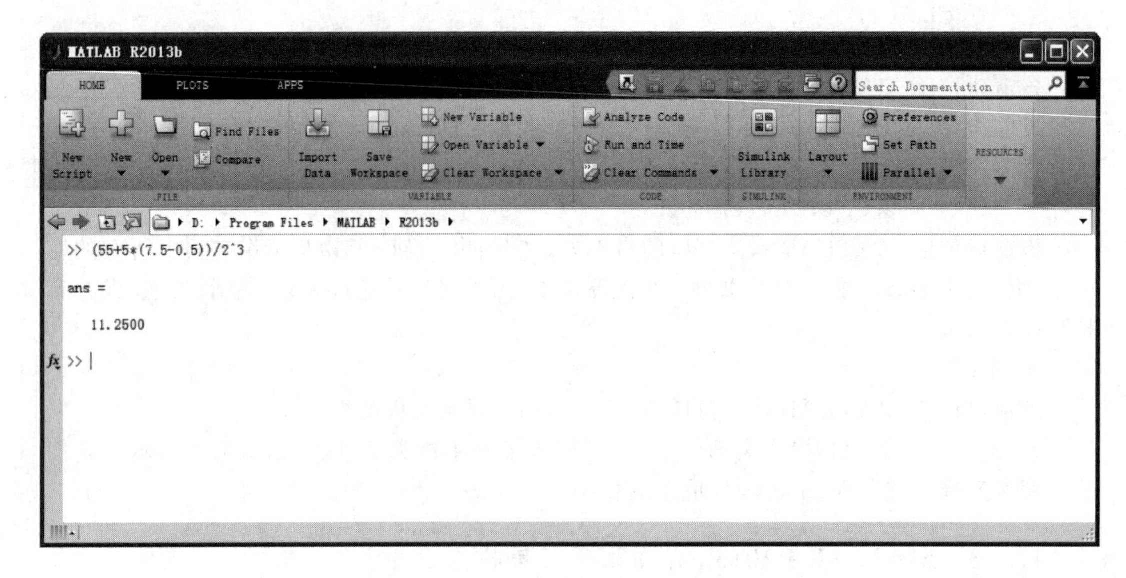

图 1.3　几何独立的指令窗

1.4.2　最简单的计算器使用方法

为了便于学习,本节以算例的方式叙述,并通过算例归纳出一些 MATLAB 最基本的规则和语法结构。

例 1.1　求$[55+5\times(7.5-0.5)]\div 2^3$的运算结果。

(1) 用键盘在 MATLAB 指令窗中输入以下内容:

```
>>(55 + 5 * (7.5 - 0.5))/2^3
```

(2) 在上述表达式输入完成后,按下“Enter”键,该条指令就被执行。

(3) 在指令执行后,MATLAB 指令窗中将显示以下结果:

```
ans =
   11.2500
```

【说明】

- MATLAB 指令是带有提示符“>>”的,从而可以区分是指令还是 MATLAB 给出的运行结果。
- MATLAB 的运算符(如+、-等)都是各种计算程序中常见的习惯符号。
- 在键入一条指令后,必须按下“Enter”键,该条指令才会被执行。这一点务必请读者注意。出于叙述简明的考虑,本书以后将不再重复提及此操作。
- 计算结果显示中的“ans”是英文“answer”的缩写,其含义是“运算答案”。这是 MATLAB 中的一个预定义的默认变量。
- 指令执行后,在工作空间窗中会出现一个图标▦(这是数值数组的标识)。
- 本例在 MATLAB 指令窗中的实际运行情况如图 1.3 所示。

例 1.2　简单数组 $\mathbf{A}=\begin{pmatrix}1 & 2\\ 3 & 4\\ 5 & 6\end{pmatrix}$的输入。

```
>> A = [1,2;3,4;5,6]
A =
     1     2
     3     4
     5     6
```

【说明】

- 直接输入数组时,数组元素之间用空格或逗号分隔,数组行之间用分号分隔,整个数组放在方括号对“[]”里。注意:**标点符号必须在英文状态下输入**!
- 在 MATLAB 中,不必事先对数组的维数进行任何说明,存储将自动配置。
- 指令执行后,数组 A 被保存在 MATLAB 的工作空间中。如果用户不对它进行重新赋值,或用 clear 指令清除它,该数组将会一直保存在工作空间中,直到本次 MATLAB 指令窗被关闭为止。
- MATLAB 对字母的大小写是敏感的。在本例中,数组赋给了变量 A,而不是小写的 a。
- 按照 MATLAB 的变量定义规则,在本书中,将所有变量都定义为数组。标量被看作(1×1)的数组,向量认为是$(1\times n)$或$(m\times1)$的数组,矩阵认为是$(m\times n)$的数组。

例 1.3　数组的分行输入。

```
>>A = [1,2
     3,4
     5,6]
A =
     1     2
     3     4
     5     6
```

【说明】

- 本例采用的这种输入法是为了视觉习惯。对于较大数组采用此法不易出现输入错误。
- 在这种输入法中,“Enter”键用来分隔数组中的行。

例 1.4　指令的续行输入。

```
>>s = 1 + 2 - 3 + 4 - ...
  5 + 6 - 7 + 8 - ...
  9 + 10
s =
     7
```

【说明】

- MATLAB 用 3 个或 3 个以上的连续黑点表示“续行”,即下一行是上一行的继续。

1.4.3　数值、变量和表达式

前面的算例只演示了“计算器”功能,那仅是 MATLAB 全部功能中小小的一角。为了深入学习 MATLAB,有必要系统地介绍一些基本规定。

1. 数值的记述

MATLAB 的数值采用习惯的十进制表示,可以带小数点或负号。以下记述都合法:

4　　−100　　0.0001　　6.789　　8.7e−6　　−1.8e56

在采用 IEEE 浮点算法的计算机上,数值通常采用"占用 64 位内存的双精度"表示。其相对精度是 eps(MATLAB 中的一个预定义变量),大约保持有效数字 16 位。数值范围大致为10^{-308}~10^{308}。

除了一般实数数据之外,MATLAB 还支持复数数组和字符串型数组,这使得 MATLAB 编程功能变得更强大。

2. 变量命名规则

MATLAB 中变量名应该由一个字母引导,后面可以跟字母、数字、下划线等,变量名最多不超过 63 个字符。例如,Myvar12、My_Var12 和 MyVav12_都是有效的变量名;而 12MyVar 和_MyVar 12 为无效的变量名。MATLAB 中变量名是区分大小的。例如,Abc 和 ABC 是两个不同的变量;sin 是 MATLAB 中定义的正弦函数名,但 SIN、Sin 都不是。

变量名中不得包含空格、标点、运算符,但可以包含下划线。如变量名 my_var_201 是合法的,且读起来更方便。而 my,var201 由于逗号的分隔,就不能表示一个变量名。

3. 预定义变量

MATLAB 中有一些所谓的"预定义变量"(Predefined Variable),如表 1.1 所示。每当 MATLAB 启动时,这些变量就自动产生并取表中的预定义值。这些变量都有特殊的含义和用途。如果用户对表中任何一个预定义变量进行赋值,则那个变量的默认值将被用户新赋的值"临时"覆盖,原始的特殊取值将会丢失。所谓"临时"是指:假如使用 clear 指令清除 MATLAB 内存中的所有变量或 MATLAB 指令窗被关闭后重新启动,那么所有的预定义变量将被重置为默认值,不管这些预定义变量曾被用户赋过什么值。建议:读者在编写指令和程序时,尽量不对表 1.1 中的预定义变量重新赋值,以免产生混淆。

表 1.1　MATLAB 中的预定义变量

预定义变量	含义
ans	计算结果的默认变量名
pi	圆周率
eps	计算机的最小数,和 1 相加就产生一个比 1 大的数
flops	浮点运算数
Inf 或 inf	无穷大,如 1/0
NaN 或 nan	非数,如 0/0、∞/∞
i 或 j	$i=j=\sqrt{-1}$
nargin	函数输入宗量个数
nargout	函数输出宗量个数
realmin	最小可用正实数
realmax	最大可用正实数

4. 运算符和表达式

MATLAB 中的算术运算符和其他程序设计语言的表现形式相同。但由于 MATLAB

是面向矩阵/数组运算设计的,所有变量都看作是数组,因此"乘、除和幂"运算的规则与一般矩阵/数组运算有所不同。除法运算包括"左除"和"右除"两种运算。具体说明详见第2章。

MATLAB表达式的书写规则与"手写算式"几乎完全相同,也与其他程序设计语言没有多少差别。

- 表达式由变量名、运算符和函数名组成。
- 表达式按常规的优先级从左到右执行运算。
- 优先级的基本规定是:指数运算级别最高,乘除运算其次,加减运算级别最低。
- 括号可以改变运算的次序。
- 书写表达式时,赋值符"="和运算符两侧允许有空格,以增加可读性。

1.4.4 工作空间与变量管理

MATLAB中提供了多种方法,用于对工作空间与变量进行管理。

对于如图1.1所示的默认窗口,直接单击工作空间窗中的变量名就可以进行相应的操作;对于如图1.3所示的几何独立的指令窗,则可以通过三个常用指令who、whos和clear进行。

在指令窗中运行who指令和whos指令,可以获得有关工作空间中变量的相关信息;而运行clear指令则可以删除一些不再使用的变量,使整个工作空间更简洁。

例1.5 在指令窗中运行指令who、whos和clear的示例。

(1) 创建变量

```
>> clear;X1 = [0.2,1.11,3]; Y1 = [1,2,3;4,5,6]; m = 77; n = 0.5;
```

(2) 运行who指令查看工作空间中的变量名

```
>> who
Your variables are:
X1  Y1  m  n
```

(3) 运行whos指令了解变量的具体信息

```
>> whos
  Name      Size          Bytes Class          Attributes
  X1        1x3           24   double array
  Y1        2x3           48   double array
  m         1x1           8   double array
  n         1x1           8   double array
```

(4) 运行clear指令删除变量

```
>> clear X1 Y1
>> who
Your variables are:
m  n
```

键入

```
>> clear
>> who
```

没有任何变量名显示。

【说明】

- 可以把多条指令放在同一行上输入,中间用逗号或分号分隔。如果采用了分号,则不显示该条指令的运行结果。
- whos 指令将列出全部变量的变量名(Name)、大小(Size)、字节数(Bytes)、变量类型(Class)。
- MATLAB 将所有的变量都作为数组来看待。
- clear 指令中,X1 和 Y1 之间不能加逗号或分号,只能用空格分隔;否则该指令就会被错误地解释成删除 X1 变量,然后运行下一条指令(其内容为 Y1),而该条指令将被解释成将 Y1 变量的内容显示出来,这样 Y1 变量就不会被删除。
- 应当特别注意:**单独键入 clear,将无条件删除 MATLAB 工作空间中的全部变量!系统不会要求用户确认该指令,所有变量都被清除,并且不能恢复!**

1.4.5 指令窗的显示方式与指令行的编辑及标点符号

1. 默认的输入显示方式

从 MATLAB7.0 版本开始起,指令窗中的字符、数值等采用更为醒目的分类显示:输入指令中的 if、for、end 等控制数据流的 MATLAB 关键词自动地采用蓝色字体显示;输入指令中的非控制指令、数码都自动地采用黑色字体显示;输入的字符串自动地采用紫色字体显示。

2. 运算结果的显示

在指令窗中显示的输出有:指令执行后,数值结果采用黑色字体输出;而运行过程中的警告信息和出错信息用红色字体显示。

运行中,屏幕上最常见到的数字输出结果由 5 位数字构成。这是“双精度”数据的默认输出格式。用户不要误认为,运算结果的精度只有 5 位有效数字。实际上,MATLAB 的数值数据通常占用 64 位(bit)内存,以 16 位有效数字的“双精度”进行运算和输出。MATLAB 为了比较简洁、紧凑地显示数值输出,才默认地采用“format short g”格式显示出 5 位有效数字。用户根据需要,可以在 MATLAB 指令窗中直接输入相应的指令,或者在菜单弹出框中进行选择,都可获得所需的数值计算结果显示格式。表 1.2 给出了这些常用的数字显示格式。

表 1.2　常用数字显示格式指令

指　　令	含　　义
format short	通常保证小数点后 4 位
format long	小数点后 15 位
format short e	5 位科学记数表示
format long e	15 位科学记数表示
format short g	从 format short 和 format short e 中自动选取最佳显示方式(默认显示)
format long g	从 format long 和 format long e 中自动选取最佳显示方式(默认显示)
format hex	十六进制表示
format bank	两个十进制位(金融中元、角、分表示)
format +	正、负或零分别用“+”“-”和“空格”表示
format rat	有理数近似表示

例1.6　在指令窗中运行format指令的示例。

```
>> a = 215/3
a =
   71.6667
>> format long; a
a =
   71.66666666666671
>> format + ; a
a =
 +
```

【说明】

- 在选择不同的数字显示格式时，MATLAB并不改变数字的大小，只改变显示格式。
- 一旦键入了上述某条format指令，工作空间中的所有数据均采用同一格式显示。并且，在下一次键入format指令前，所有数据均按照本次format指令规定的格式显示。

3. 指令窗中指令行的编辑

由于MATLAB把指令窗中输入的所有指令都记录在内存中专门的"历史指令"(Command History)空间中，因此MATLAB的指令窗不仅可以对输入的指令进行编辑和运行，而且可以对已输入的指令进行回调、编辑和重新运行。常用的操作键如表1.3所示。

表1.3　指令窗中行编辑的常用操作键

键　名	作　用	键　名	作　用
↑	向前调回已输入过的指令行	Home	使光标移到当前行的开头
↓	向后调回已输入过的指令行	End	使光标移到当前行的末尾
←	在当前行中左移光标	Delete	删去光标右边的字符
→	在当前行中右移光标	Backspace	删去光标左边的字符
Page Up	向前翻阅当前窗中的内容	Esc	清除当前行的全部内容
Page Down	向后翻阅当前窗中的内容	Ctrl+C	中断MATLAB指令的运行

4. 指令窗中的标点符号

MATLAB中标点符号的作用如表1.4所示。

表1.4　MATLAB中常用标点符号的功能

名　称	符　号	功　能
空格		用于输入变量之间的分隔符以及数组行元素之间的分隔符
逗号	,	用于要显示运算结果的指令之间的分隔符；用于输入变量之间的分隔符；用于数组行元素之间的分隔符
点号	.	用于数值中的小数点
分号	;	用于不显示计算结果的指令行的结尾；用于不显示计算结果的指令之间的分隔符；用于数组行之间的分隔符

续 表

名 称	符 号	功 能
冒号	:	用于生成一维数组,表示一维数组的全部元素或多维数组的某一维的全部元素
赋值号	=	用于将表达式赋值给一个变量
百分号	%	用于注释的前面,在它后面的指令不需要执行
单引号	' '	用于括住字符串
圆括号	( )	用于引用数组元素;用于函数输入宗量列表;用于确定代数运算的先后次序
方括号	[ ]	用于构成向量和矩阵;用于函数输出宗量列表
花括号	{ }	用于构成元胞数组
下划线	_	用于一个变量、函数或文件名中的连字符
续行号	...	用于把后面的行与该行连接以构成一条较长的指令
"At"号	@	用于放在函数名前形成函数句柄

需要特别提醒的是,**在向指令窗中输入指令时,一定要在英文状态下输入。**这一点对于刚刚输完汉字后的初学者尤为重要,他们很容易忽略中英文输入状态的切换。

1.4.6 在线帮助

为了帮助用户在繁多的MATLAB指令中找到所需的指令并且了解相应的使用方式,MATLAB提供了广泛的在线帮助功能。最常用的功能是直接使用指令help和lookfor。

1. help指令

在指令窗中运行help指令可以获得不同程度的帮助。

例1.7 在指令窗中运行help指令的示例。

(1) 运行help引出主题(Topics)分类列表

键入

```
>> help
HELP topics:
matlab\testframework        - (No table of contents file)
matlabxl\matlabxl           - MATLAB Builder EX
matlab\demos                - Examples.
matlab\graph2d              - Two dimensional graphs.
matlab\graph3d              - Three dimensional graphs.
matlab\graphics             - Handle Graphics.
matlab\plottools            - Graphical plot editing tools
matlab\scribe               - Annotation and Plot Editing.
matlab\specgraph            - Specialized graphs.
matlab\uitools              - Graphical user interface components and tools
toolbox\local               - General preferences and configuration information.
matlab\optimfun             - Optimization and root finding.
matlab\codetools            - Commands for creating and debugging code
matlab\datafun              - Data analysis and Fourier transforms.
matlab\datamanager          - (No table of contents file)
```

```
matlab\datatypes        - Data types and structures.
matlab\elfun            - Elementary math functions.
matlab\elmat            - Elementary matrices and matrix manipulation.
      ……          ……           ……
```

(2) 运行 help topic 引出具体主题下的函数名(FunName)列表

```
>> help elmat
Elementary matrices and matrix manipulation.
  Elementary matrices.
    zeros        - Zeros array.
    ones         - Ones array.
    eye          - Identity matrix.
    ……         ……         ……
```

(3) 运行 help FunName 获得具体函数的用法说明

```
>> help zeros
zeros   Zeros array.
    zeros(N) is an N-by-N matrix of zeros.
    zeros(M,N) or zeros([M,N]) is an M-by-N matrix of zeros.
    zeros(M,N,P,...) or zeros([M N P ...]) is an M-by-N-by-P-by-... array of
zeros.
    ……         ……         ……
```

(4) 运行 help help 得到如何使用 help 的信息

```
>> help help
help Display help text in Command Window.
       help, by itself, lists all primary help topics. Each primary topic
       corresponds to a folder name on the MATLAB search path.
    ……               ……               ……
```

【说明】

- 本例显示结果中的省略号是为了减少篇幅而采用的,并非全部运行结果显示。

2. lookfor 指令

lookfor 指令根据关键词提供帮助。

例 1.8 寻找所有求解 riccati 方程的指令和解释语句。

```
>> lookfor riccati
are                     - Algebraic Riccati Equation solution.
dric                    - Discrete Riccati equation residual calculation.
ric                     - Riccati residual calculation.
aresolv                 - Continuous algebraic Riccati equation solver (eigen & schur).
daresolv                - Discrete algebraic Riccati equation solver (eigen & schur).
driccond                - Discrete Riccati condition numbers.
riccond                 - Continuous Riccati equation condition numbers.
care                    - Solve continuous-time algebraic Riccati equations.
dare                    - Solve discrete-time algebraic Riccati equations.
gcare                   - Generalized solver for continuous algebraic Riccati equations.
gdare                   - Generalized solver for discrete algebraic Riccati equations.
```

习　题

1.1 与其他计算机程序设计语言相比,MATLAB 突出的特点是什么?

1.2 MATLAB 默认窗口可以分为几个部分?如何使某个窗口脱离默认窗口成为独立窗口?又如何将脱离出去的窗口重新集成到默认窗口中?

1.3 历史指令窗除了可以观察已输入的指令外,还有什么用途?

1.4 请指出下列 5 个变量名中,哪些是合法的?

abcdef-1　　wxyz_2　　3chang　　ab 变量　　ABCdef

1.5 在 MATLAB 环境中,比 1 大的最小数是多少?

1.6 何为预定义变量?它们在程序中能被赋给其他值吗?

1.7 指令 who 和 whos 有何异同之处?

1.8 以下两种说法对吗?① MATLAB 的数值表达精度与其指令窗中的数据显示精度相同;② MATLAB 指令窗中显示的数值有效位数不超过 7 位。

1.9 MATLAB 默认的显示格式是什么?

1.10 MATLAB 中有几种获取帮助的途径?

1.11 利用 help 指令寻找求取矩阵特征值的函数,并了解其使用方法。

第 2 章　数值数组及其运算

MATLAB 强大的数值计算功能是基于数值数组(Numeric Array)来进行的,所有变量都被看作是数组。本章将介绍数值数组的创建、标识、查询和定位,数值数组的运算和操作,以及 MATLAB 中特有的“无穷大”“非数”和“空”数组。

2.1　数值数组的创建、标识、查询和定位

出于数值运算离散本质的考虑,也出于“向量化”快速处理数据的需要,MATLAB 总把数值数组看作是存储和运算的基本单元,标量数据被看成是(1×1)的数组,而矩阵则是$(m\times n)$的数组。因此,理解和掌握数组的创建、标识、查询和定位运算就显得特别重要。

2.1.1　数组的创建

数值数组有多种创建方法。每一种创建数组的方法都是直观方便的。

需要指出的是,除了通常采用的一维“行”或“列”数组(即“行”向量或“列”向量)和二维数组(即矩阵)外,MATLAB 也支持三维甚至更高维数组。有兴趣的读者可以参阅相应的文献。

1. 逐个元素输入法

这是最简单,也是最通用的创建方法。例 1.1～例 1.4 就是采用这种方法创建的。复数矩阵(即二维复数数组)的输入也很简单。

例 2.1　产生复数数组 $\boldsymbol{B}=\begin{pmatrix}1+9\mathrm{i} & 2+8\mathrm{i} & 3+7\mathrm{i}\\ 4+6\mathrm{i} & 5+5\mathrm{i} & 6+4\mathrm{i}\\ 7+3\mathrm{i} & 8+2\mathrm{i} & 9+1\mathrm{i}\end{pmatrix}$。

```
>> B = [1 + 9j,2 + 8i,3 + 7i;4 + 6i,5 + 5j,6 + 4i;7 + 3i,8 + 2i,9 + 1j]
B =
   1.0000 + 9.0000i   2.0000 + 8.0000i   3.0000 + 7.0000i
   4.0000 + 6.0000i   5.0000 + 5.0000i   6.0000 + 4.0000i
   7.0000 + 3.0000i   8.0000 + 2.0000i   9.0000 + 1.0000i
```

【说明】

- 在输入指令中,i 和 j 的性质相同,都表示 $\sqrt{-1}$。MATLAB 在显示时,自动将它们统一转换为 i。
- 还可以进一步用 real、imag、abs、angle 函数来求出复数数组对应的实部数组、虚部数组、幅值数组和相角数组(参见表 2.2)。

2. 冒号“:”生成法

MATLAB 定义了独特的冒号表达式来给一维“行”数组赋值,其通用格式为:

```
x = a:inc:b
```

其中,a 是生成数组的第一个元素;inc 是采样点之间的间隔,即步距。如果(b－a)是 inc 的整倍数,则生成数组的最后一个元素等于 b;否则不等于 b。如果 inc 的值为正值,则要求 a＜b;如果 inc 的值为负值,则要求 a＞b,否则结果为一个“空”数组。如果省略了 inc,则步距值默认为 1。

例 2.2 以 0 为初值,0.2 为步距,1.76 为终值,产生一个“行”数组。

```
>> a = 0:0.2:1.76
a =
  Columns 1 through 7
    0    0.2000    0.4000    0.6000    0.8000    1.0000    1.2000
  Columns 8 through 9
    1.4000    1.6000
```

【说明】

- 由于 1.76 不是 0.2 的整倍数,所以最后一个元素为 1.6,而不是 1.76。
- 由于结果超出屏幕范围,MATLAB 用列显示结果。本例中第一行为 a 数组的第 1～7 列元素,第二行为第 8～9 列元素。
- 冒号是 MATLAB 中最为有用的运算符之一,它不仅可以用来创建数组,也可以访问数组的特定行、列或元素。

3. 定数线性采样法(linspace 函数)

该法在设定“总点数”的前提下,均匀采样产生一维“行”数组。该法的通用格式为:

```
x = linspace (a,b,n)
```

其中,a 和 b 分别是生成数组的第一个和最后一个元素;n 是采样总点数。该指令的作用与使用指令 x＝a:(b－a)/(n－1):b 的效果相同。

例 2.3 在指令窗中运行 linspace 函数的示例。

```
>> x = linspace( - 1,1,10)
x =
  Columns 1 through 7
    - 1.0000   - 0.7778    - 0.5556    - 0.3333    - 0.1111    0.1111    0.3333
  Columns 8 through 10
    0.5556    0.7778    1.0000
```

4. 定数对数采样法(logspace 函数)

该法在设定“总点数”的前提下,经“常用对数”采样产生一维“行”数组。在系统频率特性分析中,常常用该指令产生频率响应的频率自变量采样点。该法的通用格式为:

```
x = logspace (a,b,n)
```

其中,n 是采样总点数;生成数组的第一个元素值为 10^a;最后一个元素值为 10^b。

例 2.4 在指令窗中运行 logspace 函数的示例。

```
>> y = logspace( - 1,1,10)
y =
  Columns 1 through 7
    0.1000    0.1668    0.2783    0.4642    0.7743    1.2915    2.1544
  Columns 8 through 10
    3.5938    5.9948    10.0000
```

【说明】

- 本例表明，y 从 10^{-1} 到 10^{1}，按“常用对数”等距离地取 10 个点。

5. 中等规模数组的数组编辑器创建法

当数组规模较大，元素数据比较冗长且杂乱无章时，借助于数组编辑器（Array Editor）比较方便。下面举例说明具体创建方法。

例 2.5　根据现有数据创建一个（3×8）的数组。

（1）单击图 2.1 所示的 MATLAB 默认窗口上面菜单工具栏中的图标 New Variable，便在工作空间窗中引出一个名为 unnamed 变量的数组编辑器，如图 2.2 所示。在该数组中，除了第一个元素为 0 外，其余均为“空白”。

图 2.1　MATLAB R2013b 默认窗口

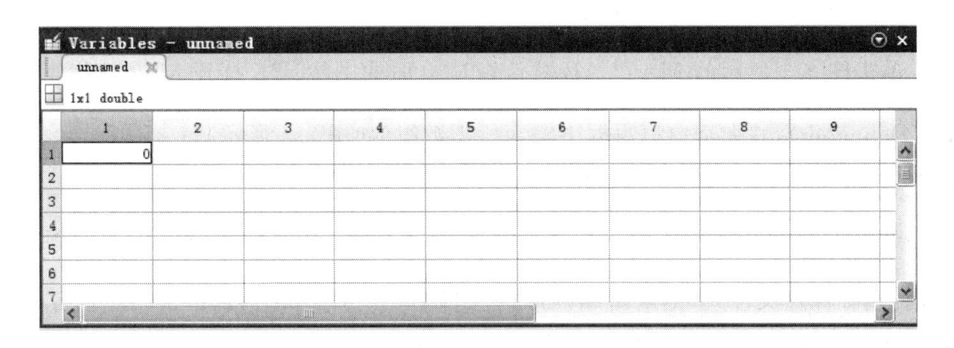

图 2.2　unnamed 变量的数组编辑器

（2）在空白窗口中，按照“行、列”次序输入数据。在最后一个数据－9 输入结束后，必须按下

"Enter"键,或在数组编辑区内单击鼠标,使整个数组保存在 unnamed 变量中(如图 2.3 所示)。

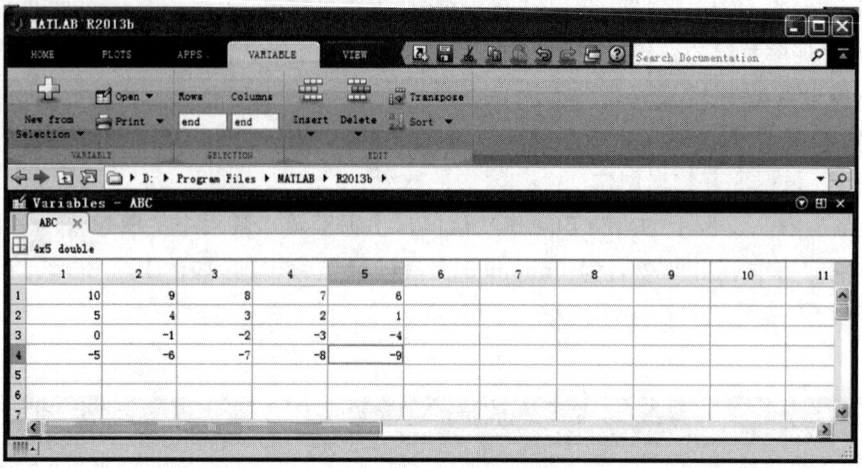

图 2.3　利用数组编辑器创建中等规模的数组

(3) 在数组编辑器窗口中,右击 unnamed 变量,利用弹出的菜单的{Rename}选项,把变量名改成所需的名称,比如 ABC。

(4) 假如该变量要供以后调用,则在指令窗中键入

```
>> save ABC_DAT ABC
```

【说明】

- 运行上述指令后,在 MATLAB 的搜索路径中可以找到一个名为 ABC_DAT.mat 的文件,其内容即为 ABC 变量。该指令中的第一个字符串为保存变量的文件名,第二个字符串为被保存的变量。如果以后要调用该变量,则在指令窗中键入>> load ABC_DAT。
- save 指令和 load 指令在处理较大规模的数组和需要多次重复运行或者需要经过多步中间运算才能得到最终结果的数组时,有着极为重要的作用。

6. 中等规模数组的 M 脚本文件创建法

对于今后经常需要调用的数组,当数组规模较大而复杂时,为它专门建立一个 M 脚本文件是值得的。

例 2.6　创建和保存数组 AM 的 MyMatrix.m 文件。

(1) 单击图 2.1 所示的 MATLAB 默认窗口上面的图标 New Script,打开 M 文件编辑调试器(Editor/Debugger),并在空白填写框中输入所需数组(如图 2.4 所示)。

(2) 在文件的首行,编写文件名和简短说明,以便查阅(如图 2.4 所示)。

(3) 单击 M 文件编辑调试器工具条上的 Save 图标 Save,在弹出的 Windows 标准风格的对话框内,选择保存文件夹,键入新编程序的文件名(如 MyMatrix),单击"保存(S)"按钮,就完成了文件的保存,并且文件起名为 MyMatrix.m。

(4) 以后只要在 MATLAB 指令窗中,键入>> MyMatrix,数组 AM 就会自动生成于 MATLAB 工作空间中。

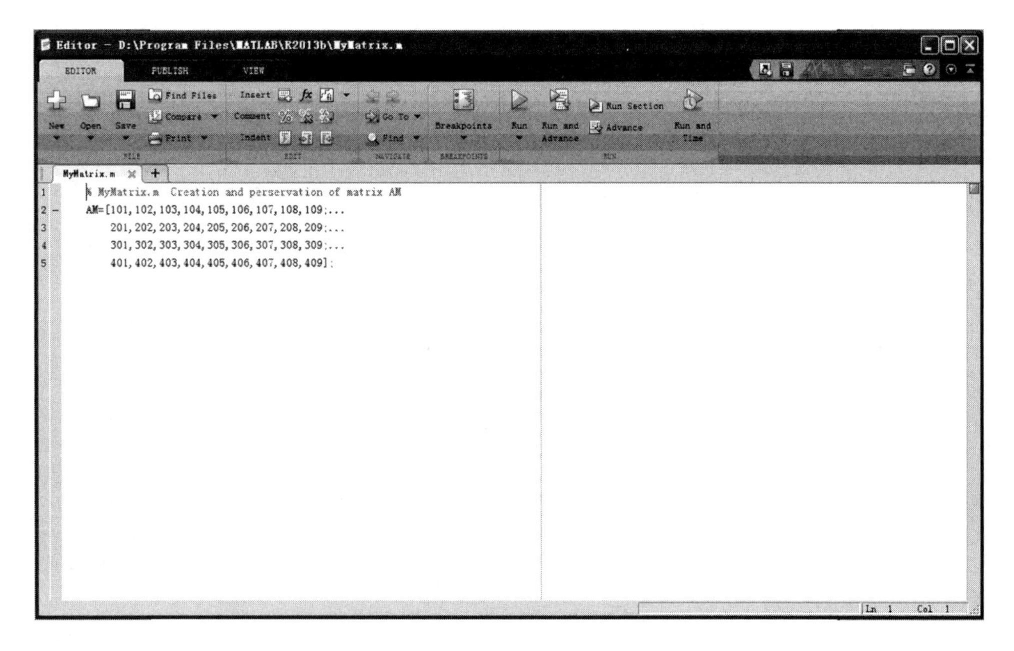

图 2.4　利用 M 脚本文件创建数组

7. 利用 MATLAB 函数创建数组

在实际应用中，用户往往需要产生一些特殊形式的数组。MATLAB 考虑到这方面的需要，提供了许多生成特殊数组的函数。表 2.1 列出了最常用的函数。

表 2.1　常用标准数组生成函数

函　数	含　义
diag()	产生对角数组（对高维不适用）
eye()	产生单位数组（对高维不适用）
magic()	产生魔方数组（对高维不适用）
rand()	产生均匀分布的随机数组
randn()	产生正态分布的随机数组
ones()	产生全 1 数组
zeros()	产生全 0 数组
random()	生成各种分布的随机数组
randsrc()	在指定字符集上生成，产生均匀分布的随机数组

注意：在表 2.1 所列函数中，之所以将它们写成 fun ()的形式，而没有在()内填入具体的输入宗量，是因为这些函数有多种调用方式和格式。读者在使用时可以利用 help 指令获得具体的帮助信息，下同。

例 2.7　标准数组产生的示例。

```
>> ones(2,4)                          % 产生(2×4)的全 1 数组
ans =
     1     1     1     1
     1     1     1     1
```

```
>> randn('state',0)                    % 将正态随机数发生器置 0
>> randn(2,3)                          % 产生(2×3)的正态随机数组
ans =
     -0.4326   0.1253   -1.1465
     -1.6656   0.2877    1.1909
>> D = eye(3)                          % 产生(3×3)的单位阵
D =
     1     0     0
     0     1     0
     0     0     1
>> diag(D)                             % 取 D 阵的对角元素
ans =
     1
     1
     1
>> diag(diag(D))                       % 内 diag 取 D 阵的对角元素,外 diag 利用它生成对角阵
ans =
     1     0     0
     0     1     0
     0     0     1
>> randsrc(3,20,[-3,-1,1,3],1)         % 在[-3,-1,1,3]字符集上产生(3×20)的均匀分布数组
                                       % 随机数发生器的状态设置为 1
ans =
   Columns 1 through 10
    -1    -1    -3     1    -3     1    -3     3     3    -3
     1    -3    -1    -1     3    -1    -3    -1     3    -3
    -3    -3    -1     1    -3     1     3     1    -3     3
   Columns 11 through 20
    -3     1     1     3    -1    -1    -1     1    -1    -3
    -1     1     3     3     3     3    -3    -3    -3     1
     3    -1    -3     1    -3    -1    -3    -1     1     1
```

【说明】

- 指令中的百分号(%)后的内容通常是注释说明语句,百分号后面的内容不执行,只起注释作用。

2.1.2 数组的标识

数组是由多个元素组成的,每个元素通过下标来标识。在 MATLAB 中,数组元素是按列存储的。因此,数组中的元素可以采用全下标方式和单下标方式进行标识。

所谓全下标方式就是采用经典数学教科书中在引述具体数组元素时,用行下标和列下标表示数组元素的位置。如果数组元素的下标行或列(i,j)大于数组的大小(m,n),MATLAB 会提示出错。

顾名思义,单下标标识就是只用一个下标来指明元素在数组中的位置。为此,需要首先对数组的所有列按“先左后右”的次序、首尾相连接成“一维长列”。然后,自上而下对元素位置进行编号。以$(m\times n)$数组 $\boldsymbol{A}$ 为例,元素 $A(i,j)$对应的单下标为 $l=(j-1)\times m+i$。

例 2.8　数组全下标标识和单下标标识的应用示例。

```
>> A=[1,2;3,4;5,6];
>> A(3,3)                          % 提取A(3,3)的值
Index exceeds matrix dimensions.
>> A(5)                            % 用单下标标识,提取a阵中第5个元素的值
ans =
    4
```

2.1.3　数组的查询和定位

直接单击图 2.1 所示的工作空间窗中的数组图标,或者利用 who 指令和 whos 指令,可以对数组的大小进行查询。另外,还可以采用 find 指令进行特殊要求的数组元素定位;也可以利用 length 指令和 size 指令分别求取向量和矩阵维数。

例 2.9　数组查询及定位的相关指令的应用示例。

```
>> A=[1,3,5,7,9;2,4,6,8,0];B=[1,2,3,4,5,6];
>> C=[11,12,13;21,22,23;31,32,33;41,42,43];
>> [m,n]=find(A>6)                       % 找出A阵中大于6的元素的行、列位置
m =
    1
    2
    1
n =
    4
    4
    5
>> k=length(B)
k =
    6
>> [m,n]=size(C), l=length(C)
m =
    4
n =
    3
l =
    4
```

【说明】

- find 指令执行的结果表明,在 A 阵中,第 1 行的第 4 列、第 5 列元素和第 2 行的第 4 列元素满足条件要求。
- 不管数组的维数是多少,size 指令都可以给出数组各维的大小。
- length 指令通常用来求取一维数组(即向量)的长度,它可以给出数组所有维中的最大长度。这就是说,length(A)等价于 max (size (A))。

2.2 数组的运算和操作

由于MATLAB中所有变量都被认为是数组变量,因此MATLAB的数值计算遵循数组运算的规则进行。如果在计算过程中发生数组维数不相容的情况,MATLAB将自动给出错误信息提示。此外,MATLAB还提供了独特的点“.”运算,因而使用起来更加方便。

2.2.1 数组的代数运算

1. 数组与标量的运算

数组与标量的运算包括+、-、×、÷和乘方等运算,完成数组中的每个元素对标量的运算。

例 2.10 数组与标量运算的示例。

```
>> A=[1,2,3;4,5,6];
>> A-2
ans =
    -1     0     1
     2     3     4
>> A*2
ans =
     2     4     6
     8    10    12
>> A/2
ans =
    0.5000    1.0000    1.5000
    2.0000    2.5000    3.0000
```

MATLAB用符号“^”表示乘方。求数组乘方时要求数组为方阵。

例 2.11 矩阵乘方运算的示例。

```
>> B=[2,4;1,5];
>> B^2
ans =
     8    28
     7    29
>> B^(-1)
ans =
    0.8333   -0.6667
   -0.1667    0.3333
>> B^(0.2)
ans =
    1.0862    0.3448
    0.0862    1.3448
```

【说明】

- B^2 完成 $\boldsymbol{B}\times\boldsymbol{B}$ 运算。
- B^(-1) 实际上是求 $\boldsymbol{B}$ 的逆矩阵。
- B^(0.2) 实际上是求矩阵 $\boldsymbol{P}$,使 $\boldsymbol{P}^5=\boldsymbol{B}$。

2. 转置运算

数组 $\boldsymbol{A}$ 的转置用 $\boldsymbol{A}'$ 表示。对于实数数组，即为转置运算；对于复数数组，则为共轭转置运算(即 Hermit 转置运算)。另外，用 $\boldsymbol{A}.'$ 表示 $\boldsymbol{A}$ 的非共轭转置运算。

例 2.12　矩阵转置运算的示例。

```
>> A = [1,2,3;4,5,6]; B = [1 + 1i,1;1 - 3j, - 5i]; AA = A', BB = B',B_B = B.'
AA =
    1    4
    2    5
    3    6
BB =
    1.0000 - 1.0000i    1.0000 + 3.0000i
    1.0000 + 0.0000i    0.0000 + 5.0000i
B_B =
    1.0000 + 1.0000i    1.0000 - 3.0000i
    1.0000 + 0.0000i    0.0000 - 5.0000i
```

3. 数组加减法运算

数组 $\boldsymbol{A}$ 和 $\boldsymbol{B}$ 的维数完全相等时，可以进行加减法运算；如果 $\boldsymbol{A}$ 和 $\boldsymbol{B}$ 的维数不完全相等，MATLAB 将自动给出错误信息，提示两个数组的维数不相等。

例 2.13　数组加减法运算的示例。

```
>> A = [1,2,3;4,5,6]; B = [7;8;9]; C = [10;11;12];
>> A + B
Error using +
Matrix dimensions must agree.
>> C - B
ans =
    3
    3
    3
```

4. 数组乘法运算

两个二维数组 $\boldsymbol{A}$ 和 $\boldsymbol{B}$ 的维数相容时($\boldsymbol{A}$ 的列数等于 $\boldsymbol{B}$ 的行数)，可以进行 $\boldsymbol{C}=\boldsymbol{A}\times\boldsymbol{B}$ 的运算。

例 2.14　对例 2.13 中的数组 $\boldsymbol{A}$ 和 $\boldsymbol{B}$ 进行乘法运算。

```
>> A * B
ans =
    50
   122
```

5. 数组除法运算

数组除法是 MATLAB 专门为二维数组(即矩阵)设计的一种运算。矩阵的除法运算包括左除“\”和右除“/”两种运算。

左除：A\B 表示 $\boldsymbol{A}^{-1}\boldsymbol{B}$，$\boldsymbol{A}$ 为方阵；

右除：A/B 表示 $\boldsymbol{A}\boldsymbol{B}^{-1}$，$\boldsymbol{B}$ 为方阵。

例 2.15 矩阵除法运算的示例。

```
>> A=[1,2;3,4]; B=[1,3,5;2,4,6]; C=[1,1,3;1,2,3;4,5,6];
>> A\B
ans =
         0   -2.0000   -4.0000
    0.5000    2.5000    4.5000
>> B/C
ans =
         0    2.3333   -0.3333
         0    2.0000         0
```

6. 数组的点运算

MATLAB 中定义了一种特殊的运算,即所谓的点运算。两个数组之间的点运算是它们之间对应元素的直接运算。显然,这两个数组的维数应该完全相同。另外,数组与标量的运算也可以看成是标量常数对数组的点运算。

例 2.16 数组的点运算示例。

```
>> A=[1,2;3,4]; B=[2,2;1,2];
>> C=A*B, CC=A.*B, AA=A.*A
C =
     4     6
    10    14
CC =
     2     4
     3     8
AA =
     1     4
     9    16
```

【说明】

- C=A*B 是普通矩阵乘积;CC=$(a_{ij}\ b_{ij})$;AA=(a_{ij}^2)。

7. 数组求幂运算

数组求幂运算包括数组与常数和数组与数组的幂运算,用点运算的形式表示。

例 2.17 矩阵求幂运算的示例。

```
>> A=[1,2;3,4]; B=[2,2;1,2];
>> A1=A.^3, A2=3.^A, A3=A.^B
A1 =
     1     8
    27    64
A2 =
     3     9
    27    81
A3 =
     1     4
     3    16
```

【说明】

- A1=(a_{ij}^3);A2=$(3^{a_{ij}})$;A3=$(a_{ij}^{b_{ij}})$。

2.2.2 数组的块操作

MATLAB 提供了很多简便、智能的方式，可以对数组进行元素更改、插入子块、提取子块、重排子块、扩充数组等操作。这里，最重要的是冒号“:”的应用。在 MATLAB 中，冒号表示全部。

例 2.18 数组块操作的示例。

```
>> A = [1,2,3;4,5,6]; B = [7,8,9];
>> A(1,:) = B                        % 将 A 阵的第 1 行用 B 数组取代
A =
     7     8     9
     4     5     6
>> A(:,:) = 2                        % 将 A 阵的所有元素设置成 2
A =
     2     2     2
     2     2     2
>> A(2,2) = 15                       % 将 A 阵的第 2 行第 2 列元素设置成 15
A =
     2     2     2
     2    15     2
>> A(4,5) = 20                       % 定义 A 阵的第 4 行第 5 列元素,MATLAB 自动将 A 阵扩充
A =
     2     2     2     0     0
     2    15     2     0     0
     0     0     0     0     0
     0     0     0     0    20
>> C = A(1:3,2:3)                    % 提取 A 阵的第 1 行到第 3 行中第 2、3 列的所有元素
C =
     2     2
    15     2
     0     0
```

2.2.3 数组的翻转操作

MATLAB 提供了几种指令(函数)，可以进行数组的翻转操作。

例 2.19 数组翻转操作的示例。

```
>> A = [1,2,3,4;5,6,7,8;9,10,11,12;13,14,15,16];
>> B = flipud(A)                          % 将 A 阵进行上下翻转
B =
    13    14    15    16
     9    10    11    12
     5     6     7     8
     1     2     3     4
>> C = fliplr(A)                          % 将 A 阵进行左右翻转
```

```
C =
     4     3     2     1
     8     7     6     5
    12    11    10     9
    16    15    14    13
>> rot90(A)                          % 将A阵逆时针旋转90°
ans =
     4     8    12    16
     3     7    11    15
     2     6    10    14
     1     5     9    13
```

2.2.4 数组运算的常用数学函数

MATLAB 中有许多不同类型的函数，这些函数通常以指令的形式出现，为用户的使用提供了方便。

对于$(m \times n)$数组

$$\mathbf{A} = \begin{pmatrix} a_{11} & a_{12} & \cdots & a_{1n} \\ a_{21} & a_{22} & \cdots & a_{2n} \\ \vdots & \vdots & & \vdots \\ a_{m1} & a_{m2} & \cdots & a_{mn} \end{pmatrix} = (a_{ij})_{m\times n}$$

数学函数 $f(\cdot)$的运算规则为

$$f(\mathbf{A}) = [f(a_{ij})]_{m\times n}$$

数组运算的常用数学函数如表 2.2 所示。

表 2.2 常用数组运算函数

函　数	含　义	函　数	含　义
abs(x)	绝对值或复数的幅值	floor(x)	对$-\infty$方向取整数
acos(x)	反余弦	gcd(x, y)	整数 x 和 y 的最大公约数
acosh(x)	反双曲余弦	imag(x)	复数的虚部
angle(x)	四象限内取复数相角	lcm(x,y)	整数 x 和 y 的最小公倍数
asin(x)	反正弦	log(x)	自然对数
asinh(x)	反双曲正弦	log10(x)	常用对数
atan(x)	反正切	real(x)	复数的实部
atan2(x,y)	四象限内反正切	rem(x,y)	x/y 的余数
atanh(x)	反双曲正切	round(x)	四舍五入到最接近的整数
ceil(x)	对$+\infty$方向取整数	sign(x)	符号函数
conj(x)	复数共轭	sin(x)	正弦
cos(x)	余弦	sinh(x)	双曲正弦
cosh(x)	双曲余弦	sqrt(x)	平方根
exp(x)	指数函数 e^x	tan(x)	正切
fix(x)	对 0 方向取整数	tanh(x)	双曲正切

注意：表 2.2 中的数组函数运算都是点运算。MATLAB 只对弧度操作。

例 2.20　数组数学函数运算的示例。

```
>> A = [1,2 ;3,4]; B = [1 + 2i, - 3,2i;2 - 2j, - 4 + 0.5i,0];
>> C = exp(A), D = abs(B)
C =
    2.7183     7.3891
    20.0855   54.5982
D =
    2.2361     3.0000     2.0000
    2.8284     4.0311          0
```

【说明】

- $C = \exp(A)$完成的是 $C = [\exp(a_{ij})]$运算，$D = \text{abs}(B)$完成的是 $D = [\text{abs}(b_{ij})]$运算，不要求 ***A*** 阵和 ***B*** 阵为方阵。

2.3 “无穷大”“非数”和“空”数组

这是 MATLAB 中特有的三个概念和“预定义变量”。

2.3.1 “无穷大”

“无穷大” 表示“infinite”，是由一个非零数除以 0 得到的或者是在计算中出现的数值上溢产生的，在 MATLAB 中用 Inf 或 inf 记叙。MATLAB 允许除数为 0，并给出“Inf”作为本步计算结果，同时继续下面程序的运行。

例 2.21　产生 Inf 的计算示例。

```
>> 3/0
ans =
    Inf
```

【说明】

- 在 MATLAB7.0 以前的版本中，当出现除数为 0 时，MATLAB 发出除数为“0”的警告，并给出“Inf”作为本步计算结果，同时继续下面程序的运行。即显示

```
Warning: Divide by zero.
(Type "warning off MATLAB:divideByZero" to suppress this warning.)
ans =
    Inf
```

2.3.2 “非数”

“非数”表示“Not-a-Number”，在 MATLAB 中用 NaN 或 nan 记叙。按照 IEEE 的规定，$\frac{0}{0}$、$\frac{\infty}{\infty}$、$0\times\infty$等运算都会产生 NaN。

根据 IEEE 的数学规范，NaN 具有以下性质：

- 对 NaN 的所有运算结果都为 NaN,即 NaN 具有传递性;
- NaN 没有“大小”的概念,因此不能比较两个 NaN 的大小。

NaN 的功效如下:

- 真实记述$\frac{0}{0}$、$\frac{\infty}{\infty}$、$0\times\infty$等运算的后果;
- 避免因$\frac{0}{0}$、$\frac{\infty}{\infty}$、$0\times\infty$等运算而造成程序执行的中断;
- 在测量数据处理中,可以用来标识“野点(非正常点)”;
- 在数据可视化中,用来裁剪图形。

例 2.22 NaN 的产生和性质演示。

```
>> A = 0/0, B = 0 * log(0),C = inf-inf          % NaN 的产生
A =
  NaN
B =
  NaN
C =
  NaN
>> 10 * A, 5 - A, cos(A)                        % NaN 的传递性
ans =
  NaN
ans =
  NaN
ans =
  NaN
>> A == NaN                                     % 判断“A 等于 NaN 吗?”但不能给出正确的判断结果
ans =
    0
>> B~ = nan, B == C, C>A                        % NaN 不能进行关系运算
ans =
    1
ans =
    0
ans =
    0
```

【说明】

- 关系运算的细节见 5.3.1 节。

2.3.3 “空”数组

“空”数组用符号[ ]表示,它不是元素取值为 0 的矩阵,而是一个行数或列数为 0 或者行列数均为 0 的矩阵。换句话说,[ ]是一个标志,表示逻辑上的“无”或“不存在”。

[ ]的功效如下:

- 在没有[ ]参与运算时，计算结果中的“[ ]”可以合理地解释“所得结果的含义”；
- 运用[ ]对其他非空数组赋值，可以使数组变小，但不改变数组的维数。

例 2.23　[ ]的产生、查询及应用。

(1) [ ]的产生

```
>> x = 1:6; y = find(x>7)
y =
    Empty matrix: 1-by-0
```

(2) [ ]维数的查询

```
>> [m,n] = size(y), size([])
m =
    1
n =
    0
ans =
    0    0
```

(3) [ ]用于子数组的删除和大数组的收缩

```
>> A = [1,2,3,4,5;6,7,8,9,0]
A =
    1    2    3    4    5
    6    7    8    9    0
>> A(:,[2,4]) = [ ]                    % 删除 A 阵的第 2、4 列
A =
    1    3    5
    6    8    0
```

【说明】

- 指令 y=find(x>7)执行后没有找到 x(k)>7 的值，所以返回 1×0 的“空”数组。
- 指令 size([]) 执行的结果表明 0×0 的“空”数组是存在的。

习　题

2.1　已知数组

$$A=\begin{pmatrix}11 & 12 & 13 & 14\\ 21 & 22 & 23 & 24\\ 31 & 32 & 33 & 34\\ 41 & 42 & 43 & 44\end{pmatrix}$$

用 MATLAB 指令完成数组的下列运算，并保存在相关的数据文件中。

(1) A(:,1)	(2) A(2,:)	(3) A(:,2:3)
(4) A(2:3,2:3)	(5) A(:,1:2:3)	(6) A(2:3)
(7) A(:)	(8) A(:,:)	(9) A(3,4)
(10) ones(2,2)	(11) eye(2)	(12) [A,[ones(2,2);eye(2)]]

2.2 已知数组

$$\boldsymbol{A}=\begin{pmatrix}1&2&3\\4&5&6\\7&8&9\end{pmatrix}\qquad \boldsymbol{B}=\begin{pmatrix}1&0&1\\0&2&1\\0&0&3\end{pmatrix}$$

试求:

(1) A+B,A-B,A+B*5, A-B+I(I 为单位矩阵);

(2) A×B,A.×B,分析结果;

(3) A/B,A\B,分析结果。

2.3 给定下列数组

$$\boldsymbol{A}=\begin{pmatrix}a_{11}&a_{12}\\a_{21}&a_{22}\end{pmatrix}$$

试求 $\boldsymbol{A}^{-1}$。将 $a_{ij}=i/j$ 代入 $\boldsymbol{A}$ 和 $\boldsymbol{A}^{-1}$,验证结果是否正确。

2.4 用 MATLAB 指令完成下列数组函数运算。

(1) 输入如下数组:

$$\boldsymbol{A}=\begin{pmatrix}0&\pi/3\\\pi/6&\pi/2\end{pmatrix}$$

(2) 求数组 $\boldsymbol{B}_1$, $\boldsymbol{B}_1$ 中的每一元素为对应矩阵 $\boldsymbol{A}$ 中每一元素的正弦值;

(3) 求数组 $\boldsymbol{B}_2$, $\boldsymbol{B}_2$ 中的每一元素为对应矩阵 $\boldsymbol{A}$ 中每一元素的余弦值;

(4) 求$\boldsymbol{B}_1^2+\boldsymbol{B}_2^2$;

(5) 求 $\cos\boldsymbol{A}$;

(6) 证明 $\sin^2\boldsymbol{A}+\cos^2\boldsymbol{A}=\begin{pmatrix}1&1\\1&1\end{pmatrix}$。

2.5 给定下列数组:

$$\boldsymbol{A}=\begin{pmatrix}1+1\mathrm{i}&2-2\mathrm{i}\\-3+3\mathrm{i}&-4-4\mathrm{i}\end{pmatrix},\quad \boldsymbol{B}=\begin{pmatrix}0&-1+4\mathrm{i}\\3-2\mathrm{i}&4-1\mathrm{i}\end{pmatrix}$$

试求:

(1) A+B,A-B;

(2) A×B′,A.×B;

(3) A/B,A′\B;

(4) $\boldsymbol{A}$ 数组各元素的实部、虚部、模、相角。

2.6 采用冒号":"生成法和定数线性采样法分别创建得到从 0 到 6π(步长为 0.2π)的"行"数组 x 和从 0 到 6π 分为 20 点的"列"数组 y。

2.7 创建一个(3×3)的数组,然后用数组编辑器将其扩充为(4×5)的数组。

2.8 创建一个(3×4)的魔方数组和相应的随机数组,将两个数组并接起来,然后提取任意两个"列"数组。

2.9 创建一个(4×5)的随机数组,提取第一行和第二行中大于 0.3 的元素构成新数组。

2.10 已知数组

$$\boldsymbol{A}=\begin{pmatrix}1&2&3&3\\2&3&5&7\\1&3&5&7\\3&2&3&9\\1&8&9&4\end{pmatrix},\quad \boldsymbol{B}=\begin{pmatrix}1+4i&4&3&6&7&8\\2&3&3&5&5&4+2i\\2&6+7i&5&3&4&2\\1&8&9&5&4&3\end{pmatrix}$$

求出它们的乘积 ***C***，并将 ***C*** 数组的右下角(2×3)子数组赋给 ***D*** 矩阵。赋值完成后，调用相应的指令查看 MATLAB 工作空间的占用情况。

2.11　已知数组

$$\boldsymbol{A}=\begin{pmatrix}1&4&7\\2&5&8\\3&6&9\end{pmatrix},\quad \boldsymbol{B}=\begin{pmatrix}1&2&3\\4&5&6\\7&8&9\end{pmatrix}$$

试计算它们的左除、右除以及点乘和点除。

2.12　已知数组 A=[1,2,3;4,5,6;7,8,9]，试将其改变为 B=[3,6,9;2,5,8;1,4,7]。

2.13　已知 x=[1.8,−2.6,5.45,−0.9]，试分别使用数学函数 ceil、fix、floor 和 round 查看各种取整的运算结果。

2.14　若

A=(1　2　NaN　Inf　5　−Inf　NaN)

则运行下列指令后将产生什么结果，并解释产生各个结果的原因。

isnan(A)，　isfinite(A)，　isinf(A)，　any(A)，　all(A)

第3章 字符串、元胞和结构数组

MATLAB提供了许多数据类型的数组供用户使用。通常,字符串数组用于数据的可视化操作中,而元胞和结构数组则可以将不同类型的数据存储到一个数组中。本章介绍字符串、元胞和结构数组的创建和标识,它们的内容的获取、查询以及扩充和收缩。

3.1 字符串数组

MATLAB可以给一串文字进行定义并执行一些字符串的处理与运算。与数值计算相比,字符串运算在MATLAB中的重要性较小,并且提供的函数和操作也较少。但是,如果没有字符串以及相应的操作,数据的可视化操作将发生困难。

3.1.1 字符串的创建、属性和标识

字符串与数值是两种不同的数据类(Class),因此它们的创建方式也就不同。数值数组通常是在MATLAB指令窗中采用数字赋值方式直接创建的。字符串数组(Character String Array)的创建方式是:在MATLAB指令窗中,先把待创建的字符串放在单引号对''中,再按下“Enter”键。注意:单引号对必须在英文状态下输入。单引号对是MATLAB识别输入内容“身份”(是变量名、数字,还是字符串)所必需的。

字符串创建后,可以用who、whos、size等指令或函数对它进行属性判别、元素标识等操作。下面通过实例来具体说明。

例3.1 数值量与字符串区别的示例。

```
>> a = 1234.56789, a_c = class(a), a_s = size(a)
a =
  1.2346e + 003
a_c =
double
a_s =
    1     1
>> b = '1234.56789', b_c = class(b), b_s = size(b)
b =
1234.56789
```

```
b_c =
char
b_s =
    1    10
>> whos
Name        Size                     Bytes  Class
a           1x1                          8  double array
a_c         1x6                         12  char array
a_s         1x2                         16  double array
ans         1x1                          8  double array
b           1x10                        20  char array
b_c         1x4                          8  char array
b_s         1x2                         16  double array
```

【说明】

- class 函数是对变量的类别进行判别。
- 在本例中，a 和 b 属于不同种类数据类，它们在内存中所占字节和图标也不相同(字符型是abc)。

例 3.2 字符串的基本属性、元素的标识和简单操作的示例。

(1) 创建字符串

```
>> x = 'MATLAB is a good software.'
x =
MATLAB is a good software.
```

(2) 字符串的大小

经过以上赋值后，变量 x 就是一个字符串。该字符串内的每个字符(英文字母、空格和标点符号都被视为是平等的)均占据一个元素位。字符串的长短用 size 指令获得。

```
>> size(x)
ans =
    1    26
```

(3) 字符串的元素标识

从第(2)步操作中可以看出，x 是一个字符串向量，MATLAB 按从左到右的次序用自然数数码(1、2、3 等)标识其中字符的位置。

```
>> x1_6 = x(1:6), xx = x(end: - 1:1)
x1_6 =
MATLAB
xx =
.erawtfos doog a si BALTAM
```

【说明】

- x(1:6)是从字符串 x 中提出一个子字符串。
- x(end:－1:1)是将字符串 x 倒排。

(4) 字符串的 ASCII 码

字符串的存储是用 ASCII 码实现的。函数 abs 和 double 都可以用来获取字符串所对应的 ASCII 码数值数组,而函数 char 则可以把 ASCII 码数组转变为字符串。

```
>> ascii_x = double(x), char(ascii_x)
ascii_x =
  Columns 1 through 10
    77    65    84    76    65    66    32    105    115    32
  Columns 11 through 20
    97    32   103   111   111   100    32    115    111    102
  Columns 21 through 25
   116    119   97    114    101    46
ans =
MATLAB is a good software.
```

【说明】

- 在指令 char 把数值转换成字符时,非整数部分将被截尾,而负数将导致出现"警告"信息。
- 中文字符能被指令 abs 和 double 正确转换。

(5) 对字符串 ASCII 码数组的操作

由于 ASCII 码数组是数值数组,所以有关数组的各种运算、函数以及操作对 ASCII 码数组都是适用的。

```
>> xxx = find(x>= 'a'&x<= 'z');
>> ascii_x(xxx) = ascii_x(xxx) - 32;
>> char(ascii_x)
ans =
MATLAB IS A GOOD SOFTWARE.
```

【说明】

- 第 1 条指令是找出字符串 x 中,小写字母的元素位置。
- 由于大小写字母的 ASCII 码值相差 32,第 2 条指令用数值加法改变小写字母的 ASCII 码值。

(6) 中文字符串

MATLAB 允许创建中文字符串。但需要特别强调的是:**中文字符串外面的单引号对必须在英文状态下输入,即必须是英文的单引号对''而不能是中文的单引号对''。**

```
>> X = 'MATLAB 是一个好软件。', size(X), X7_9 = X([7,8,9]), ASCII_X = double(X)
X =
MATLAB 是一个好软件。
ans =
    1     13
X7_9 =
是一个
ASCII_X =
  ASCII_X =
  Columns 1 through 5
            77            65            84            76            65
```

```
  Columns 6 through 10
          66        26159        19968        20010        22909
  Columns 11 through 13
       36719        20214        12290
```

【说明】

- X7_9 是从 X 中取出的一个子串。

(7) 创建带单引号'的字符串

当字符串中文字包含英文单引号'时，每个单引号符用连续的两个单引号符''表示。

```
>> b = 'Examle''3.2'''
b =
Examle'3.2'
```

(8) 用小字符串构成大字符串

MATLAB 允许若干个小字符串构成一个大字符串。

```
>> Y = '例''3.2''说明';
>> YX = [Y,' ',X]
YX =
例'3.2'说明 MATLAB 是一个好软件.
```

【说明】

- 第 2 条指令中的' '是输入 1 个空格符。

3.1.2　字符串数组及字符串转换函数

MATLAB 允许创建字符串数组。需要注意的是，在直接创建时，必须保证同一字符串数组的各行字符数要相等，即保证各行等长。为此，有时不得不通过空格符的增减来调节各行长度，使它们彼此相等。

例 3.3　多行字符串直接创建的示例。

```
>> XX = ['MATLAB'
        '是一个  '
        '好软件。  ']; size(XX)
ans =
     3     6
```

由于 MATLAB 是用 C 语言开发的，因此对字符串的操作与 C 语言相应的操作基本相同。常用的字符串转换函数如表 3.1 所示。

表 3.1　字符串转换函数

函数	含　义	函数	含　义
abs()	字符串到 ASCII 码的转换	sprintf()	按照给定的格式将数字转换成字符串
fprintf()	按照给定的格式把文本写到文件中或显示屏上	sscanf()	按照给定的格式将字符串转换成数字
int2str()	整数转换成字符串	str2mat()	字符串转换成一个文本矩阵
lower()	字符串变为小写	str2num()	字符串转换成数字
num2str()	数字转换成字符串	upper()	字符串转换成大写
setstr()	ASCII 码转换成字符串		

例3.4　字符串转换函数应用的示例。

```
>> a=5.8;
>> x=['There are ',num2str(a),' kg apples.']
x =
There are 5.8 kg apples.

>> upper(x)
ans =
THERE ARE 5.8 KG APPLES.
```

例3.5　输出格式转换函数应用的示例。

```
>> fprintf('pi = %.0e\n', pi)
pi = 3e+00
>> fprintf('pi = %.5e\n', pi)
pi = 3.14159e+00
>> fprintf('pi = %.0f\n', pi)
pi = 3
>> fprintf('pi = %.5f\n', pi)
pi = 3.14159
>> fprintf('pi = %.0g\n', pi)
pi = 3
>> fprintf('pi = %.5g\n', pi)
pi = 3.1416
>> fprintf('pi = %.10g\n', pi)
pi = 3.141592654
```

【说明】

- 第1条指令是用e型数,在屏幕上显示pi,不写小数部分。
- 第2条指令是用e型数,在屏幕上显示pi,小数部分取5位。
- 第3条指令是用f型数,在屏幕上显示pi,不写小数部分。
- 第4条指令是用f型数,在屏幕上显示pi,小数部分取5位。
- 第5条指令是用g型数,在屏幕上显示pi,不写小数部分。
- 第6条指令是用g型数,在屏幕上显示pi,小数部分取5位(包括小数点位)。
- 第7条指令是用g型数,在屏幕上显示pi,小数部分取10位(包括小数点位)。

3.2 元胞数组

MATLAB允许将不同类型的数组组合成一种新的数组,称之为元胞数组(Cell Array)。元胞数组中的基本组成是元胞(Cell),用来存放各种不同类型的数据,如数组、字符串、元胞数组以及3.3节要介绍的结构数组。每个元胞本身在数组中是平等的,它们只能用下标来区分。而且,同一元胞数组中各个元胞中的内容可以不同。

与数值数组一样，元胞数组可以是一维、二维或者更高维。元胞数组的标识方式也与数值数组相同，分为全下标方式和单下标方式。

3.2.1　元胞数组的创建和显示

1. 元胞数组的创建

元胞数组的创建有 3 种方法。

(1) 直接使用{}创建

例 3.6　直接使用{}创建元胞数组的示例。

```
>> A = {'这是一个元胞数组的元胞',[1,2;3,4];ones(3,4),{'Mary','Tom','Susan'}}
A =
    '这是一个元胞数组的元胞'      [2x2 double]
        [3x4 double]        {1x3 cell   }
```

【说明】

- 创建的元胞数组中的元胞 A(1,1)是字符串，A(1,2)和 A(2,1)分别是(2×2)和(3×4)的数值数组，A(2,2)是一个元胞数组。
- 在 MATLAB 的工作空间中，元胞数组的图标为{}。

(2) 由各元胞创建

例 3.7　用创建各元胞的方法创建元胞数组的示例。

```
>> B(1,1) = {'This is a cell.'}
B =
    'This is a cell.'
>> B(1,2) = {1 + i}
B =
    'This is a cell'      [1.0000 + 1.0000i]
>> B(1,3) = {[1,2,3;4,5,6]}
B =
    'This is a cell.'     [1.0000 + 1.0000i]     [2x3 double]
```

(3) 由各元胞内容创建

这种方法与第 2 种方法有些类似，容易混淆，使用时应当特别注意()和{}的用法。例如，A(1,2)表示第 1 行第 2 列的元胞元素，而 A{1,2}表示第 1 行第 2 列的元胞元素中存放的内容。

例 3.8　用创建各元胞内容的方法创建元胞数组的示例。

```
>> C{1,1} = 'Happy birthday!';C{1,2} = randn(3)
C =
    'Happy birthday!'     [3x3 double]
```

2. 元胞数组的内容显示

在 MATLAB 指令窗中输入元胞数组的名称，并不直接显示元胞数组的各元素内容，而是显示各元素的数据类型和维数(见例 3.6)。通常有两种方法显示元胞数组的各元素内容。

(1) 使用 celldisp 函数显示元胞数组的内容

例 3.9 在例 3.6 的基础上显示元胞数组 A 的内容。

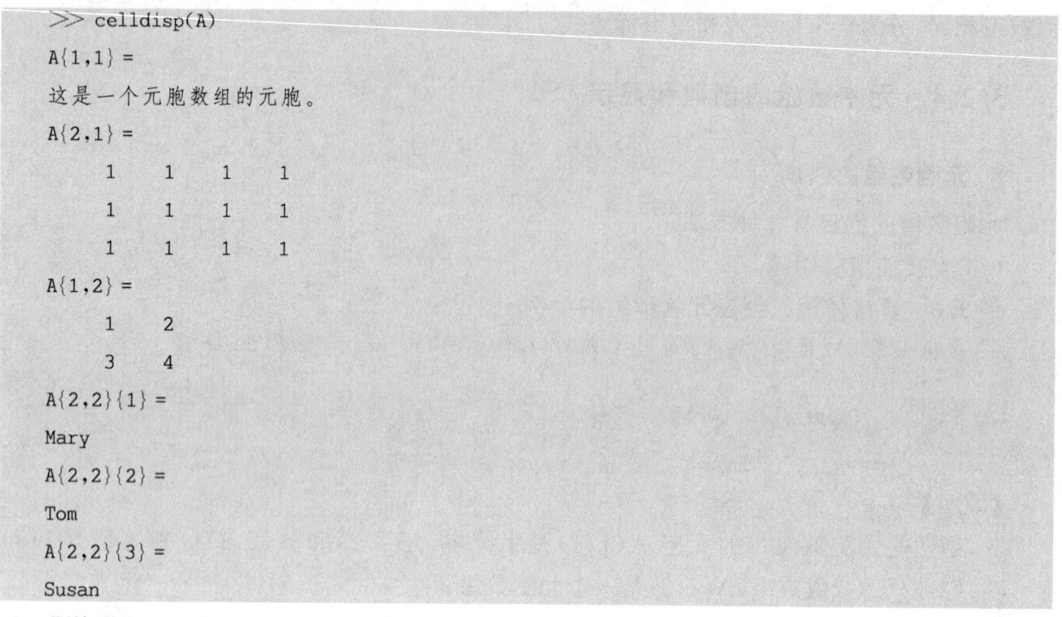

```
>> celldisp(A)
A{1,1} =
这是一个元胞数组的元胞。
A{2,1} =
     1     1     1     1
     1     1     1     1
     1     1     1     1
A{1,2} =
     1     2
     3     4
A{2,2}{1} =
Mary
A{2,2}{2} =
Tom
A{2,2}{3} =
Susan
```

【说明】

- {}表示元胞数组的元素内容,A{2,2}{1}表示第 2 行第 2 列的元胞元素中存放的元胞数组的第 1 个元胞元素的内容。

(2) 使用 cellplot 函数以图形方式显示元胞数组的内容

例 3.10 在例 3.6 的基础上以图形方式显示元胞数组 A 的内容。

```
>> cellplot(A)
```

所得结果如图 3.1 所示。

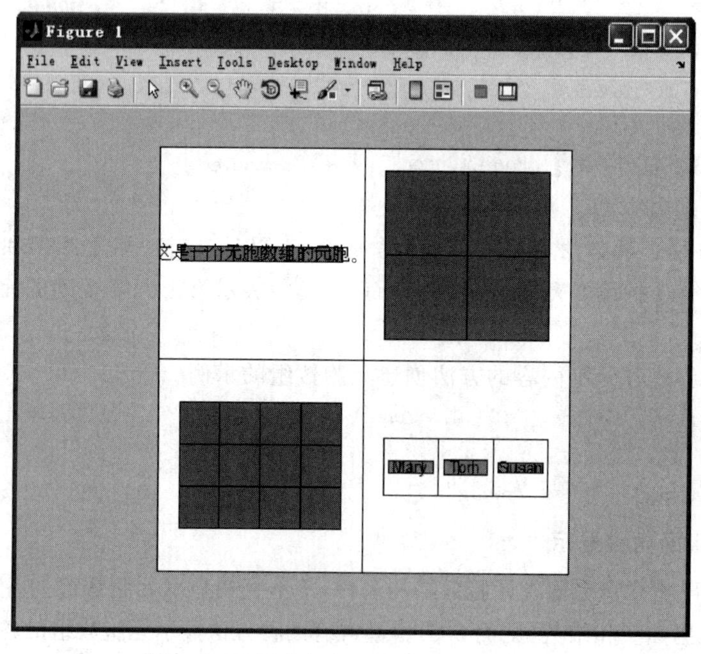

图 3.1 以图形方式显示元胞数组的内容

3.2.2　元胞数组的扩充和收缩

元胞数组的扩充和收缩的方法大致与数值数组的情况相同。

例 3.11　在例 3.8 的基础上扩充和收缩元胞数组。

(1) 元胞数组的“列”扩充和“行”扩充

```
>> D = {[1 - 2 * i;2 + 3j],{'AA';'BB';'CC'}};
>> CD = [C,D]                          % 逗号(或空格)用来分隔列
CD =
    'Happy birthday!'    [3x3 double]    [2x1 double]    {3x1 cell}
>> C_D = [C;D;C]                       % 分号(或空格)用来分隔行
C_D =
    'Happy birthday!'    [3x3 double]
         [2x1 double]    {3x1 cell  }
    'Happy birthday!'    [3x3 double]
```

(2) 元胞数组的收缩

```
>> C_D(2,:) = [ ]                          % 删除第 2 行
C_D =
    'Happy birthday!'    [3x3 double]
    'Happy birthday!'    [3x3 double]
```

3.2.3　元胞数组的内容获取

在建立了元胞数组后，就可以使用其中的元素进行各种 MATLAB 的操作和运算，前面介绍过{}可以对元胞数组的内容进行寻访。

例 3.12　在例 3.6 的基础上获取元胞数组的元素内容。

(1) 取出某个元胞元素的内容

```
>> X1 = A{1,2}                         % 取 A (1,2)元胞元素的内容
X1 =
     1     2
     3     4
>> X2 = A{1,2}(2,1)                    % 取 A (1,2)元胞元素的矩阵第 2 行第 1 列的内容
X2 =
     3
```

【说明】

- X1 是数组，X2 是标量。

(2) 取元胞数组的元素

```
>> X3 = A(1,2)
X3 =
    [2x2 double]
```

【说明】

- X3 是元胞数组。

(3) 使用 deal 函数取多个元胞元素的内容

```
>> [X4,X5,X6] = deal(A{[1,2,4]})
X4 =
这是一个元胞数组的元胞。
X5 =
     1     1     1     1
     1     1     1     1
     1     1     1     1
X6 =
    'Mary'    'Tom'    'Susan'
```

3.3 结构数组

与元胞数组相比,结构数组(Structure Array)的内容更加丰富,应用更加广泛。结构数组的基本组成是结构(Structure),每一个结构都包含了多个域(Field),每个域都可以存放各种类型的数据。结构数组只有划分了域以后才能使用。例如,有一个结构数组,其第 1 个域为用字符串表示的姓名,第 2 个域为用标量表示的医疗费用,第 3 个域为用数值数组表示的测试结果,这样的一个结构数组可以用来表示患者的病情。

与数值数组一样,结构数组可以是一维、二维或者更高维。结构数组的标识方式也与数值数组相同,分为全下标方式和单下标方式。

3.3.1 结构数组的创建

结构数组的创建有两种方法。

1. 直接使用赋值指令创建

使用赋值指令可以对结构数组的各个域进行赋值。注意:结构名与域名之间用“.”分隔。

例 3.13 直接使用赋值指令创建结构数组的示例。

```
>> PS(1).name = '张三'
PS =
    name: '张三'
>> PS(1).billing = 150
PS =
       name: '张三'
    billing: 150
>> PS(1).test = [9,75,60;188,44,100]
PS =
       name: '张三'
    billing: 150
       test: [2x3 double]
>> PS(2).name = '欧阳六';
>> PS(2).billing = 203;
```

```
>> PS(2).test = [11,65,82;155,74,93]
PS =
1x2 struct array with fields:
    name
    billing
    test
```

【说明】

- PS 是结构数组，PS(1)和 PS(2)是结构，name、billing 和 test 是域。
- 在 MATLAB 的工作空间中，结构数组的图标为▣。
- MATLAB 规定：当结构中包含两个以上的结构元素时，不再显示各个元素的内容，而显示数组的结构信息；当结构仅包含一个结构元素时，则显示出各个元素的内容。

2. 利用 struct 函数创建

例 3.14　利用 struct 函数创建结构数组的示例。

```
>> PS(1) = struct('name','张三','billing',150,'test',[9,75,60;188,44,100]);
>> PS(2) = struct('name','欧阳六','billing',203,'test',[11,65,82;155,74,93])
PS =
1x2 struct array with fields:
    name
    billing
    test
```

3.3.2　结构数组数据的获取和设置

1. 使用"."符号获取结构数组的数据

例 3.15　在例 3.14 的基础上获取结构数组的元素内容。

```
>> Y1 = PS(1)
Y1 =
       name: '张三'
    billing: 150
       test: [2x3 double]
>> Y2 = PS(1).test
Y2 =
     9    75    60
   188    44   100
>> Y3 = PS(1).test(1,2)
Y3 =
    75
```

【说明】

- Y1 是结构数组，Y2 是数值数组，Y3 是标量。

2. 利用 getfield 函数获取结构数组的数据

getfield 函数的调用格式为：

```
getfield(array,{array_index},field,{field_index})
```

【说明】

- array 是结构数组名，array_index 是结构的下标，field 是域名，field_index 是域中数

组元素的下标。

例 3.16 在例 3.15 的基础上利用 getfield 函数获取结构数组的元素内容。

```
>> Y4 = getfield(PS,{1},'name')          % 取第 1 个结构'name' 域中的全部数据
Y4 =
张三
>> Y5 = getfield(PS,{1},'name',{2})      % 取第 1 个结构'name' 域中的第 2 个数据
Y5 =
三
```

3. 利用 setfield 函数设置结构数组的数据

setfield 函数的调用格式为：

```
new_structure = setfield(array,{array_index},field,{field_index},V)
```

【说明】

- new_structure 是要修改的结构数组名，V 是设置的值。

例 3.17 在例 3.16 的基础上利用 setfield 函数设置结构数组的元素内容。

```
>> PS = setfield(PS,{1},'name','王二');
>> PS(1)
ans =
        name: '王二'
    billing: 150
        test: [2x3 double]
```

4. 利用 fieldnames 函数获取结构数组的所有域

例 3.18 在例 3.17 的基础上利用 fieldnames 函数获取结构数组的所有域。

```
>> Y6 = fieldnames(PS)
Y6 =
    'name'
    'billing'
    'test'
```

【说明】

- Y6 是元胞数组。各变量在工作空间的数据类型如图 3.2 所示。

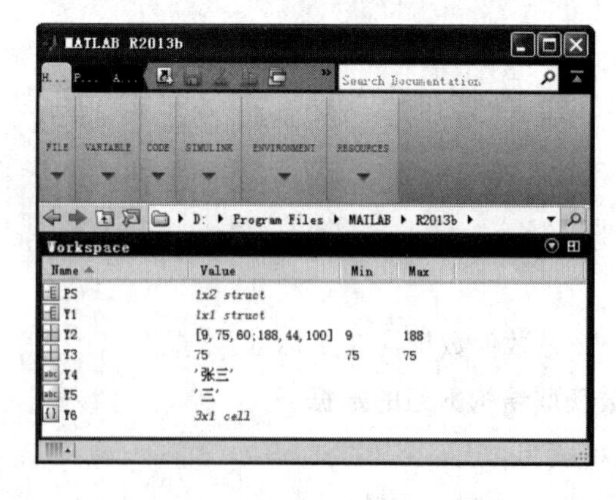

图 3.2　工作空间中的数据类型

3.3.3　结构数组的扩充和收缩

1. 结构数组的扩充和收缩

从本质上看，结构数组的扩充和收缩方法与其他类型的数组没有区别。

例 3.19　在例 3.18 的基础上演示结构数组 PS 的扩充和收缩。

(1) 原结构数组是一个(1×2)结构

```
>> PS
PS =
1x2 struct array with fields:
    name
    billing
    test
```

(2) 扩充 PS

```
>> PS(2,2) = struct('name','李四','billing',195,'test',[31,75,82;215,74,66])
                                               % 将 PS 扩充为(2×2)结构
PS =
2x2 struct array with fields:
    name
    billing
    test
```

(3) 收缩 PS

```
>> PS(1,:) = []                          % 将 PS 收缩为(1×2)结构,删除 PS 的第 1 行
PS =
1x2 struct array with fields:
    name
    billing
    test
>> PS(1)                                 % 由于在第(2)步未输入 PS(2,1),故现在内容为"空"
ans =
        name: []
    billing: []
        test: []
>> PS(2)
ans =
        name: '李四'
    billing: 195
        test: [2x3 double]
```

2. 增添域和删除域

增添结构数组域的最常用方法是向域直接赋值，而域的删除就必须依靠 rmfield 函数才能完成。

例 3.20　在例 3.19 的基础上对结构数组 PS 进行域的增添和删除。

(1) 增添域:在数组中任何一个结构上进行域的增添,其影响遍及整个结构数组。

```
>> PS(1).diagnosis = '感冒'
PS =
1x2 struct array with fields:
    name
    billing
    test
    diagnosis
```

(2) 删除域的操作也是对整个结构数组实施的。

```
>> PS = rmfield(PS,'test')          % 删除一个域
PS =
1x2 struct array with fields:
    name
    billing
    diagnosis
```

习　题

3.1　输入字符串变量 x 为"good or bad",将 x 的每个字符向后移 3 位(例如,"g"变为"j"),然后再逆序重排后赋给变量 y。

3.2　表 3.2 和表 3.3 分别给出了 2009 级电子信息工程班的学生和任课教师的信息,试分别创建元胞数组和结构数组存储学生和教师的信息。

表 3.2　2009 级电子信息工程班学生信息

学　号	姓　名	学习课程	成　绩
200906812005	欧阳子健	高数、英语、电路、自控	77,65,81,90
200906812012	张晓伟	高数、英语、电路、自控	69,91,78,57
200906812022	王小莉	高数、英语、电路、自控	88,92,90,85
200906812033	刘杰	高数、英语、电路、自控	78,66,89,80

表 3.3　2009 级电子信息工程班任课教师

编　号	姓　名	教授课程
101002445	王丽坤	高数
101005683	李媛可	英语
101003721	赵明	电路、自控

第4章　数据和函数的可视化

除了具有强大的数值计算功能外，MATLAB为广大工程技术人员接受和青睐的另一个重要原因是它提供了极其方便的绘图功能，可以绘制多种类型的二维、三维图形，也可以进行动画演示。本书主要介绍二维图形的绘制指令。

在二维图形绘制指令中，最重要也是最基本的指令是plot指令。其他许多特殊绘图指令都是以它为基础而形成的，调用格式也与其大同小异。因此，本章围绕plot指令展开。

4.1　二维曲线绘制的基本指令plot

4.1.1　基本调用格式plot(x,y,′s′)

这是plot指令的最典型、最基本的调用格式。该指令打开一个默认的图形窗，将各个采样数据点用直线连接来绘制图形，它还自动将数值标尺和单位注加到两个坐标轴上。如果已经存在一个图形窗，plot指令将刷新当前窗中的图形。该指令中的输入宗量(x,y,′s′)称为平面绘线的三元组。它们分别指定平面曲线的几何位置、线型、点形和色彩。

【说明】

- x,y是长度相同的一维数组，分别用来指定采样点的横坐标和纵坐标。
- 第3个输入宗量′s′是字符串，用来指定"连续线型"或/和"离散点形"(如表4.1和表4.2所示)，与此同时还可以同时指定"点线色彩"(如表4.3所示)。例如，plot(x,y,′r : o′)指令的字符串′r : o′中，第一个字符"r"表示曲线的色彩为"红色"；第二个字符":" 表示曲线的线型采用"虚线"；"o" 表示曲线上的每一个给定的离散数据点用"圆圈"标记出。
- 第3个输入宗量′s′可以缺省，也可以缺省其中的某些字符，此时plot指令将使用默认设置绘制曲线：若缺省线型控制字符，则曲线一律用"细实线"线型；若缺省数据点标记字符，则不标记给定的离散数据点；若同时缺省色彩控制字符和线型控制字符，则只按照数据点标记控制字符画出给定的离散数据点，而不将它们连接成线；若指令中没有第三输入宗量，即′s′不加指定，则采用"蓝色细实线"绘制曲线。

表4.1　线型控制符

符　号	线　型	符　号	线　型
-	细实线(默认)	:	虚点线
-.	点画线	--	虚画线

表 4.2　离散数据点标记字符

符　号	标记符	符　号	标记符
.	实心黑点	d	菱形符
+	十字符	h	六角星符
*	八线符	o	空心圆圈
^	朝上三角符	p	五角星符
<	朝左三角符	s	方块符
>	朝右三角符	x	叉字符
v	朝下三角符		

表 4.3　色彩控制符

字符	色彩	字符	色彩
b	蓝色	m	紫红色
c	青色	r	红色
g	绿色	w	白色
k	黑色	y	黄色

4.1.2　plot 指令的衍生调用格式

1. 单色或多色绘制多条曲线

plot(X,Y,'s')　　用's'指定的点形线型色彩绘制多条曲线

plot(X,Y)　　采用默认的色彩次序用细实线绘制多条曲线

【说明】

- 当 X,Y 均为($m \times n$)数组时,将绘制出 n 条曲线,每条曲线的几何位置由 X、Y 对应的列确定。
- 当 X、Y 两个输入宗量中有一个是一维数组,且该数组的长度与另一个输入宗量的"行数"(或"列数")相等时,将绘制出"列数"(或"行数")条曲线。
- plot(X,Y,'s') 只能用's'指定的点形线型色彩绘制多条曲线。
- plot(X,Y) 指令采用细实线绘制曲线,并按照篮、绿、红、青、紫红、黄、黑的次序着色,以提高"观察性"。

2. 多三元组绘制多条曲线

```
plot(X1,Y1,'s1',X2,Y2,'s2',…,Xn,Yn,'sn')
```

【说明】

- 该指令的输入宗量由多个"三元组"(Xn,Yn,'sn')组成。
- 每个三元组是独立的,它的工作方式与 plot(X,Y,'s') 完全相同。

3. 单输入宗量绘制曲线

```
plot(Y)
```

【说明】

- 当 Y 是一维数组时，以该数组的下标为横坐标，Y 为纵坐标绘制一条曲线。
- 当 Y 是二维数组时，以该数组的“行下标”为横坐标，Y 为纵坐标绘制“列数”条曲线。

例 4.1　试绘制下列函数图形

$$y(t)=k\cdot\cos(t)$$
$$0\leqslant t\leqslant 2\pi,\quad k=0.4\sim 1.0$$

```
>> t = (0:pi/50:2 * pi)'; k = 0.4:0.1:1; y = cos(t) * k; plot(t,y)
```

得到的结果如图 4.1 所示。

【说明】

- 读者可以在本例运行后，再分别键入 plot(t)、plot(y)和 plot(y,t)等指令，以观察产生图形的不同。

除了采用 plot 指令默认的属性绘制图形外，用户还可以利用指定的属性绘制图形。

例 4.2　plot 指令扩展调用格式的示例。

```
>> clear
>> x = -pi:pi/10:pi;
>> y = tan(sin(x))-sin(tan(x));
>> plot(x,y,'--rs','LineWidth',2,...
   'MarkerEdgeColor','k',...
   'MarkerFaceColor','g',...
   'MarkerSize',10)
```

得到的结果如图 4.2 所示。

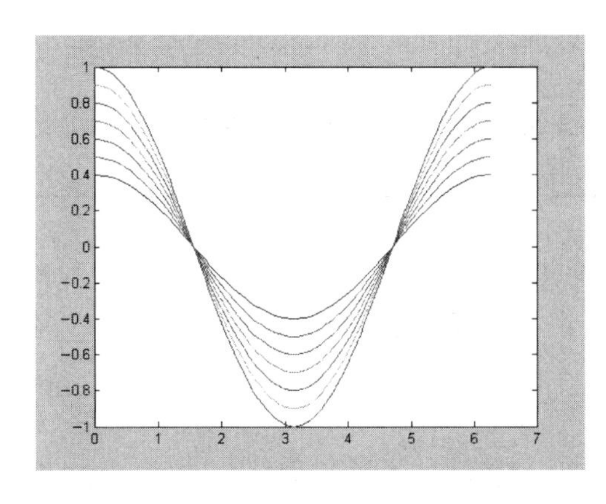

图 4.1　$y(t)=k\cdot\cos(t)$ 的图形

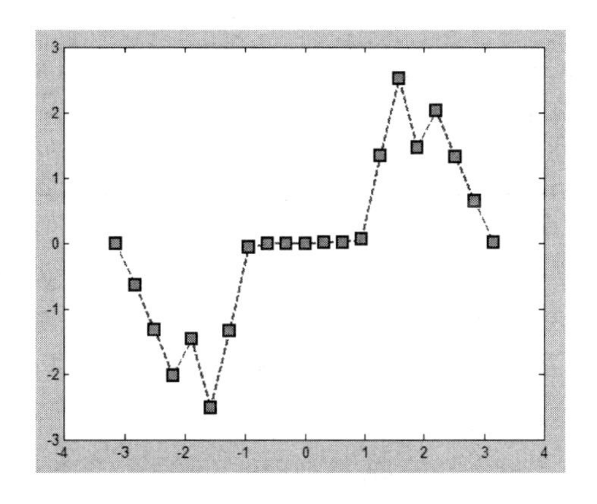

图 4.2　采用指定属性绘制图形

【说明】

- 在本例的 plot 指令中，
  'LineWidth',2 指定线宽为 2(默认值为 0.5)；
  'MarkerEdgeColor','k' 指定离散数据点的边界色彩为黑色(默认色彩为曲线色彩)；
  'MarkerFaceColor','g' 指定离散数据点的点域色彩为绿色(默认色彩为白色)；
  'MarkerSize',10 指定绘制离散数据点的大小为 10(默认值为 6.0)。
- 建议：利用 help 指令进一步学习 plot 指令的使用方法。

4.2 坐标轴控制和图形标识

MATLAB 对图形风格的控制比较完备友善。一方面,在最通用的层面上,它采用了一系列考虑周全的默认设置,因此在绘制图形时,无须人工干预,就能根据所给数据自动地确定坐标取向、范围、刻度、高宽比,并给出相当令人满意的画面;另一方面,在适应用户的层面上,它又给出了一系列便于使用的指令,可以让用户根据需要和喜好去改变那些默认设置。

4.2.1 坐标轴的控制

MATLAB 用指令 axis 对坐标轴进行调整和控制。axis 指令的功能非常丰富,表 4.4 列出了常用的指令格式和功能。

表 4.4 常用的坐标轴控制指令

指 令	功 能
axis auto	使用默认设置
axis equal	横、纵轴的单位刻度设置成相等
axis normal	默认矩形坐标系
axis off	关闭所有轴标注、标记和背景
axis on	打开所有轴标注、标记和背景
axis square	产生正方形坐标系
axis ij	矩阵式坐标,原点在左上方
axis xy	普通直角坐标,原点在左下方
axis([x1,x2,y1,y2])	人工设定坐标范围,x1 和 x2 分别为横轴的初始值和终值,y1 和 y2 分别为纵轴的初始值和终值

【说明】

- 在 axis([x1,x2,y1,y2])指令中,必须有 $x1<x2$ 和 $y1<y2$ 成立;其中的元素允许取 inf 或 -inf,那意味着上限或下限是自动产生的,即坐标范围“半自动”确定。

例 4.3 观察坐标轴控制的示例。

(1) 采用默认的坐标范围

```
>> t = 0:pi/20:2 * pi; y = sin(t);
>> plot(t,y,'k: * ')
```

得到的结果如图 4.3 所示。

(2) 控制坐标范围

```
>> axis([0,3 * pi, - 2,2])
```

得到的结果如图 4.4 所示。

【说明】

- 在第(1)步中,MATLAB 按照给定的数据自动确定坐标取向、范围、刻度和高宽比。
- 在第 (2) 步中,MATLAB 根据用户给定的数值确定坐标轴参数的范围,也就相当于把原图形进行放大或缩小处理。

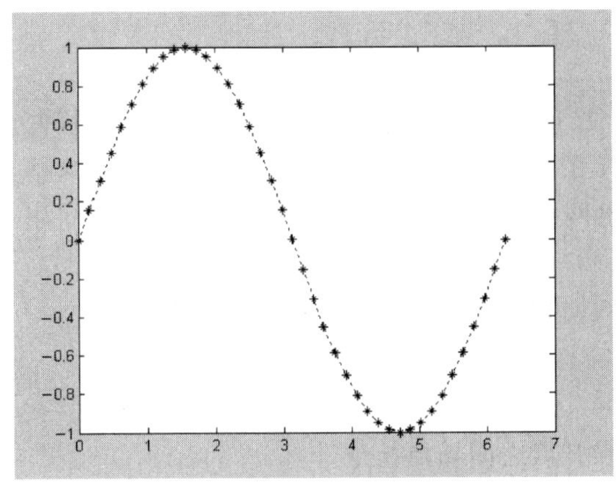

图 4.3　$y(t)=\sin(t)$ 的图形

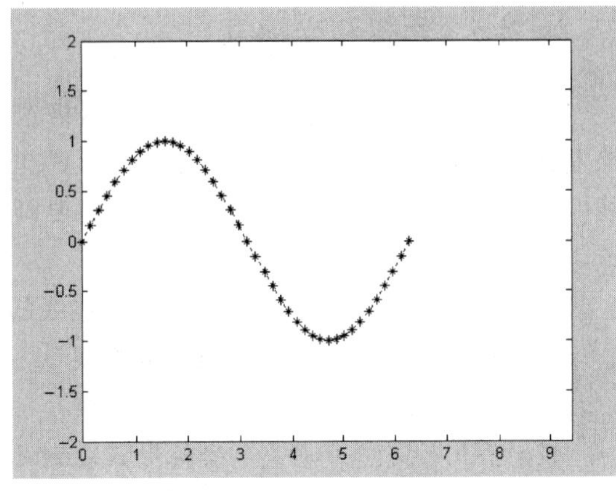

图 4.4　坐标轴的控制

4.2.2　坐标刻度标识

MATLAB 用 set 指令来设置坐标轴的刻度标识。set 指令的调用格式为：

```
set(gca, 'xtick', xs, 'ytick', ys)
```

其中，xs 和 ys 分别为横轴和纵轴刻度标识的标识向量(必须从小到大依次排列)。

set 指令的另一种调用格式为：

```
set(gca, 'xticklabel', 's1', 'yticklabel', 's2')
```

其中，'s1' 和 's2' 分别为横轴和纵轴刻度标识的标识字符串(字符串之间用"|"分隔)。

例 4.4　在例 4.3 的结果图形上标识坐标轴刻度。

(1) 用向量标识坐标轴刻度

```
>> set(gca,'xtick',[0,1.4,3.14,5,6.28],'ytick',[-1.2,0,0.4,1.2])
```

得到的结果如图 4.5 所示。

(2) 用字符串标识坐标轴刻度

```
>> set(gca,'xticklabel','0|1.5|half|5|one')
```

得到的结果如图 4.6 所示。

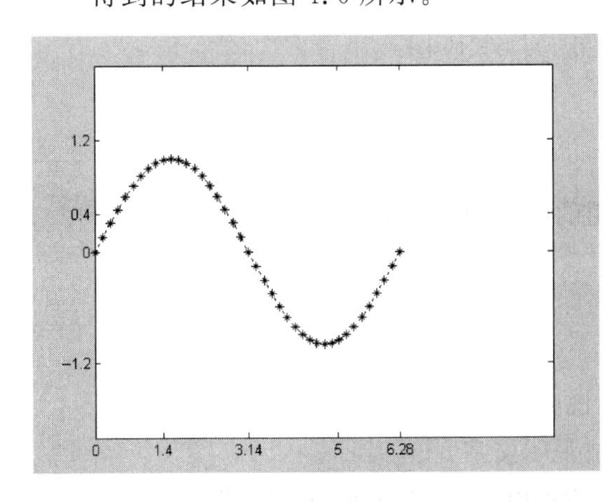

图 4.5　横轴和纵轴用向量标注的图形

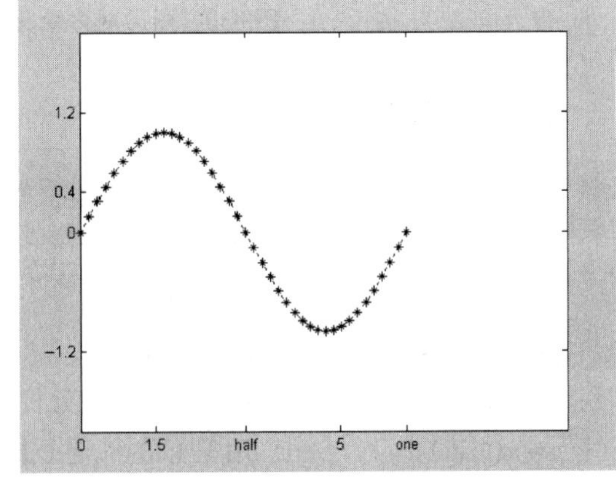

图 4.6　横轴用字符串标注的图形

4.2.3　网格和坐标框

网格是在坐标轴刻度标示上画出网格线,便于对曲线进行观察和分析。坐标框是使绘制出的图形可以在开启形式或封闭形式坐标系中。MATLAB 的默认设置是不画网格线及选择封闭形式坐标系。如果用户需要画出网格线或选择开启形式坐标系,可以使用以下指令:

grid	是否画网格线的双向切换指令(使当前网格线状态翻转)
grid on	画出网格线
grid off	不画网格线
box	坐标形式在封闭和开启之间切换指令
box on	使当前坐标呈封闭形式
box off	使当前坐标呈开启形式

例 4.5　在例 4.4 所得图形上画出网格线并使用开启形式的坐标系。

```
>> grid
>> box
```

得到的结果如图 4.7 所示。

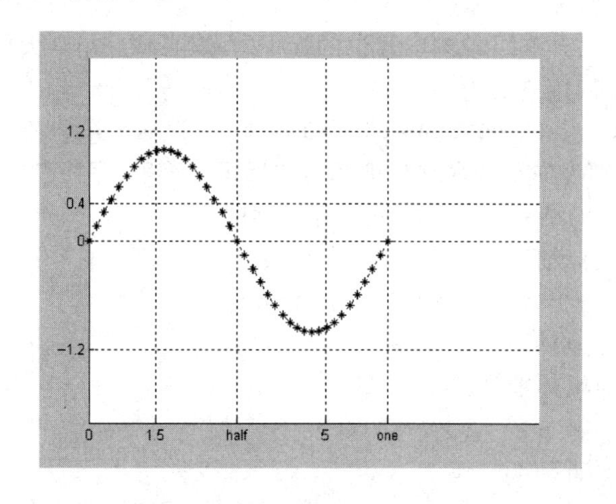

图 4.7　画出网格线及使用开启形式的坐标系

4.2.4　图形标识

MATLAB 允许对图形进行文字标识。常用的图形标识指令为:

title('s')	图形标题
xlabel('s')	横坐标名
ylabel('s')	纵坐标名
text(x,y,'s')	在坐标(x,y)处标注说明文字
gtext('s')	用鼠标在特定处标注说明文字

其中,'s' 为字符串。再次提醒:**作为字符串标记的单引号对''必须在英文状态下输入。**

字符串 's' 可以是英文字符、希腊文字符和中文字体,也可以是一些特殊字符,并且允许对标识字体进行设置。输入特定的文字需要用反斜杆(\)开头。有关图形标识常用的希腊字母和其他特殊字符如表 4.5 至表 4.8 所示。

表 4.5　图形标识用的希腊字母

指令	字符	指令	字符	指令	字符	指令	字符
\alpha	α	\eta	η	\Nu	ν	\upsilon	υ
						\Upsilon	Υ
\beta	β	\theta	θ	\xi	ξ	\phi	φ
		\Theta	Θ	\Xi	E	\Phi	Φ
\gamma	γ	\iota	ι	\pi	π	\chi	χ
\Gamma	Γ			\Pi	Π		
\delta	δ	\kappa	κ	\rho	ρ	\psi	ψ
\Delta	Δ					\Psi	Ψ
\epsilon	ε	\lambda	λ	\sigma	σ	\omega	ω
		\Lambda	Λ	\Sigma	Σ	\Omega	Ω
\zeta	ζ	\mu	μ	\tau	τ		
使用示例							
指令	效果	指令	效果	指令		效果	
'sin\beta'	sin β	'\zeta\omega'	$\zeta\omega$	'\itA{\in}R^{m\timesn}'		$A\in R^{m\times n}$	

表 4.6　图形标识用的其他特殊字符

指令	字符	指令	字符	指令	字符	指令	字符	指令	字符
\approx	$\approx$	\propto	$\propto$	\exists	$\exists$	\cap	$\cap$	\downarrow	$\downarrow$
\cong	$\cong$	\sim	$\sim$	\forall	$\forall$	\cup	$\cup$	\leftarrow	$\leftarrow$
\div	$\div$	\times	$\times$	\in	$\in$	\subset	$\subset$	\leftrightarrow	$\leftrightarrow$
\equiv	$\equiv$	\oplus	$\oplus$	\infty	∞	\subseteq	$\subseteq$	\rightarrow	$\rightarrow$
\geq	$\geq$	\oslash	$\oslash$	\perp	$\perp$	\supset	$\supset$	\uparrow	$\uparrow$
\leq	$\leqslant$	\otimes	$\otimes$	\prime	$'$	\supseteq	$\supseteq$	\circ	$\circ$
\neq	$\neq$	\int	$\int$	\cdot	$\cdot$	\Im	$\Im$	\bullet	$\bullet$
\pm	$\pm$	\partial	∂	\ldots	$\ldots$	\Re	$\Re$	\copyright	©

表 4.7　上下标的控制指令

分类	指令	arg 取值	举例	
			示例指令	效果
上标	^{arg}	任何合法字符	'\ite^{－t}sint'	$e^{-t}\sin t$
下标	_{arg}	任何合法字符	'x～{\chi}_{\alpha}^{2}(3)'	$x\sim\chi_{\alpha}^{2}(3)$

表 4.8 字体式样设置规则

字体	指 令	arg 取 值	举 例	
			示例指令	效 果
名称	\fontname{arg}	Arial;courier;roman; 宋体;隶书;黑体	'\fontname{courier}Example 1' '\fontname{隶书}范例 2'	Example 1 范例 2
风格	\arg	bf (黑体) it (斜体一) sl (斜体二) rm (正体)	'\bfExample 3' '\itExample 4'	**Example 3** *Example 4*
大小	\fontsize{arg}	正整数 默认值为 10 (Points 磅)	'\fontsize{14}Example 5' '\fontsize{6}Example 6'	Example 5 Example 6

【说明】

- \fontname{arg}用于设置输出字符的字样,凡是 Windows 字库中有的字体,都可以通过设置字体名称实现调用,默认值为"宋体"。
- 1 Point(磅)=(1/72) inch=0.35 mm。

例 4.6 在例 4.5 所得图形上进行文字标识。

```
>> title('正弦函数曲线 0\rightarrow 2\pi')
>> xlabel ('时间')
>> ylabel('函数值')
>> text(3.14,sin(3.14),'\leftarrow 这是\pi 的函数值')
>> gtext('\leftarrowsin(t)\fontname{隶书}极小值')
```

得到的结果如图 4.8 所示。

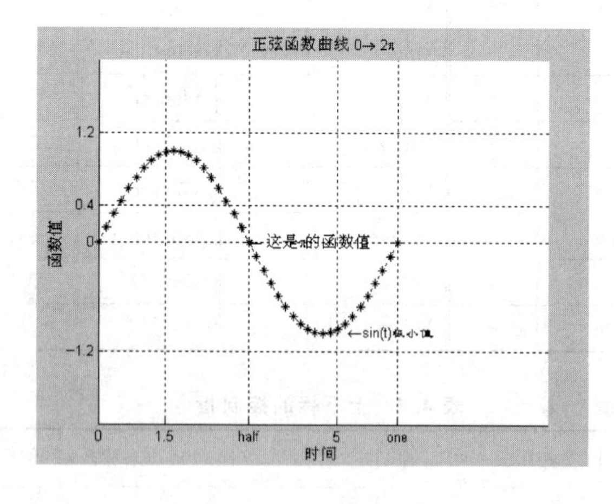

图 4.8 加入图形标识

【说明】

- gtext('s')指令执行时,MATLAB 自动显示待标识的图形,用户在需要标识处单击鼠标的左键即可。

4.2.5　图例注解

当在同一个坐标系中绘制多条函数曲线时,需要区分各条曲线,为此 MATLAB 提供了图例的注解说明指令,其格式为:

```
legend('s1', 's2', …, ps)
```

该指令在图形窗中开启一个注解视窗,依据绘图的先后顺序,依次输出字符串对各条曲线进行注解说明。's1' 是第一条曲线的注解说明,'s2' 是第二条曲线的注解说明……ps 是参数字符串,确定注解视窗在图形中的位置,其含义如表 4.9 所示。同时,注解视窗也可以用鼠标拖动,以便将其放置在一个合适的位置。

表 4.9　参数字符串的含义

参数字符串	含　　义	参数字符串	含　　义
0	尽量不与数据冲突,自动放置在最佳位置	3	放置在图形的左下方
1	放置在图形的右上方(默认)	4	放置在图形的右下方
2	放置在图形的左上方	−1	放置在图形视窗外的右边

例 4.7　在同一张图上绘制下列函数曲线:

$$x(t)=\sin(t)$$
$$y(t)=\sin(t)\cdot\sin(9t)\qquad 0\leqslant t\leqslant 10$$
$$z(t)=1.5e^{-t}$$

```
>> t = 0:0.1:10; x = sin(t);
>> y = sin(t). * sin(9 * t);            % 注意:这里的"."不能遗漏!
>> z = 1.5 * exp( - t);
>> plot(t,x,t,y, ': ',t,z, '-.')
>> legend('sin(t) ', 'sin(t) * sin(9t)', '1.5 * exp( - t)')
```

得到的结果如图 4.9 所示。

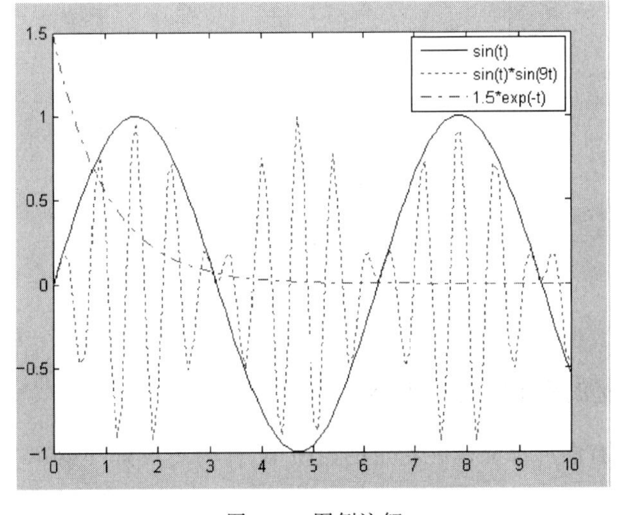

图 4.9　图例注解

4.3 图形的控制、表现和双纵坐标

4.3.1 多次叠绘

当采用 plot 指令绘制曲线时，首先将当前图形窗清屏，再绘图，所以用户只能看到最后一条 plot 指令绘制的图形。在实际应用中，常常会遇到在已经存在的图上再绘制一条或多条曲线的情况。为此，MATLAB 提供了以下图形保持指令：

hold on	保持当前图形及坐标轴系的所有特性
hold off	解除 hold on 指令
hold	hold on 和 hold off 之间的双向切换指令

例 4.8 在同一张图上分别绘制下列函数曲线：

$$x(t)=\sin(t),\quad y(t)=2\cos(t)\qquad 0\leqslant t\leqslant 10$$

```
>> t = 0:0.1:10; x = sin(t); y = 2 * cos(t);
>> plot(t,x,'k')
>> hold on
>> plot(t,y,'k:')
```

得到的结果如图 4.10 所示。

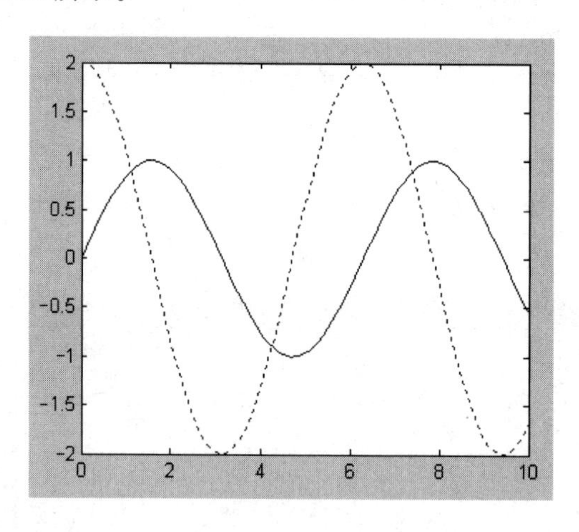

图 4.10　利用 hold 指令绘制的两条曲线

【说明】

- 读者可以尝试一下，在上述指令中将 hold on 去掉，会得到什么结果。

4.3.2 图形窗的创建、选择和删除

MATLAB 的所有图形都显示在特定的窗口中，称为图形窗(Figure)。当使用绘图指令时，如果没有已经创建(或打开)的图形窗，MATLAB 会自动创建一个新的窗口；如果已有图形窗，则在默认情况下直接利用该图形窗绘制曲线。有时候，根据需要可能要绘制若干幅曲

线图，而屏幕上所能看到的只有最近打开的那幅。如果想要看到其他图或者在其他图上重新绘制曲线或者要删除某些不用的图形窗，则需要下列指令：

figure (m)　　创建(或打开)第 m 个图形窗，并将其作为当前图形窗

clf　　清除当前图形窗中的内容，以便重新绘图时不发生混淆

shg　　显示当前图形窗(即将当前图形窗放在最前面)

close (m)　　关闭第 m 个图形窗

例 4.9　在两张图上分别绘制下列函数曲线：

$$y_1(t)=\sin(t)+\sin(2t)+\sin(4t)$$
$$y_2(t)=y_1(t)+\sin(3t)+\sin(5t)+\sin(7t) \qquad -10\leqslant t\leqslant 10$$

```
>> t = - 10:0.1:10;
>> y1 = sin(t) + sin(2 * t) + sin(4 * t);
>> y2 = y1 + sin(3 * t) + sin(5 * t) + sin(7 * t);
>> figure(1);
>> plot(t,y1,'k')
>> figure(2);
>> plot(t,y2,'k')
```

得到的结果如图 4.11 所示。

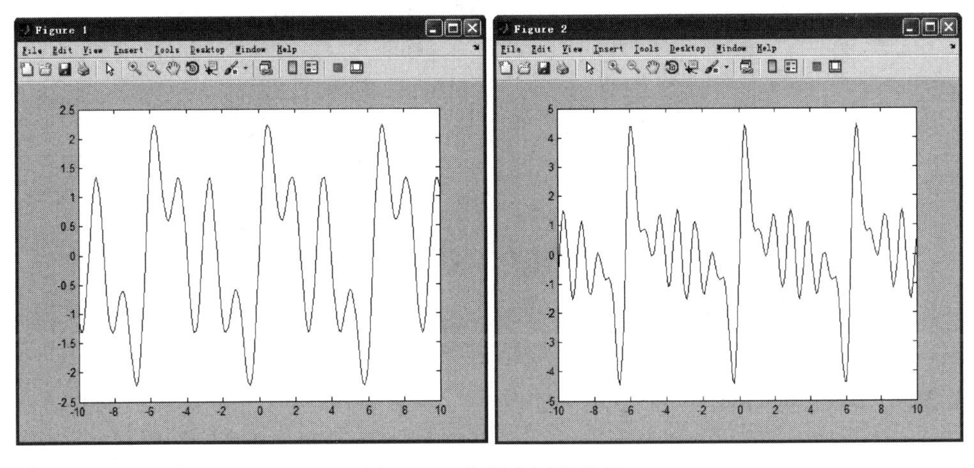

图 4.11　绘制多幅曲线图

4.3.3　多子图

MATLAB 允许用户在同一个图形窗中布置几幅独立的子图。图形窗的分割指令为：

subplot(m, n, p)　　使(m×n)幅子图的第 p 幅成为当前图

【说明】

- subplot(m, n, p)的含义是：图形窗中将有(m×n)幅子图。p 是子图的编号。子图的序号编排原则是："先上后下，先左后右"，左上方为第 1 幅，向右向下依次排号。该指令形式产生的子图分割完全按默认值自动进行。m、n 和 p 前面的逗号可以省略。
- subplot 指令产生的子图彼此之间独立。MATLAB 允许每个子图都可以以不同的坐标系单独绘图。

- 在使用 subplot 指令之后,如果再想绘制整个图形窗口的独幅图,则应先使用 clf 指令清图形窗或者先将其关闭。

例 4.10 在同一绘图窗中分别绘制下列函数曲线:

$$
\begin{aligned}
x(t)&=\sin(t)\\
y(t)&=\cos(t)\\
z(t)&=\sin(2t)\\
w(t)&=\cos(2t)
\end{aligned}
\qquad 0\leqslant t\leqslant 10
$$

```
>> t = 0:0.1:10; x = sin(t); y = cos(t); z = sin(2 * t); w = cos(2 * t);
>> subplot(221), plot(t,x,'k'), title('sin(t)')
>> subplot(222), plot(t,y,'k'), title('cos(t)')
>> subplot(223), plot(t,z,'k'), title('sin(2t)')
>> subplot(224), plot(t,w,'k'), title('cos(2t)')
```

得到的结果如图 4.12 所示。

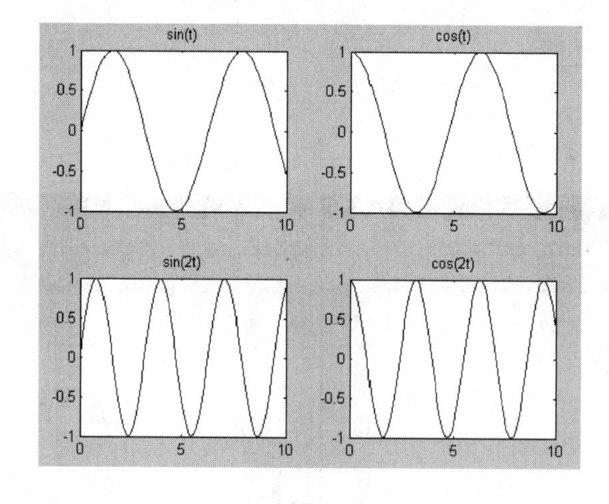

图 4.12 图形窗的分割

4.3.4 双纵坐标图

在实际应用中常常会提出一种需求:把同一自变量的两个不同量纲、不同数量级的函数量的变化绘制在同一张图上(例如,在自动控制系统分析和设计中,如果将控制信号和系统输出信号绘制在同一张图上,经常会出现这种情况)。为了满足这种需求,MATLAB 提供了以下指令:

plotyy(x1,y1,x2,y2)　　以左、右不同纵轴绘制 x1－y1、x2－y2 两条曲线

其中,左纵轴用于 x1－y1 数据对,右纵轴用于 x2－y2 数据对。

例 4.11 在同一张图上绘制下列函数曲线:

$$
\begin{aligned}
x(t)&=\sin(t)\\
y(t)&=0.01\cdot\cos(t)
\end{aligned}
\qquad 0\leqslant t\leqslant 10
$$

```
>> t = 0:0.1:10; plotyy(t,sin(t),t,0.01 * cos(t)); grid
```

得到的结果如图 4.13 所示。

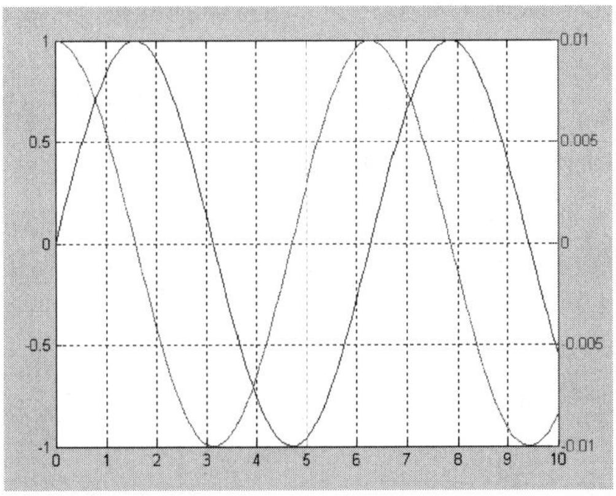

图 4.13　两边都有坐标轴的曲线绘制结果

【说明】

- 如果用 plot 指令取代 plotyy 指令，绘制出的曲线会呈现何种结果？
- 在 plotyy 指令生成的图形中，legend 指令不能正常执行。
- 使用 text 指令加注标识文字的位置是根据左纵轴决定的。
- xlabel 指令可以正常使用，但 ylabel 指令仅能标注左纵轴。如果希望标注右纵轴的话，则需要使用较复杂的句柄操作。

4.4　其他常用的二维绘图指令和从图形中取数据

MATLAB 提供了其他多种二维图形的绘制指令，如表 4.10 所示。这些指令或者是以 plot 指令为基础而形成的，或者使用场合较少。有兴趣的读者可使用 help 指令详细了解它们的使用方法。

表 4.10　其他常用二维图形绘制指令

指　令	含义和功能	指　令	含义和功能
area	面域图，用于表现比例、成分	polar	以极坐标绘制曲线
bar	直方图，用于统计数据	quiver	二维箭头图，用于场强、流向
compass	射线图，用于方向和速度	rose	频数扇形图，用于统计
feather	羽毛图，用于速度	stairs	阶梯图，用于数据采样
hist	频数直方图，用于统计	stem	二维杆图，用于离散数据
loglog	双对数坐标图	semilogx	x 轴半对数图，y 轴为线性
pie	二维饼图，统计数据的极坐标形式	semilogy	y 轴半对数图，x 轴为线性

4.4.1　对数坐标图形

绘制对数坐标图形的指令为：

semilogx(x,y, 's')　　绘制半对数坐标图形，横轴取以 10 为底的对数坐标，纵轴为线

性坐标

semilogy(x,y, 's')　　绘制半对数坐标图形,纵轴取以 10 为底的对数坐标,横轴为线性坐标

loglog(x,y, 's')　　绘制横、纵轴都取以 10 为底的对数坐标图形

其中,字符串 's' 的含义与 plot 指令中的相同。

例 4.12　绘制对数坐标图形的示例。

```
>> t = 0.01:0.01:100;y = log10(t);
>> subplot(2,1,1)
>> plot(t,y),grid on
>> t = 0.01:0.01:100;y = log10(t);
>> subplot(2,1,1)
>> plot(t,y,'k'),grid on
>> title('\ity = log_{10}(t) in Cartesian coordinates')
>> xlabel('t'),ylabel('y')
>> subplot(2,1,2)
>> semilogx(t,y,'k')              % 半对数绘制曲线
>> title('\ity = log_{10}(t) in Semi_log coordinates')
>> xlabel('t'),ylabel('y'), grid on
```

得到的结果如图 4.14 所示。

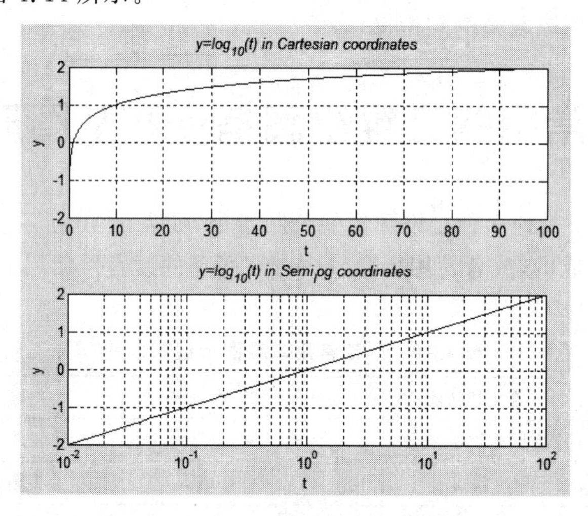

图 4.14　笛卡尔和对数坐标系中曲线的比较

4.4.2　极坐标图形

绘制极坐标图形的指令为:

polar(theta,radius, 's')　　绘制相角为 theta,半径为 radius 的极坐标图形

其中,字符串 's' 的含义与 plot 指令中的相同。

例 4.13　绘制极坐标图形的示例。

```
>> t = 0:0.01:2 * pi; r = abs(2 * cos(2 * (t - pi/8))); polar(t,r)
```

得到的结果如图 4.15 所示。

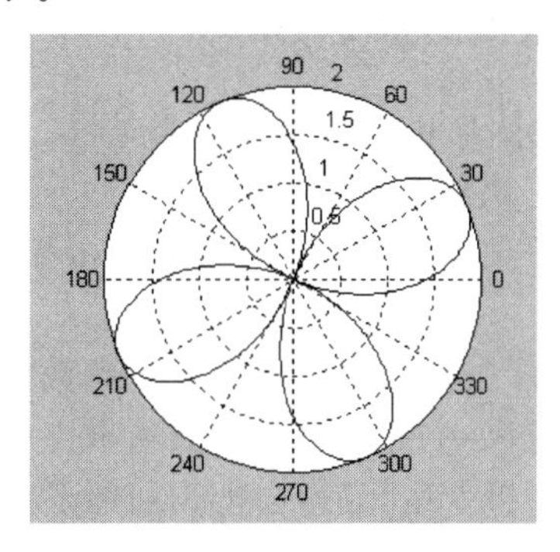

图 4.15 极坐标图形

4.4.3 其他常用的二维绘图指令简介

限于篇幅,仅给出一例。

例 4.14 在同一张图上绘制 $y(t)=e^{-0.4t}\cos(t)$经采样开关采样后产生的离散信号及通过零阶保持器后产生的波形。

```
>> t = 2 * pi * (0:20)/20;
>> y = cos(t). * exp( - 0.4 * t);
>> stem(t,y,'k')                        % 绘制二维杆图,表示采样数据
>> hold on
>> stairs(t,y,':k')                     % 绘制阶梯曲线
>> hold off
>> legend('\fontsize{15}\it stem','\fontsize{15}\bf stairs')
>> xlabel('\fontsize{12}\itt')
>> ylabel('\fontsize{12}\ity = \ite^{\rm - 0.4\itt}\rmcos\itt')
```

得到的结果如图 4.16 所示。

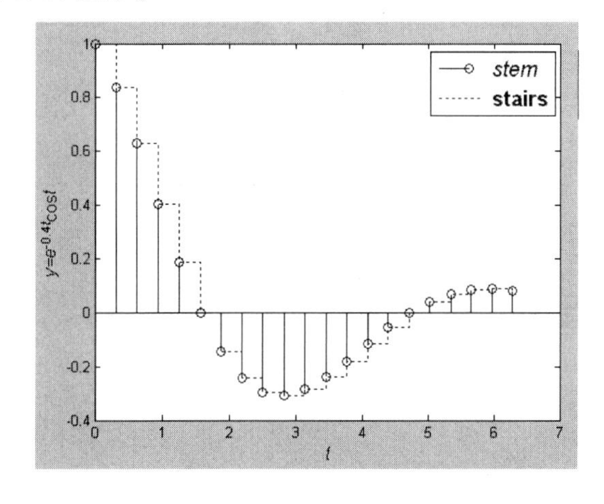

图 4.16 离散信号的重构

4.4.4 获取二维图形数据的指令 ginput

MATLAB 还提供了从二维图形中获取数据的指令 ginput。该指令在数值优化、方程求解以及工程设计中十分有用。该指令的格式为：

[x,y]=ginput(n)　　　用鼠标从二维图形上获取 n 个点的数据坐标(x, y)

【说明】

- 该指令仅适用于二维图形。指令中的 n 应赋正整数,它是用户希望通过鼠标从图上获得的数据点的个数。指令中的 x、y 为存放所取点的坐标。
- 该指令具体操作方法:该指令运行后,会把当前图形窗从后台调到前台,同时鼠标光标变化为十字叉;用户移动鼠标,使十字叉移到待取坐标点;单击鼠标左键,便获得该点数据;此后,用同样的方法,获取其余点的数据;当 n 个点的数据全部取到后,图形窗便退回到后台,机器回到 ginput 指令执行前的环境。
- 在使用该指令之前,通常先对图形进行局部放大处理。

例 4.15　采用图解法求 $(x+2)^x=2$ 的解。

① 绘制 $y=(x+2)^x-2$ 的曲线。

原题相当于求 $y=(x+2)^x-2=0$ 时的坐标点$(x,0)$。

```
>> clf
>> x = -1:0.01:2;
>> y = (x + 2).^x - 2;
>> plot(x,y,'k')
>> grid on
```

得到的结果如图 4.17 所示。

② 在曲线与坐标横轴($y=0$)的交点附近局部放大图(如图 4.17 所示,需要使用 axis 指令)上求解,并且得到图 4.18。

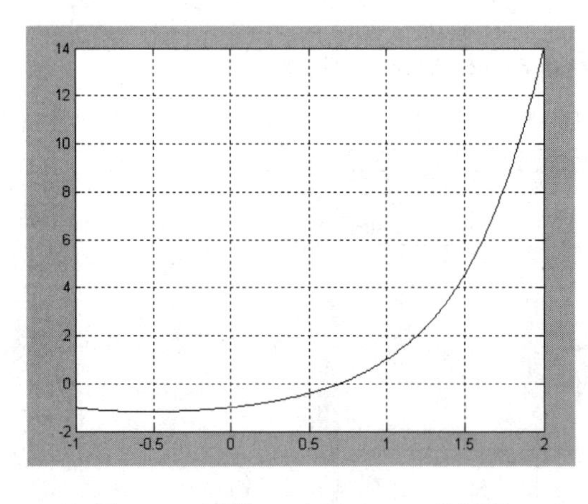

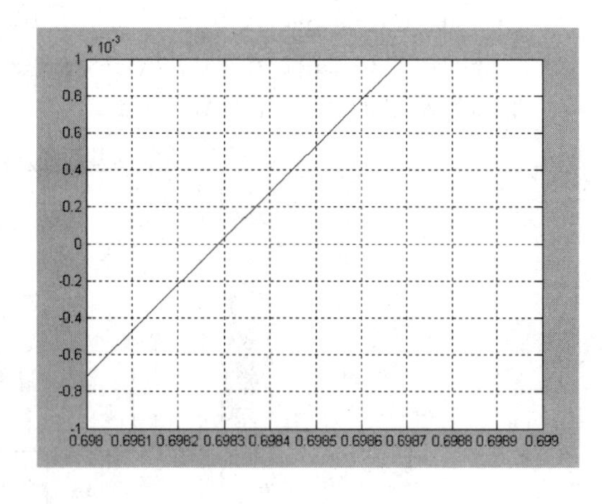

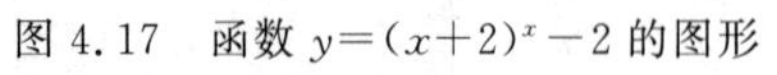
图 4.17　函数 $y=(x+2)^x-2$ 的图形

图 4.18　局部放大图

```
>> [x,y] = ginput(1);
>> format long; x, y
x =
  0.698284562211981
y =
  -8.771929824561179e-006
```

【说明】

- 本例的精确解为 x=0.6982994217…，图解精度达到万分之一。
- 图解精度与自变量采样点密度、局部放大倍数和鼠标取值操作有关。
- 为了获得局部放大图，需要在零点附近多次使用 axis 指令。

4.5　三维绘图指令简介

三维图形包括三维曲线图和三维曲面图。三维曲线图由指令 plot3 实现，三维曲面图由指令 mesh 和 surf 实现。

4.5.1　三维曲线绘制指令 plot3

在 MATLAB 中，plot3 指令用于绘制三维曲线。该指令的基本调用格式为：

plot3(x,y, z, 's')　　　　　　用's'指定的点形线型色彩绘制三维曲线

该指令中的输入宗量(x,y,z,'s')称为三维绘线的四元组。它们分别指定三维曲线的几何位置、线型、点形和色彩。它的使用方法以及输入宗量(x,y,z,'s')含义和衍生格式与二维图形绘制指令 plot 类似。

例 4.16　利用指令 plot3 绘制三维螺旋线。

```
>> t = 0:pi/50:10 * pi;
>> plot3(sin(t), cos(t), t, 'k')
>> axis square
>> grid on
>> xlabel('x'), ylabel('y'), zlabel('z')
```

得到的结果如图 4.19 所示。

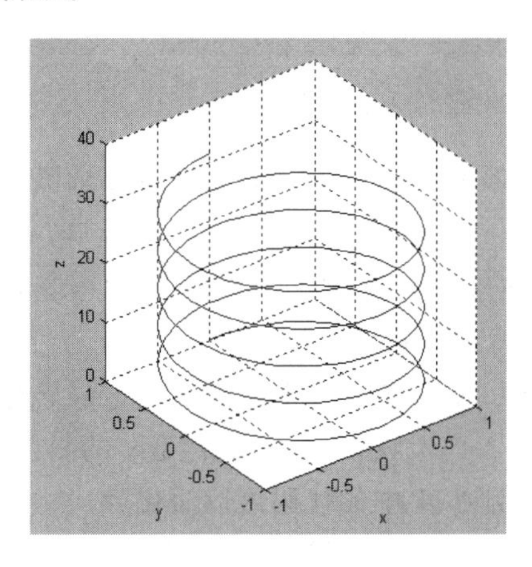

图 4.19　利用指令 plot3 绘制的三维螺旋线

【说明】

- 在使用 plot3 指令绘制三维曲线后，仍可以像前面一样，对所得图形进行标识和控制。

4.5.2 三维曲面图绘制指令 mesh 和 surf

指令 plot3 用于绘制三维曲线,但不能用于绘制曲面。指令 mesh 可以绘制出在某一区间内完整的网格曲面,而指令 surf 可以绘制出三维曲面图。这两个指令的调用格式基本相同。我们仅给出基本调用格式。

mesh(x,y, z),surf(x,y, z)　　绘制出一个网格图(曲面图),图像的颜色由高度宗量 z 确定,即图像的颜色与高度成正比

例 4.17 绘制抛物曲面 $z=x^2+y^2$ 在 $-1\leqslant x\leqslant 1,-1\leqslant y\leqslant 1$ 的图像。

```
>> clear
>> X = -1:0.1:1; Y = X';
>> X1 = X.^2; Y1 = Y.^2;
>> x = ones(length(X), 1);
>> y = ones(1, length(Y));
>> X1 = x * X1; Y1 =  Y1 * y; Z = X1 + Y1;
>> subplot(1,2,1), mesh(X, Y, Z);
>> subplot(1,2,2), surf(X, Y, Z);
```

得到的结果如图 4.20 所示。

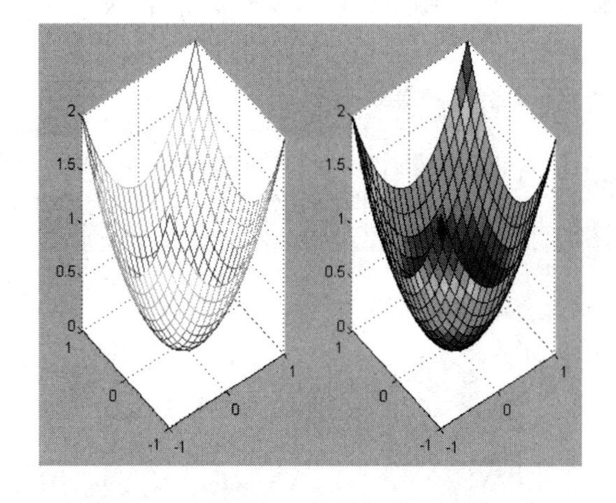

图 4.20　抛物曲面的网格图和表面图

【说明】

- 在绘制三维曲面时,使用 meshgrid 指令经常能够得到很多的方便。该指令用于生成 X 和 Y 数组,其基本调用格式为:

  [X, Y]= meshgrid(x, y)　将用 x 和 y 指定的区域转化为数组 X 和 Y,X 的行是 x 的复制,Y 的行是 y 的复制

- 利用 meshgrid 指令,例 4-17 中的代码可以简化为:

```
>> clear
>> [X, Y] = meshgrid([-1:0.1:1]);
>> Z  = X.^2 + Y.^2;
>> subplot(1,2,1), mesh(X, Y, Z);
>> subplot(1,2,2), surf(X, Y, Z);
```

习　题

4.1　绘制如下函数图形：

$$y(t)=1-2e^{-t}\sin(t) \qquad 0\leqslant t\leqslant 8$$

并在横轴上标注“Time”，纵轴上标注“Amplitude”，图形的标题为“Decaying-oscillating Exponential”。

4.2　绘制如下函数图形并加上适当的图形修饰：

$$y(t)=5e^{-0.2t}\cos(0.9t-30°)+0.8e^{-2t} \qquad 0\leqslant t\leqslant 30$$

4.3　在同一张图中绘制下列函数曲线：

$$\begin{aligned} y(t)&=0.625 \\ z(t)&=1.23\cos(2.83t+240°)+0.625 \end{aligned} \qquad 0\leqslant t\leqslant 10$$

并标出 $z(t=0)$ 和 $z(t=10)$ 的点。

4.4　对应于 $0\leqslant t\leqslant 25$ 区间内，在同一图中绘制下列函数曲线：

$$y_1(t)=1.25e^{-t}$$

$$y_2(t)=2.02e^{-0.3t}$$

$$y_3(t)=2.02e^{-0.3t}\cos(0.554t-128°)+1.25e^{-t}$$

并标注 $y_3(t)$ 的最小值与最大值。

4.5　已知椭圆的长、短轴分别为 $a=4,b=2$，用“小红点线”画椭圆 $\begin{cases} x=a\cos(t) \\ y=b\sin(t) \end{cases}$。

4.6　在一个图形窗中绘制两个子图，分别显示下列曲线：

$$y_1(t)=\sin(2x)\sin(3x)$$

$$y_2(t)=0.4x$$

要求给 x 轴和 y 轴加上标注，每个子图加上标题。

4.7　试将图形窗分割成三个子图，并分别绘制 $\lg x$ 在 $0\leqslant t\leqslant 100$ 区间内对数坐标、x 半对数坐标和 y 半对数坐标的函数曲线，并加上适当的图形修饰。

4.8　绘制下列极坐标图形（$0\leqslant\theta\leqslant 2\pi$）：

(1) $r=3(1-\cos\theta)$；

(2) $r=2(1+\sin\theta)$；

(3) $r=2(1+\cos\theta)$；

(4) $r=\cos(3\theta)$；

(5) $r=e^{\theta/(4\pi)}$。

4.9　A、B、C 三个城市上半年每个月的国民生产总值如表 4.11 所示。试画出三个城市上半年每月生产总值的累计直方图。（提示：使用 bar 指令）

表 4.11　各城市生产总值数据

(单位:亿元)

城 市	1月	2月	3月	4月	5月	6月
A	170	120	180	200	190	220
B	120	100	110	180	170	180
C	70	50	80	100	95	120

4.10　绘制下列图像:

(1) $y(x)=x\sin(x)$, $0\leqslant x\leqslant 10\pi$;

(2) 三维曲线:

$$x=\sin(t), y=\cos(t), z(t)=\cos(2t), 0\leqslant t\leqslant 2\pi;$$

(3) 双曲抛物面:

$$z(x,y)=\frac{x^2}{16}-\frac{y^2}{4}, -16\leqslant x\leqslant 16, -4\leqslant y\leqslant 4。$$

第5章　MATLAB程序设计基础

前面章节中介绍的在MATLAB指令窗中的操作适合所需指令条数不太多或者是以交互方式完成的工作。如果需要的指令条数很多或者需要经常执行的工作，采用编写程序的方式完成起来更为方便。MATLAB提供了所谓的M文件(M_file)，可以让使用者自行将指令及算式写成程序，然后存储成文件并运行完成相应的工作。M文件的扩展名为.m。

M文件可以分成M脚本文件(M_Script File)和M函数文件(M_Function File)两种形式。M脚本文件的效用和将指令逐一输入指令窗中完全一样，因此在M脚本文件中可以直接使用工作空间中的变量，而且M脚本文件中设定的变量在工作空间中能够看得到。M函数文件则需要通过输入宗量和输出宗量来传递信息，如同C语言的函数一样，并且M函数文件中设定的变量在工作空间中是看不到的。

MATLAB的编程结构与其他程序设计语言的编程结构相似，由一些基本结构，如循环结构、转移结构、开关结构等组成。这些结构的语言内容及用法与其他高级语言(如C、BASIC、Fortran)非常相似。由这些结构及指令组成的程序可以完成用户期望的工作，同时也可以得到更强的MATLAB函数，而这些新函数又可以加入MATLAB指令集中。

本章系统介绍编写MATLAB程序时的关系和逻辑运算，基本程序控制结构，M函数文件的构造，主函数、子函数、匿名函数、函数句柄以及MATLAB程序的跟踪调试。

5.1　MATLAB程序设计入门

本节将通过编写M脚本文件和M函数文件来解决一个具体问题。通过这两个文件，读者可以初步了解M脚本文件和M函数文件。对于其中涉及的各种语言结构，将在后面详细介绍。

例5.1　编写一个程序，计算$n!$ ($n=10$)。

(1) 编写M脚本文件的步骤

• 单击图5.1所示的MATLAB R2013b默认窗口上面的图标New Script，就可以打开如图5.2所示的M文件编辑调试器(Editor/Debugger)，其窗名为Untitled。

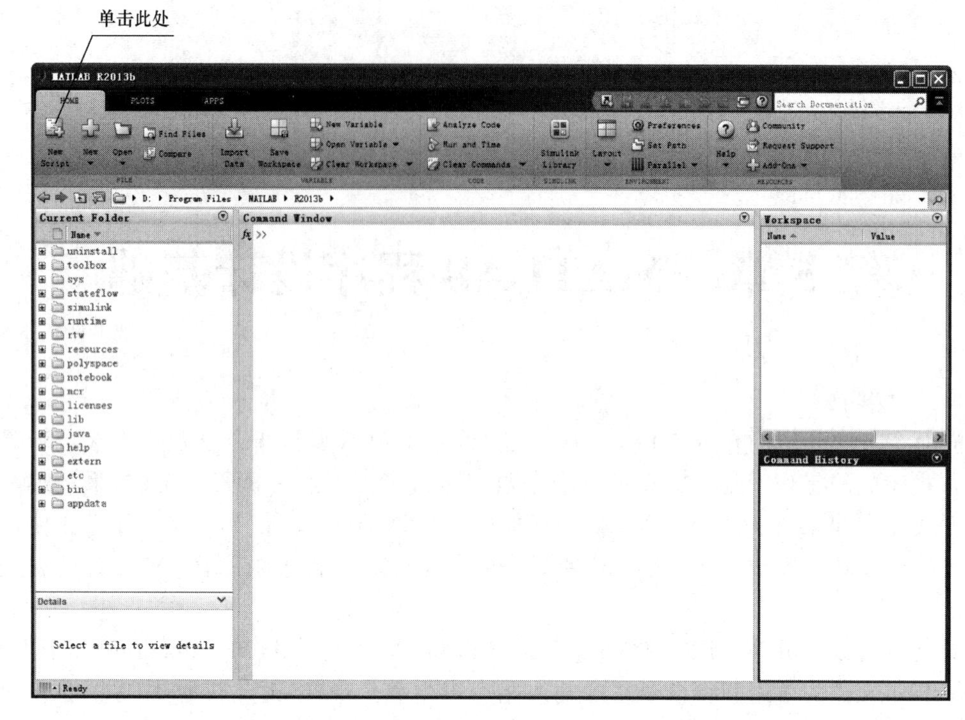

图 5.1　MATLAB R2013b 的默认窗口

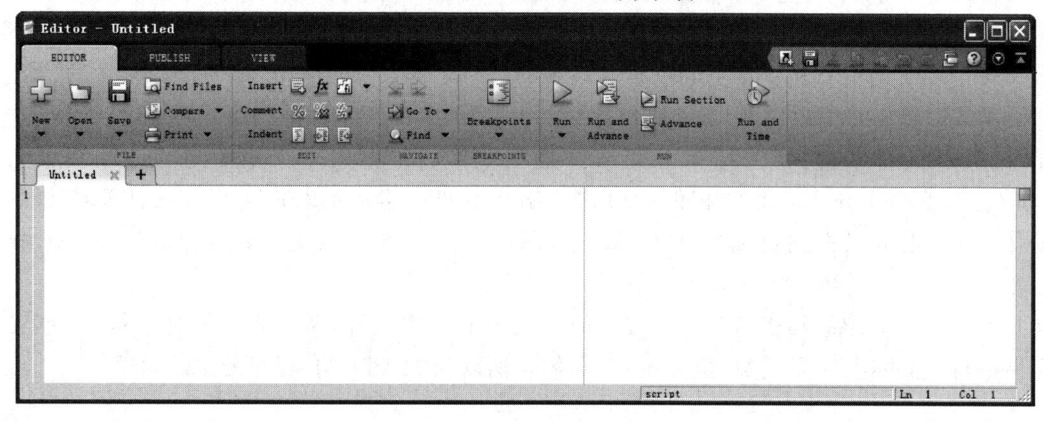

图 5.2　M 文件编辑调试器

• 在该空白窗中编写程序。下面是一段程序：

```
% exam5_1
clear
n = 10; result = 1;
for k = 1:n
    result = result * k;
end
result
```

• 单击 M 文件编辑调试器工具条上的 Save 图标，在弹出的 Windows 标准风格的对话框内，选择保存文件夹，键入新编程序的文件名(如 exam5_1)，单击“保存(S)”

按钮，就完成了文件的保存。

(2) 运行 M 脚本文件

- 使 exam5_1. m 所在目录成为当前目录，或让该目录处于 MATLAB 的搜索路径上。
- 在 MATLAB 指令窗中键入

```
>> exam5_1
result =
      3628800
```

【说明】

- MATLAB 规定百分号(%)后的该行所有文字为注释。注释语句不能运行。
- 运行 M 文件时，也可以单击 MATLAB 默认窗口上面的 Open 图标，在弹出的 Windows 标准风格的“Open”对话框内，选择 exam5_1. m，得到如图 5. 3 所示的窗口。只要单击窗口中的 Run 图标并选择该文件即可运行程序，得到相同的结果。

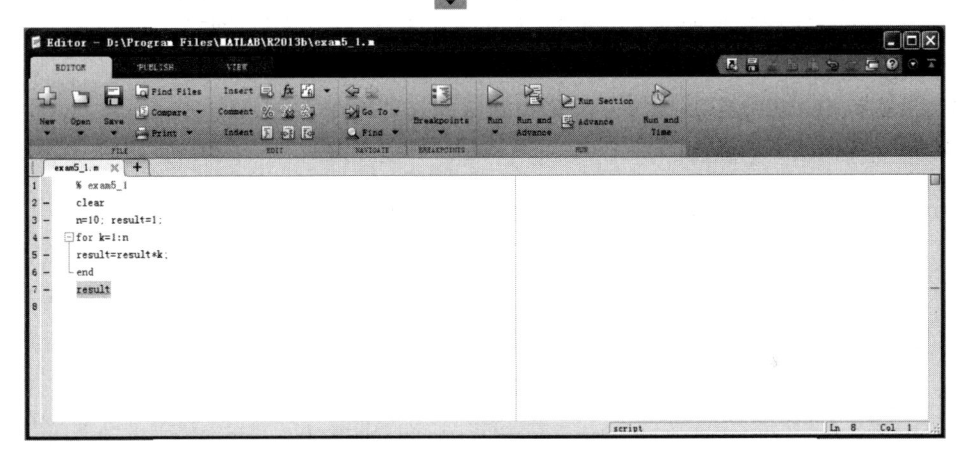

图 5. 3　采用 Windows 的操作指令运行 M 脚本文件

例 5. 2　通过 M 函数文件完成上述 $n!$ 的计算，要求 n 为任意正整数。

整个编程步骤和例 5. 1 相同。在此演示如何在 exam5_1. m 的基础上产生 M 函数文件 exam5_2. m。

- 在 M 文件编辑调试器中，单击 Save 图标，把 exam5_1. m 文件“另存为” exam5_2. m。
- 将 exam5_2. m 改成：

```
% exam5_2
function exam5_2(n)
result = 1;
for k = 1:n
     result = result * k;
end
result
```

- 在进行了上述修改后，对 exam5_2. m 再次实施“保存”操作。

- 在 MATLAB 指令窗中键入

```
>> exam5_2(10)
result =
     3628800
```

得到与例 5.1 完全相同的结果。

【说明】

- 读者可以选择其他正整数 n(如 $n=7$),键入>> exam5_2(7),看看得到什么结果,从而体会一下 M 函数文件的灵活性。
- 如果像例 5.1 那样,仅键入文件名 exam5_2,MATLAB 会提示出错。从这一点可以看出 M 脚本文件与 M 函数文件在运行上的区别。

5.2 M 文件编辑调试器

M 文件编辑调试器是一个集编辑与调试两种功能于一体的工具环境(如图 5.2 所示)。利用它,不仅可以完成基本的文本编辑操作,还可以对 M 文件进行调试。

本节介绍 M 文件编辑调试器的文件编辑功能,调试功能在 5.7 节中介绍。

1. 创建新 M 文件,启动 M 文件编辑调试器的三种操作方法

- 在 MATLAB 指令窗中键入指令:>> edit。
- 单击图 5.1 所示的 MATLAB R2013b 默认窗口上面的图标 New Script。
- 单击图 5.1 所示的 MATLAB R2013b 默认窗口上面的图标 New,从下拉菜单中选择"Script"项。

2. 打开已有的 M 文件的两种操作方法

- 在 MATLAB 指令窗中键入指令:>> edit filename(filename 是待打开的文件名,可不带扩展名)。
- 单击 MATLAB R2013b 默认窗口上面的 Open 图标 Open,在弹出的 Windows 标准风格的"Open"对话框内点选所需打开的文件。

3. 经编写或修改后,文件的保存方法

- 单击 M 文件编辑调试器工具条上的 Save 图标 Save,在弹出的 Windows 标准风格的对话框内,选择保存文件夹,键入新编程序的文件名,单击【保存(S)】键,就完成了文件的保存。若是已有文件,则单击 Save 图标 Save 就完成了保存。

5.3 MATLAB 的关系和逻辑运算

除了传统的数学运算外,MATLAB 还支持关系和逻辑运算,目的是提供求解真/假命题的答案，从而可以控制程序流的执行。为此，MATLAB 设计了关系运算、逻辑运算和一些相关函数。虽然其他程序设计语言也有类似的关系和逻辑运算，但 MATLAB 作为一种比较完善的科学计算环境，具有其自身特点。

MATLAB 的规定如下：

- 在所有关系表达式和逻辑表达式中，作为输入的任何非 0 数值都被看作是“逻辑真”，而只有 0 才被认为是“逻辑假”。
- 所有关系表达式和逻辑表达式的计算结果（即输出），是一个由 0 和 1 组成的“逻辑数组(Logic Array)”。在该数组中，1 表示“真”，0 表示“假”。
- 逻辑数组是一种特殊的数值数组，具有“数值数组”的全部特性，可以进行数值和函数运算。
- 在 MATLAB 表达式中同时出现多种运算符：数学运算符、关系运算符、逻辑运算符时，MATLAB 的运算顺序是：数学运算、关系比较、逻辑运算（按“非”“与”“或”的次序）。

MATLAB 的关系操作符和逻辑操作符如表 5.1 所示。

表 5.1 关系操作符和逻辑操作符

关系操作符	说　明	逻辑操作符	说　明
<	小于	&	与
<=	小于等于	|	或
>	大于	~	非
>=	大于等于		
==	等于		
~=	不等于		

5.3.1 关系操作符

关系操作符用来比较两个维数相同的数组，或比较一个数组与一个标量。当数组之间进行比较时，两个数组对应位置上的元素分别进行比较，所得结果为一个维数相同的数组；而当数组与标量比较时，数组的每一个元素分别与标量进行比较，所得结果为一个维数大小与原数组相同的数组。

对于复数运算，“==”和“~=”运算既比较实部，又比较虚部，而其他运算仅比较实部。

例 5.3 关系运算的示例。

编写 M 文件 exam5_3.m 如下：

```
% exam5_3
clear
A = [1,2;3,4];B = [1,3;2,4]; c = 3;
r1 = (A == B)
r2 = (A~ = B)
r3 = (A< = c)
r4 = r3 - B
```

运行 exam5_3.m 后，得到如下结果：

```
r1 =
     1    0
     0    1
r2 =
     0    1
     1    0
r3 =
     1    1
     1    0
r4 =
     0   -2
    -1   -4
```

【说明】

- 在 exam5_3. m 的最后一条语句中,由于 r3 是由 0 和 1 构成的数组,所以可以进行一般数学运算。

5.3.2 逻辑操作符

逻辑操作符提供了一种按照逻辑“与”“或”“非”形成的表达式,并且可以进行运算。

例 5.4 逻辑运算的示例。

在例 5.3 运算的基础上,编写 M 文件 exam5_4. m 如下:

```
% exam5_4
t1 = ~(r3)                        % 取 r3 的"非"(0 变为 1,1 变为 0)
t2 = (A>1)&(B<3)                  % 当 A>1 和 B<3 同时成立时赋值 1,否则赋值 0
```

运行 exam5_4. m 后,得到如下结果:

```
t1 =
     0    0
     0    1
t2 =
     0    0
     1    0
```

用逻辑运算还可以截断函数的部分段,产生不连续部分。方法是首先由逻辑运算产生 0 或 1,要保留部分与 1 乘,不保留部分与 0 乘。

例 5.5 绘制出正弦函数

$$y = \sin(x) \quad 0 \leqslant x \leqslant 10$$

的图形,并将 $y \geqslant 0$ 部分标记出来。

编写 M 文件 exam5_5. m 如下:

```
% exam5_5
clear
x = 0:0.1:10;
y = sin(x);
z = (y> = 0). * y;                  % 将 y 中的负值用 0 代替
plot(x,y,'k',x,z,'ko')              % 绘图;y 用"-"表示;z 用"o"表示
```

运行 exam5_5.m 后，得到的结果如图 5.4 所示。

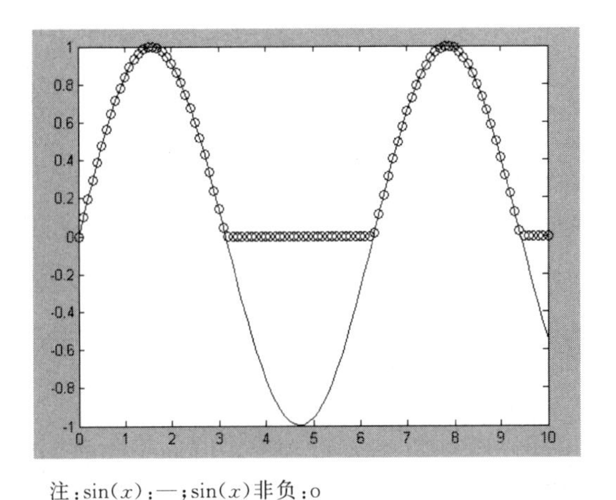

注：sin(x)：—；sin(x)非负：o

图 5.4　例 5.5 结果

5.4　MATLAB 流程控制结构

作为一种程序设计语言，MATLAB 提供了 4 种流程控制结构：循环结构、条件结构、开关结构和试探结构，供用户根据某些判断结果来控制程序流的执行次序。由于 MATLAB 的这些流程控制结构和用法与其他程序设计语言十分相似，因此本节只需结合 MATLAB 的特点对这几种流程控制结构作简要的说明。

5.4.1　循环结构

循环结构有两种：for…end 结构和 while…end 结构。它们允许多级嵌套和互相嵌套。这两种结构不完全相同，各有各的特色。

1. for…end 循环结构

for…end 循环结构的基本格式为：

```
for 循环变量 = 表达式
    循环体指令组
end
```

其中，“表达式”可以是任意给定的一个数组，也可以是由 MATLAB 指令产生的一个数组。

在 for…end 循环结构中，循环体指令组被重复执行的次数是确定的，该次数由 for 指令后的“表达式”决定。该结构的作用是使循环变量从“表达式”中的第一个数值（或数组）一直循环到“表达式”中的最后一个数值（或数组），并不要求循环变量作等距选择，也不要求它是单调的。

注意，这里的循环结构是以 end 结尾的，和 C 语言的结构不完全一致。在 C 语言中，循环体的内容是用{}括起来的，因此在使用 MATLAB 时应当注意到这一与 C 语言的差异。

例 5.6　一个简单的 for…end 循环结构示例。

编写 M 文件 exam5_6.m 如下：

```
% exam5_6
clear
for n = 1:5              % 循环变量取值从 1 到 5,每步按 1 递增
    x(n) = n^3;          % 运算指令
end                      % 结束循环
x                        % 要求显示运算后 x 数组的值
```

运行 exam5_6.m 后,得到如下结果：

```
x =
     1     8    27    64   125
```

【说明】

- 循环不会因为在循环体内对循环变量重新置值而中断,读者可以在该程序的 for…end 循环结构中增加一条指令:n=100;,看看是否会对循环产生影响。
- 为了得到高效代码,应尽量提高代码的向量化程度,而避免使用 for…end 循环结构。
- 为了得到高效代码,在 for…end 循环结构之前应尽量对向量或矩阵进行预定义。

例 5.7 循环变量使用数组的示例。

编写 M 文件 exam5_7.m 如下：

```
% exam5_7
clear
A = [1,2,3,4;5,6,7,8;9,10,11,12];
% 第 1 个循环的示例
for n = A
    n                              % 将 A 按列分步赋值给变量 n,并显示
end
% 第 2 个循环的示例
for n = A
    y = n(1) - n(2) + n(3)         % 将 A 按列分步赋值给变量 n,并进行计算
end
```

运行 exam5_7.m 后,得到如下结果：

```
n =
     1
     5
     9
n =
     2
     6
    10
n =
     3
     7
    11
```

```
n =
    4
    8
   12
y =
    5
y =
    6
y =
    7
y =
    8
```

for…end 循环结构会使得程序的运行变慢，因此要尽可能发挥向量化编程的优点而代之。在必须使用循环结构的场合，对输出数组进行预定义是提高运行效率的好方法。

假如把标量看作是“单件产品”，那么标量运算相当于“产品的单件生产”，这是效率低下的生产组织方式。把大量的“单件产品”组织在“流水线”上加工，可以大大提高效率。这种思想在计算程序中的体现就是“向量化编程”。在 MATLAB 中，若想达到向量化编程的目的，就要尽量地少用标量运算表达式，且尽可能使用数组运算指令替代原先那些“包含标量运算表达式的循环体”。向量化程序不但可读性好，而且执行速度快。

例 5.8 采用不同的方法计算 1～1 000 000 数字的对数，然后比较不同方法的计算机运算时间。

编写 M 文件 exam5_8. m 如下：

```
% exam5_8
clear
nmax = 1000000;
%第 1 种方法
t = clock;
for n = 1:nmax
    a(n) = log(n);
end
t1 = etime(clock,t)
%第 2 种方法
clear a
t = clock;ind = [1:nmax];
for n = ind
    a(n) = log(n);
end
t2 = etime(clock,t)
%第 3 种方法
clear aind
t = clock;ind = [1:nmax]; a = zeros(1,nmax);
for n = ind
    a(n) = log(n);
```

```
end
t3 = etime(clock,t)
%第 4 种方法
clear aind
t = clock;ind = [1:nmax];
a = log(ind);
t4 = etime(clock,t)
%第 5 种方法
clear aind
t = clock;ind = [1:nmax]; a = zeros(1,nmax);
a = log(ind);
t5 = etime(clock,t)
```

运行 exam5_8.m 后,得到如下结果:

```
t1 =
    0.5620
t2 =
    1.8590
t3 =
    1.1410
t4 =
    0.0470
t5 =
    0.0620
```

【说明】

- 在 exam5_8.m 中,clock 指令是给出当前的计算机时间,etime(t1,t2)指令是计算出 t1—t2 的时间差(单位:秒)。
- 在 exam5_8.m 中,第 1 种方法直接采用了 for…end 循环结构。在第 2 种方法中,将循环序号预先定义为一个行向量,然后按向量列执行循环运算。在第 3 种方法中,存储运算结果的数组 a 是预先定义的,可以看出运算时间急剧减小。运算时间减小的主要原因是,在前两种方法中,每一次循环 MATLAB 都需要重新确定数组的大小,而在第 3 种方法中,采用预先定义方式,使得在每一次循环中都略去了这一步运算。在第 4 种方法中,删去了 for…end 循环结构,而采用了向量化编程,可以看出运算时间又一次明显地减小。在最后一种方法中,采用了向量化编程,又使用了预先定义方式,可以看出运算时间略微有所增加。这是因为没有使用 for…end 循环结构,根本就不需要重新确定数组的大小,所以在这种情况下,预先定义是不必要的。
- MATLAB 的用户指南指出,输出变量的预先定义会提高存储器的利用率。因此,对大数组进行数值计算时,建议使用输出变量的预先定义方法。
- 在不同的计算机上求出的运算时间可能各不相同,但 t1～t5 的大小次序应当大致保持现在的状况。

2. while…end 循环结构

while…end 循环结构的基本格式为：

```
while 逻辑表达式
    循环体指令组
end
```

该循环结构的执行方式为：若逻辑表达式的值为“逻辑真”(非 0)，则执行循环体指令组，执行后再返回 while 引导的逻辑表达式处，继续判断；若逻辑表达式的值为“逻辑假”(0)，则跳出循环。

例 5.9　采用 while…end 循环结构计算并显示 100 以内的 Fibonacci 数。Fibonacci 数的定义为：

$$a_1 = a_2 = 1, \quad a_{n+2} = a_n + a_{n+1}, \quad n = 1,2,\cdots$$

编写 M 文件 exam5_9.m 如下：

```
% exam5_9
clear
a(1) = 1; a(2) = 1; n = 2;
while  a(n-1) + a(n)< = 100
    a(n+1) = a(n-1) + a(n); n = n+1;
end
a
```

运行 exam5_9.m 后，得到如下结果：

```
a =
    1    1    2    3    5    8    13    21    34    55    89
```

【说明】

- while…end 循环和 for…end 循环的区别在于：while…end 循环结构中的循环体指令组被执行的次数不是确定的，而 for…end 循环结构中的循环体被执行的次数是确定的。
- 一般情况下，逻辑表达式的值是一个标量，但 MATLAB 允许它为一个数组，此时只有当数组中的所有元素的值均为“逻辑真”(非 0)时，MATLAB 才会执行循环体指令组。
- 如果 while 指令后的表达式为“空”数组，则 MATLAB 认为表达式的值为“逻辑假”(0)，从而不执行循环体指令组。

在运行次数相同的情况下，for…end 循环结构的计算时间一般会小于 while…end 循环结构的计算时间，这是因为逻辑判断通常需要花费更长的时间。

例 5.10　分别采用 for…end 循环结构和 while…end 循环结构计算 $\sum_{n=1}^{100\,000} n$ 的值，并比较两种循环结构的执行时间。

编写 M 文件 exam5_10.m 如下：

```
% exam5_10
% for...end 循环结构
clear
```

```
t = clock;
sum = 0;
for n = 1:100000
sum = sum + n;
end
t1 = etime(clock,t), sum
% while...end 循环结构
clear
t = clock;
sum = 0;  n = 1;
while  n< = 100000
     sum = sum + n; n = n + 1;
end
t2 = etime(clock,t), sum
```

运行 exam5_10.m 后,得到如下结果:

```
t1 =
   0.1250
sum =
   5.0001e + 009
t2 =
   0.2190
sum =
   5.0001e + 009
```

【说明】

- 两段程序运算的结果相同,但 while…end 循环结构花费了更多的时间。因此,如果必须用循环结构的话,最好不要使用 while…end 循环结构,而采用 for…end 循环结构。

与循环结构相关的还有一个重要的 break 指令,当在循环体内执行到该指令时,程序将无条件地跳出循环。该指令的使用将结合后面的条件结构来介绍。

5.4.2 条件结构

除了前面介绍的循环结构外,MATLAB 还提供了各种条件结构,使得 MATLAB 更易于使用。条件结构的基本格式为:

```
if 逻辑表达式
  条件块指令组
end
```

```
if 逻辑表达式
  条件块指令组 1
else
  条件块指令组 2
end
```

```
if 逻辑表达式 1
  条件块指令组 1
else if 逻辑表达式 2
  条件块指令组 2
      ⋮
else if 逻辑表达式 n
  条件块指令组 n
else
  条件块指令组(n + 1)
end
```

【说明】

- 在第 1 种格式(单分支结构)中,若逻辑表达式的值为“逻辑真”(非 0),则执行条件块指令组;否则,跳过该组指令。同样,若逻辑表达式为“空”矩阵,则 MATLAB 认为表达式的值为“逻辑假”(0),从而不执行条件块指令组。
- 在第 2 种格式(双分支结构)中,若逻辑表达式的值为“逻辑真”(非 0),则执行条件块指令组 1;若逻辑表达式的值为“逻辑假”(0),则执行条件块指令组 2。
- 在第 3 种格式(多分支结构)中,若逻辑表达式 1 的值为“逻辑真”(非 0),则执行条件块指令组 1,并结束此结构;否则,判别逻辑表达式 2。若逻辑表达式 2 的值为“逻辑真”(非 0),则执行条件块指令组 2,并结束此结构;否则,判别逻辑表达式 3 ……当前面所有逻辑表达式的值均为“逻辑假”(0)时,执行条件块指令组($n+1$),并结束此结构。
- 一般情况下,逻辑表达式的值是一个标量,但 MATLAB 允许它为一个数组,此时只有当数组中的所有元素的值均为“逻辑真”(非 0)时,MATLAB 才会执行对应条件块指令组。
- 逻辑表达式有时由多个逻辑子表达式组成,MATLAB 将尽可能少地检测这些子表达式的值。例如,逻辑表达式为:(子表达式 1|子表达式 2),当 MATLAB 检测到子表达式 1 的值为“逻辑真”(非 0)时,它就认为逻辑表达式的值为“逻辑真”,而不再检测子表达式 2。又如,逻辑表达式为:(子表达式 1& 子表达式 2),当 MATLAB 检测到子表达式 1 的值为“逻辑假”(0)时,它就认为逻辑表达式的值为“逻辑假”,而不再检测子表达式 2。
- if 指令判别和 break 指令的配合使用,可以强制终止 for…end 循环或 while…end 循环。显然,这些结构和功能与其他程序设计语言(如 C 和 Fortran)是基本一致的。

例 5.11 求出 $\sum_{n=1}^{m} n > 10\,000$ 的最小 m 值以及相应的求和值。

编写 M 文件 exam5_11.m 如下:

```
% exam5_11
clear
sum = 0;
for n = 1:10000
    if(sum>10000)
        break                    % 跳出所在的一级循环
    end
    sum = sum + n;
end
[n,sum]
```

运行 exam5_11.m 后,得到如下结果:

```
ans =
   142    10011
```

例 5.12 逻辑表达式的结果为数组的示例。

编写 M 文件 exam5_12.m 如下：

```
% exam5_12
clear
A = [1,2,3,4; 5,6,7,8; 9,10,11,12];
num1 = 0; num2 = 0;
for n = 1:3
    if A(n,:)<5
        num1 = num1 + 1;        % A 的某行元素均小于 5 时,执行此操作
    else
        num2 = num2 + 1;        % A 的某行元素均大于等于 5 时,执行此操作
    end
end
[num1,num2]
```

运行 exam5_12.m 后,得到如下结果：

```
ans =
    1    2
```

5.4.3 开关结构

MATLAB 从 5.0 版本开始提供了开关结构,其基本格式为：

```
switch 开关表达式
  case 表达式 1
     指令段 1
  case 表达式 2
     指令段 2
        ⋮
  case 表达式 n
     指令段 n
   otherwise
    指令段(n+1)
end
```

【说明】

- 开关结构的关键是对开关表达式的值的判断,MATLAB 将开关表达式的值依次与各个 case 后面的表达式的值进行比较。如果比较结果为"逻辑假"(0),则取下一个表达式的值再来比较,而一旦比较结果为"逻辑真"(非 0),MATLAB 将执行相应的指令段,然后跳出该结构。如果所有的比较结果都为"逻辑假"(0),即开关表达式的值和所有表达式的值都不相等时,MATLAB 将执行 otherwise 后面的指令段。因此,该结构保证了至少有一个指令段会得到执行。
- switch 命令后面的开关表达式应为一个标量或为一个字符串。对于标量形式的表达式,比较这样进行:开关表达式==表达式 k。对于字符串,MATLAB 将调用函数 strcmp 来实现比较:strcmp(开关表达式,表达式 k)。

- 如果各个 case 中包含的条件各不相同，则开关结构的执行结果和各个 case 指令段的先后次序无关。

开关结构的执行无须像 C 语言那样，在下一个 case 指令前加 break 指令，所以该结构在这一点上与 C 语言是不同的。otherwise 相当于 C 语言中的 default 语句。

例 5.13　对数组进行分类统计。

编写 M 文件 exam5_13.m 如下：

```
% exam5_13
clear
n0 = 0;n1 = 0;
n2 = 0;n3 = 0;
n4 = 0;n5 = 0;
a = [0,1,3,5,4,1,2,4,5,0];
for n = 1:10
      switch a(n)
          case 1
               n1 = n1 + 1;
          case 2
               n2 = n2 + 1;
          case 3
               n3 = n3 + 1;
          case 4
               n4 = n4 + 1;
          case 5
               n5 = n5 + 1;
          otherwise
               n0 = n0 + 1;
      end
end
[n0,n1,n2,n3,n4,n5]
```

运行 exam5_13.m 后，得到如下结果：

```
ans =
     2     2     1     1     2     2
```

5.4.4　试探结构

MATLAB 从 5.2 版本开始提供了一种新的试探结构，这种结构是 C 语言等中所没有的，其一般形式为：

```
try
   指令段 1
catch
   指令段 2
end
```

【说明】

- 试探结构首先试探性地执行指令段 1,如果在此段指令的执行过程中出现错误,则将错误信息赋给保留变量 lasterr(当 lasterr 的值为一个"空"串时,则表明指令段 1 被成功执行了),并放弃这一段指令,转而执行指令段 2。若执行指令段 2 时又出错,MATLAB 将终止该结构。

试探结构在实际编程中还是很有用的。例如,可以将一段不保险但速度快的算法程序放在指令段 1 中,而将另一段保险的程序放到指令段 2 中,这样就能保证原始问题的求解更加可靠,并可能使程序高速执行。

例 5.14 试探结构应用实例:对(3×3)的魔方数组的行进行援引,当"行下标"超出魔方阵的最大行数时,将改对最后一行进行援引,并显示"出错"警告。

编写 M 文件 exam5_14. m 如下:

```
% exam5_14
clear
n = 4;
A = magic(3);                 % 调用 magic 函数设置(3×3)数组 A
try
    A_n = A(n,:)              % 取 A 的第 n 行元素
catch
    A_end = A(end,:)          % 若取 A(n,:)出错,则改取 A 的最后一行
end
lasterr                       % 显示出错原因
```

运行 exam5_14. m 后,得到如下结果:

```
A_end =
       4     9     2
ans =
Attempted to access A(4,:); index out of bounds because size(A) = [3,3].
```

5.4.5 控制程序流的其他常用指令

MATLAB 中有几个指令能够使得用户所编制的程序具有交互性,使用这些指令有助于调试程序。

1. continue 指令

continue 指令用于控制 for…end 循环和 while…end 循环跳过某些执行指令。当出现 continue 指令时,MATLAB 会跳过循环体中所有剩余的指令,继续下一次循环,即结束本次循环。

2. return 指令

通常,当被调函数执行完后,MATLAB 会自动地把控制权转至主调函数或者指令窗。但如果在被调函数中插入 return 指令,可以强制 MATLAB 结束该函数的运行,并把控制权转出。

3. input 和 keyboard 指令

(1) input 指令

input 指令将 MATLAB 的"控制权"暂时交给用户。此后,用户通过键盘从指令窗中键入数值、字符串或者表达式,并经"回车"将键入的内容输入工作空间,同时把"控制权"交还

给 MATLAB。常用的格式如下：

```
v = input('message')
v = input('message', 's')
```

【说明】

- 指令中的 message 是将显示在屏幕上的字符串，这是 MATLAB 与用户之间联系所必不可少的。
- 第 1 种格式是将用户键入的内容赋给变量 v，用户可以输入数值、字符串等各种形式的数据。
- 第 2 种格式是将用户键入的内容作为字符串赋给变量 v，不管用户键入的是什么内容，总是将其看作字符串。

(2) keyboard 指令

当程序遇到 keyboard 指令时，MATLAB 将“控制权”交给用户，用户可以从键盘上输入各种合法的 MATLAB 指令，只有当用户使用 return 指令结束输入时，“控制权”才交还给程序。

该指令与 input 指令的不同之处在于：它允许输入任意多个 MATLAB 指令，而 input 指令只能输入赋给变量的“值”。

4. pause 指令

当程序遇到 pause 指令时，MATLAB 将暂停继续程序的运行。基本格式为：

pause	暂停执行程序，等待用户按任意键后继续程序的运行
pause(n)	在继续执行程序之前，暂停 n 秒；无论在程序的何处出现 pause(−2)指令，MATLAB 将取消后续的所有 pause 指令

5. echo 指令

当程序遇到 echo 指令时，会显示程序的内容。基本格式为：

echo on	保持显示程序的内容
echo off	解除 echo on 指令
echo	echo on 和 echo off 之间的双向切换指令

6. break 指令

break 指令会导致包含该指令的 while…end 结构、for…end 结构的终止。通过使用 break 指令，可以不必等待循环的自然结束，而根据循环内部另外设置的某种条件是否满足来决定是否结束循环。

7. 警示指令

当程序运行过程中出现错误时，利用警示指令可以了解出错情况。常用的警示指令有：

error('message')	显示出错信息 message，终止程序的运行
errortrap	错误发生后，程序继续运行与否的双位开关
lasterr	显示 MATLAB 自动判断的最新出错原因，终止程序的运行
warning('message')	显示警告信息 message，程序继续运行
lastwarn	显示 MATLAB 自动判断的最新警告信息，程序继续运行

8. disp 指令

当程序运行过程中需要显示某个变量结果，而又无须返回该变量时，利用显示指令可以实现。基本格式为：

disp(a)　　　显示 a 的结果(此时,在 MATLAB 指令窗中不显示字符 a)

5.5 M 脚本文件和 M 函数文件

MATLAB 提供了两种源程序文件格式:M 脚本文件和 M 函数文件。值得一提的是,M 文件的文件名命名规则与变量相同,即应该由一个字母引导,后面可以跟字母、数字、下划线等,文件名最多不超过 63 个字符。本节将介绍有关 M 脚本文件和 M 函数文件的编写方法与技巧以及相关问题。

5.5.1 M 脚本文件

对于一些比较简单的问题,从指令窗中直接输入指令进行操作是非常简单的事。然而,当完成一个功能需要许多条 MATLAB 指令时,或者随着控制流复杂度的增加,或者重复计算要求的提出,直接从指令窗中输入指令就显得烦琐。此时,采用 M 脚本文件最为合适。

M 脚本文件是普通的 ASCⅡ码构成的文件,只能由 MATLAB 所支持的指令组成。它类似于 DOS 下的批处理文件,可以直接在工作空间中运行。执行时只需在指令窗中键入文件名;或者单击 MATLAB 默认窗口工具条上的 Open 图标,在弹出的 Windows 标准风格的"Open"对话框内,选择打开所需的 M 脚本文件,并单击文件窗的 Run 图标,MATLAB 就会自动执行该 M 文件中的各条指令(见例 5.1)。

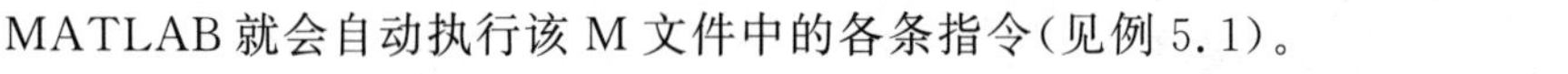

M 脚本文件的构成比较简单,其特点是:

- 它只是一串按用户意图排列而成的(包括控制流向指令在内的)MATLAB 指令集合。
- M 脚本文件只能对 MATLAB 工作空间中的数据进行处理。文件中所有指令的执行结果也都驻留在 MATLAB 基本工作空间(Base Workspace)中。只要用户不使用 clear 指令加以清除,且 MATLAB 指令窗不关闭,这些变量将一直保存在基本工作空间中。基本工作空间是随着 MATLAB 的启动而产生的;只有关闭 MATLAB 时,该空间才被删除。

MATLAB 的 M 脚本文件的功能非常强大。它允许自由编写充分复杂的程序,调用各种已有的函数以及其他 M 脚本文件和 M 函数文件等,是一个非常有用的工具。对于用户需要立即得到结果的小规模运算,M 脚本文件特别适用。本章前面给出的例题基本上都是直接采用 M 脚本文件来实现的。

5.5.2 M 函数文件

除了 MATLAB 本身提供的 M 函数外,用户自己定义的 M 函数都必须通过一个 M 函数文件来产生。M 函数文件是 MATLAB 扩展功能的.m 文件。许多 MATLAB 指令和全部工具箱指令都是用 M 函数文件的格式写成的。与 M 脚本文件相同,M 函数文件也是以扩展名".m" 作为后缀。因此,仅从文件的名称分辨不出究竟是 M 脚本文件还是 M 函数文件。

与 M 脚本文件不同,M 函数文件犹如一个"黑箱"。从外界只能看到传给它的输入量和送出来的计算结果,而其内部运作是藏而不见的。它的特点是:

- 从形式上看，与 M 脚本文件不同，M 函数文件的第一个可执行指令总是以“function”引导的“函数申明行(Function Declaration Line)”。该行还罗列出函数与外界联系的全部“标称”输入输出宗量。但对“输入输出宗量”的标称数目并无限制，既可以没有输入输出宗量，也可以有任意多个输入输出宗量。
- MATLAB 允许使用比“标称数目”少的输入输出宗量，实现 M 函数文件的调用。
- 与 M 脚本文件运行不同，每当 M 函数文件运行时，MATLAB 就会为它专门开辟一个临时的工作空间(Context Workspace)，称为函数工作空间(Function Workspace)。M 函数文件中的所有中间变量(即除了标称输入输出宗量外的其他所有变量)都存放在函数工作空间中。当 M 函数文件的最后一条指令执行完后，或者当遇到 return 指令时，就结束该 M 函数文件的运行，同时该临时函数工作空间及其所有的中间变量就立即被删除。
- 函数工作空间是随具体的 M 函数文件的被调用而产生，随调用的结束而删除的。函数工作空间相对于基本工作空间是独立的、临时的。在 MATLAB 整个运行期间可以产生任意多个临时的函数工作空间。
- 如果在 M 函数文件中，发生对某个 M 脚本文件的调用，那么该 M 脚本文件运行所产生的所有变量都存放在对应的临时函数工作空间中，而不是存放在基本工作空间中。换句话说，一旦调用该 M 脚本文件的那个 M 函数文件运行结束，则该 M 文件所产生的所有变量也将被删除。

5.5.3　局部变量和全局变量

1. 局部变量

存放于函数工作空间的中间变量，由于其产生于对应的 M 函数文件的运行过程中，因而其影响的范围仅仅限于该 M 函数文件本身，一旦该 M 函数文件运行结束，它们将自动被删除，因此称为局部(Local)变量。

2. 全局变量

很多情况下，需要若干个不同的函数工作空间以及基本工作空间共享同一些变量，这些变量就称为全局(Global)变量。全局变量是用 MATLAB 提供的 global 指令来设置的，其格式为：

```
global a b c …
```

其中，a，b，c，…为希望定义的不同名称的全局变量，中间用空格分开。

每个希望共享全局变量的函数工作空间或基本工作空间都必须逐一用 global 指令对具体变量加以专门定义。没有采用 global 指令定义的函数工作空间或基本工作空间，将无权使用全局变量。

如果某个 M 函数文件或 M 脚本文件的运行使全局变量的内容发生变化，那么其他函数工作空间以及基本工作空间中的同名变量也随之变化。

除非与全局变量有关的所有工作空间均被删除，否则全局变量依然存在。

【说明】

- 对全局变量的定义必须在该变量被使用前进行。建议把全局变量的定义放在 M 函数文件或 M 脚本文件的首行位置。
- 虽然 MATLAB 对全局变量的名字并没有任何特别的限制，但为了提高程序的可读性,建议选用大写字符命名全局变量。

• 由于全局变量会损害函数文件的封装性,因此不提倡使用全局变量。

5.5.4 M 函数文件的一般结构

由于从结构上看,M 脚本文件只是比 M 函数文件少一个“函数申明行”,所以只需清楚地描述 M 函数文件的结构,M 脚本文件的结构也就无须多费笔墨了。典型 M 函数文件的基本结构为:

```
function [输出宗量列表] = 函数名(输入宗量列表)
注释说明语句段,由百分号(%)引导
输入、输出宗量格式的检测
函数体指令
```

【说明】

• 函数申明行就是“function [输出宗量列表]=函数名(输入宗量列表)”,它必须位于 M 函数文件的可执行的第一行。

• 输入宗量以及输出宗量之间均用逗号分隔开。

• 输出宗量如果多于一个,则应该用方括号将它们括起来,否则可以省略方括号。

• 输入宗量和输出宗量的实际个数分别由 nargin 和 nargout 两个 MATLAB 的预定义变量来给出,只要进入该函数文件,MATLAB 就自动生成这两个变量。

• 注释说明语句段,由百分号(%)引导,百分号后面的内容不执行,只起注释作用。

• 在一个标准程序中,往往需要对函数的输入宗量和输出宗量的个数进行检测,如果输入宗量和输出宗量格式不正确,应当给出相应的提示。

• 如果仅从运算角度上看,只有“函数申明行”和“函数体指令”两部分是构成 M 函数文件所必不可少的。

例 5.15 编制 M 函数文件生成一个($m\times n$)的 Hilbert 矩阵,它的第 k 行第 l 列的元素值为 $1/(k+l-1)$。要求来实现下列功能:

(1) 如果只给出一个输入宗量,则会自动生成一个方阵,即有 $m=n$;

(2) 在 M 函数文件中给出合适的帮助信息,包括基本功能、调用方式和参数说明;

(3) 检测输入宗量和输出宗量的个数,如果有错误则给出相关信息;

(4) 如果调用时不要求输出宗量,则显示结果矩阵。

根据上述要求,编写 M 函数文件 exam5_15.m 如下:

```
% exam5_15
function a = hilbert(m,n)
% HILBERT            produce a hilbert matrix
% a = hilbert(m,n)   将生成一个(m*n)的 hilbert 矩阵
% a = hilbert(m)     将生成一个(m*m)的 hilbert 方阵
% hilbert(m,n)       调用格式只显示生成的 m*n 阶 hilbert 矩阵,而不输出矩阵名
if nargin == 1
     n = m;
elseif nargin == 0
error('无输入宗量')
elseif nargin>2
     error
```

```
end
if nargout>1
        error
end
a1 = zeros(m,n);        % 生成(m*n)零矩阵
for k = 1:m
      for l = 1:n
            a1(k,l) = 1/(k+l-1);
      end
end
if nargout == 1
      a = a1;
elseif nargout == 0
      disp(a1)
end
```

在MATLAB指令窗中键入

```
>> a = exam5_15(4,5)
a =
    1.0000    0.5000    0.3333    0.2500    0.2000
    0.5000    0.3333    0.2500    0.2000    0.1667
    0.3333    0.2500    0.2000    0.1667    0.1429
    0.2500    0.2000    0.1667    0.1429    0.1250
```

键入

```
>> a = exam5_15(4)
a =
    1.0000    0.5000    0.3333    0.2500
    0.5000    0.3333    0.2500    0.2000
    0.3333    0.2500    0.2000    0.1667
    0.2500    0.2000    0.1667    0.1429
```

键入

```
>> exam5_15(5,4)
    1.0000    0.5000    0.3333    0.2500
    0.5000    0.3333    0.2500    0.2000
    0.3333    0.2500    0.2000    0.1667
    0.2500    0.2000    0.1667    0.1429
    0.2000    0.1667    0.1429    0.1250
```

【说明】

- 从结构上看,M脚本文件仅比M函数文件少一个“函数申明行”,其余各部分的构造和作用均相同。
- 函数定义名和保存的M函数文件名可以不一致。当二者不一致时,MATLAB将忽视M函数文件首行的函数定义名,而以保存的M函数文件名为准。不过为了编程使用方便,建议:**函数定义名和保存的M函数文件名一致。**
- 建议读者在编写“函数申明行”后第一条说明语句时,采用英文表达,其目的是为了以后关键词检索方便。

例5.16　编制一个M脚本文件和一个M函数文件,完成下列计算:

$$p(k)=2[\sqrt{x(k)^2+10}+z_1(k)-z_2(k)]-5 \qquad k=1,2\cdots,n$$

其中,x、z_1和z_2为输入向量。要求所编制的 M 函数文件中只包含一个输入宗量和一个输出宗量,而将z_1和z_2设置成全局变量,并检测x、z_1和z_2的维数是否相符。如不相符,则给出出错信息。

根据上述要求,编写 M 脚本文件 exam5_16.m 如下:

```
% exam5_16
clear
global Z1 Z2
x = 1:5
Z1 = 1:-0.1:0.6
Z2 = 0:0.5:2
y = ff(x)
```

为了运行 M 函数,建立 M 函数文件 ff.m,内容如下:

```
% ff(x)
function[p] = ff(x)
global Z1 Z2
n = length(x);
n1 = length(Z1);
n2 = length(Z2);
if n~ = n1
      error('输入变量维数不相等')
elseif n~ = n2
      error('输入变量维数不相等')
end
for k = 1:n
      pp(k) = sqrt(x(k)^2 + 10) + Z1(k) - Z2(k);
end
p = pp * 2 - 5;
```

运行 exam5_16.m 后,得到如下结果:

```
x =
    1    2    3    4    5
Z1 =
    1.0000    0.9000    0.8000    0.7000    0.6000
Z2 =
         0    0.5000    1.0000    1.5000    2.0000
y =
    3.6332    3.2833    3.3178    3.5980    4.0322
```

MATLAB 的函数是可以递归调用的,即在函数的内部可以调用函数本身。

例 5.17 编程计算阶乘 $n!$。

由阶乘的定义有

$$n! = n(n-1)!$$

于是，n 的阶乘可以由 $(n-1)$ 的阶乘求出，而 $(n-1)$ 的阶乘又可以由 $(n-2)$ 的阶乘求出，依此类推，直到计算出已知的

$$1! = 0! = 1$$

根据上述递推关系，编写M函数文件factorial1.m如下：

```
% exam5_17
% FACTORIAL1    calculate n!
function k = factorial1(n)
if nargin~ = 1
     error('输入变量个数错误,只能有一个输入变量');
end
if nargout>1
     error('输出变量个数过多');
end
if abs(n - floor(n))>eps|n<0                     % 判定 n 是否为非负整数
     error('n应该为非负整数');
end
if n>1                                           % 如果 n>1,进行递归调用
     k = n * factorial1(n - 1);
else                                             % 0! = 1! = 1 为已知
     k = 1;
end
```

在MATLAB指令窗中键入

```
>> k = factorial1(10)
k =
      3628800
```

5.6　MATLAB的函数类别与函数句柄

从扩展名.m观察，MATLAB的M文件分为M脚本文件和M函数文件，而函数(Function)又被细分为：主函数、子函数、嵌套函数、私用函数和匿名函数等。限于篇幅，本节只对主函数、子函数及匿名函数进行阐述，并简单介绍函数句柄。

5.6.1　主函数

主函数(Primary Function)的特点为：

- 一般为"与保存文件同名"的那个函数。
- 在当前目录、搜索路径上，列出文件名的函数。
- 在指令窗或其他函数中，可直接调用的函数。
- 在M函数文件中，第一个由function指令引出的函数。
- 采用help functionname指令可获得函数所携带的帮助信息。

5.6.2 子函数

子函数(Subfunction)的特点为：

- 子函数不独立存在,只能寄生在主函数体中。
- 在 M 函数文件中,由非第一个 function 指令引出的函数。
- 一个 M 函数文件可以包含多个子函数。
- 子函数只能被其所在的主函数和其他“同居”子函数调用。
- 子函数可以出现在主函数体的任何位置,其位置前后与调用次序无关。
- 在 M 函数文件中,任何指令通过“名字”对函数进行调用时,子函数的优先级仅次于内装函数。
- 同一 M 函数文件的主函数、子函数的工作空间都是彼此独立的。各函数之间的信息,或通过输入输出宗量传递,或通过全局变量传递。
- 采用 help functionname/subfunctionname 指令可获得子函数所携带的帮助信息。
- 不管在什么地方,只要存在子函数的句柄,就可以直接调用子函数。

例 5.18 编写一个内含子函数的 M 函数绘图文件。

(1) 编写 M 函数文件 exam5_18_1.m

```
function Hr = exam5_18_1(flag )
% exam5_18_1        Demo for handles of primary functions and subfunctions
%                   flag    可以取字符串 'line' 或 'circle'
%                   Hr      子函数 cirline 的句柄
t = (0:50)/50 * 2 * pi;
x = sin(t);
y = cos(t);
Hr = @cirline;                 % 创建子函数 cirline 的句柄
feval(Hr,flag,x,y,t)           % 函数宏指令,调用子函数 cirline
% -------- subfunction ---------
function cirline(wd,x,y,t)
% cirline(wd,x,y,t)      是位于 exam5_18_1.m 函数体内的子函数
%               wd       接收字符串'line' 或 'circle'
%               t        画线用的独立参变量
%               x        由 t 产生的横坐标变量
%               y        由 t 产生的纵坐标变量
switch wd
case 'line'
    plot(t, x, 'b' ,t , y, 'r')
case 'circle'
    plot(x, y,'-k')
    axis square
otherwise
    error('输入宗量只能取 ''line'' 或 ''circle'' ')
end
shg                                % 显示图形窗口
```

(2) 把 exam5_18_1.m 文件保存在 MATLAB 的搜索路径上，然后在指令窗中键入

```
>> HH = exam5_18_1('circle')
HH =
   @cirline
```

并且得到图 5.5。

(3) 直接利用创建的子函数句柄，编程调用子函数

编写 M 脚本文件 exam5_18.m 如下：

```
% exam5_18.m
t = 0:2 * pi/5:2 * pi; x = cos(t); y = sin(t);
HH('circle',x,y,t)
```

运行 exam5_18.m 后，得到如图 5.6 所示的黑色正五边形。

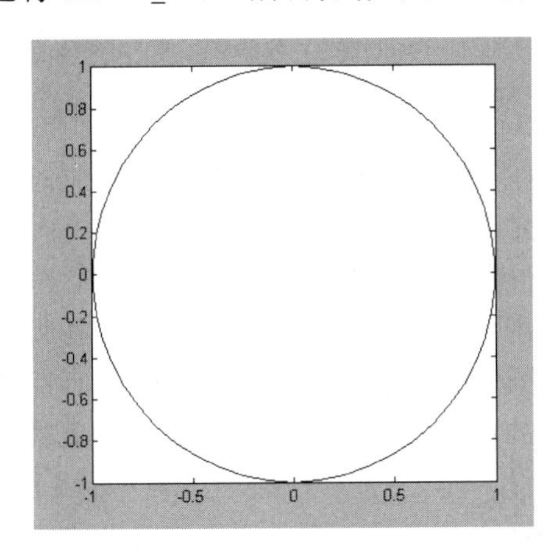

图 5.5　黑色圆周线

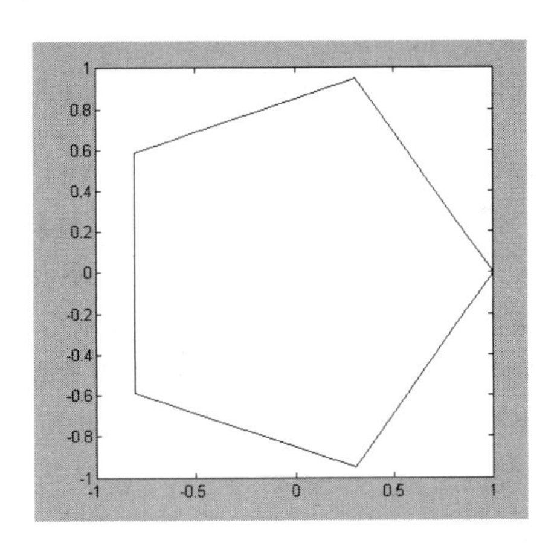

图 5.6　由子函数绘制的黑色正五边形

【说明】

- 第(2)步和第(3)步的运行次序不可颠倒。在第(2)步执行完后，工作空间中可以看到一个变量 HH，它表示一个函数句柄，其值为@cirline。没有这个变量，第(3)步不能运行。
- 如果将 M 脚本文件 exam5_18.m 中的最后一句改为：

```
cirline('circle',x,y,t)
```

运行时会提示出错。这是因为 cirline 是一个子函数，只能被其所在的主函数和其他“同居”子函数调用。

- 读者可以将 M 脚本文件 exam5_18.m 改成：

```
t = 0:2 * pi/5:2 * pi; x = cos(t); y = sin(t);
HH('line',x,y,t)
```

看看运行结果是什么。

5.6.3　匿名函数

匿名函数(Anonymous Function)不以文件形式驻留在文件夹上。它的生成方式最简单，可以在指令窗或任何函数体中通过指令直接生成，调用方法也非常简单。

(1) 在指令窗或任何 M 文件中创建匿名函数

```
FH = @(arglist)expr
```

在此,FH 是所创建的匿名函数的句柄;arglist 是匿名函数的输入宗量列表;expr 是由输入宗量构成的函数表达式。

(2) 匿名函数的调用格式

FH(arglist)　　　　直接调用格式

feval(FH, arglist)　　　　间接调用格式

【说明】

- arglist 中输入宗量的次序必须与创建该匿名函数句柄时的输入宗量次序相同。
- 所有借助 feval 构成的泛函指令也采用间接调用格式。关于匿名函数的演算实例详见第 6 章。

5.6.4 函数句柄简介

函数句柄(Function Handle)是 MATLAB 的一种数据类型。它携带着"相应函数创建句柄时的路径、视野、函数名以及可能的重载方法"。

引入函数句柄具有如下诸多优点:使 feval 指令以及借助于它的泛函指令工作得更可靠;使"函数调用"像"变量调用"一样灵活方便;提高函数调用速度,特别是在反复调用的情况下更显效率(如果不使用函数句柄,每次都要为该函数进行全面的路径搜索,而直接影响速度);提高软件重用性,扩大子函数和私用函数的可调用范围;可迅速获得同名重载函数的位置、类型信息。

函数句柄并不伴随函数文件的被创建、调用而自动形成。为一个函数定义句柄的方法有两种:利用@符号;利用转换函数 str2func。至于对函数句柄内涵的观察则需要借助专门指令 functions 实现。

例 5.19 为 MATLAB 的 magic 函数创建函数句柄,并观察其内涵。

(1) 创建句柄

```
>> hm = @magic
hm =
   @magic
```

(2) 类型判别

```
>> class(hm)
ans =
function_handle
```

(3) 借助指令 functions 观察内涵

```
>> CC = functions(hm)
CC =
    function: 'magic'
           type: 'simple'
           file: 'D:\Program Files\MATLAB\R2013b\toolbox\matlab\elmat\magic.m'
```

(4) 句柄的调用方法之一

```
>> M1 = hm(4)
M1 =
    16     2     3    13
     5    11    10     8
     9     7     6    12
     4    14    15     1
```

(5) 句柄的调用方法之二

```
>> M2 = feval(hm,4)
M2 =
    16     2     3    13
     5    11    10     8
     9     7     6    12
     4    14    15     1
```

【说明】

- 指令 hm=@magic 的功能可以用 hm=str2func('magic')替代。
- 在创建一个函数句柄时,该函数必须处于"当前视野(Scope)"内。否则,所创建的函数句柄无效。所谓当前视野是指:在当前目录下,help、lookfor、which 等指令能发挥正常作用的范围。
- 定义函数句柄时,所指定的函数名不应包含"路径信息",也不应包括扩展名。函数名最多只能包括 63 个字符。

5.7　MATLAB 程序的跟踪调试

编写 MATLAB 程序时,错误(Bug)的出现是在所难免的。程序中的错误一般有两种:语法(Syntax)错误和运行(Runtime)错误。

语法错误是指变量名、函数名的误写,标点符号的缺漏等。对于这类错误,MATLAB 通常能在运行时立即发现,从而终止程序的运行,并给出相应的错误原因以及所在的行号。

运行错误通常是算法本身引起的,发生在运行过程中。相对于语法错误而言,动态的运行错误比较难处理。难处理的原因在于:① 运行错误来源于算法模型与期望目标是否一致,程序模型是否与算法一致,这涉及用户对期望目标原理的理解、对算法的理解,还涉及用户对 MATLAB 指令的理解、对算法的理解、对程序流的理解,以及对 MATLAB 工作机理的理解;② 运行错误的表现形式较多,有程序正常运行但结果错误,程序不能正常运行而中断等;③ 运行错误是动态错误。

对于 M 函数文件,运行错误往往很难查找,因为它一旦停止运行,其中间变量就被删除一空,从而无从下手。

通常,对 MATLAB 程序有两种跟踪调试(Debug)方法:直接调试法和工具调试法。

1. 直接调试法

由于 MATLAB 本身的向量化程度高,程序一般都显得比较简单,再加上 MATLAB 语言的可读性强,因此对于较小规模的程序,采用直接调试法往往十分有效。

直接调试法主要包括以下一些手段。

① 将重点怀疑的结构行、指令行后的分号“;”删除或改成逗号“,”,使运行结果显示在屏幕上。

② 在适当的位置,添加显示某些关键变量值的指令(包括使用 disp 指令)。

③ 利用 echo 指令,使程序运行时在屏幕上逐行显示文件内容。echo on 能显示 M 脚本文件;echo FunName on 能显示名为 FunName 的 M 函数文件。

④ 在原 M 脚本文件或 M 函数文件的适当位置添加 keyboard 指令。当 MATLAB 运行到 keyboard 指令时,将暂停执行文件,同时 MATLAB 指令窗中的提示符将变成“K>> ”。此时,用户可以输入指令查看基本工作空间和函数工作空间中存放的各种变量,也可以输入指令去修改那些变量。该处调试完成后,在提示符“K>> ”后键入 return 指令,就结束查看,原文件继续向下执行,同时 MATLAB 指令窗中的提示符也恢复成“>> ”。

⑤ 在 M 函数文件的“函数申明行”前加上百分号“%”,使一个中间变量难以观察的 M 函数文件变为一个所有变量都保留在基本工作空间中的 M 脚本文件。

2. 工具调试法

如果用户程序的规模很大,文件内的嵌套复杂,有较多的函数调用,直接调试法可能失败。这时,可以借助 MATLAB 提供的专门工具——调试器(Debugger)进行。

MATLAB 不但向用户提供了专门的命令式调试工具,而且还提供了使用更为简便的图形式调试器(Graphical Debugger)。它与 M 文件编辑器集成在一起,构成了 M 文件编辑调试器(如图 5.2 所示)。M 文件编辑调试器的编辑功能已在 5.2 节中阐述,这里介绍它的图形式调试器的使用,顺便提及相应的调试指令。

(1) 调试功能键

M 文件编辑调试器中包含了如图 5.7 所示的调试功能键图标。

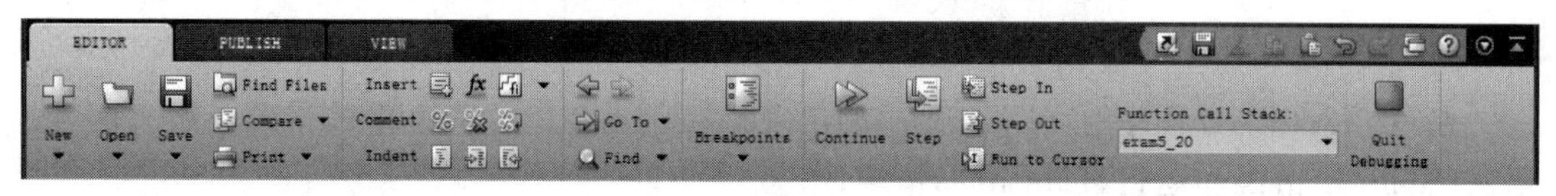

图 5.7 调试功能键图标

利用这些调试功能键可以方便地进行 MATLAB 程序的调试,它们的含义如表 5.2 所示。

表 5.2 调试功能键图标及其含义

功能键	含义	功能键	含义
Breakpoints	设置/清除断点	Step Out	跳出(被调)函数
Step	单步执行当前行	Continue	连续执行
Step In	深入(被调)函数	Quit Debugging	结束调试

(2) 工作空间堆栈

在 M 文件编辑调试器中有一个如图 5.8 所示的“空间堆栈”的下拉菜单值得注意。在调试中,通过它的选取,可以观察和操作不同工作空间中的变量(注:图 5.8 所示的不同工作空间是例 5.20 中 M 函数文件 draw.m 被调试时产生的)。

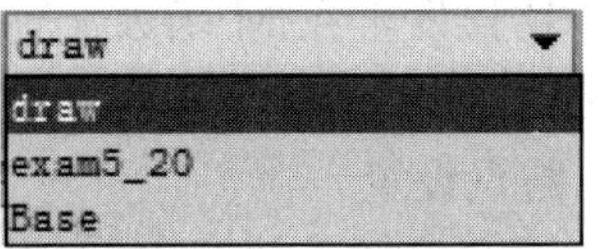

图 5.8 被调试文件所涉及的不同工作空间

例 5.20 为说明调试器基本使用方法而人为设计的简单算例。

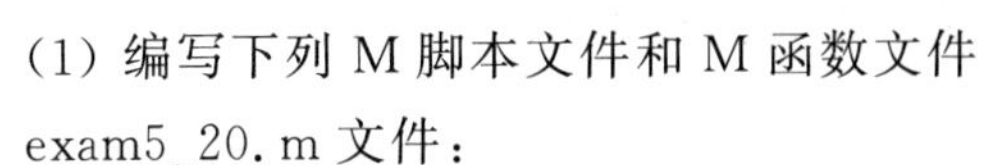

(1) 编写下列 M 脚本文件和 M 函数文件

exam5_20.m 文件:

```
% exam5_20
clear
[t1,x,t2,y] = calculate;                % 求计算数据
draw(t1,x,t2,y)                         % 绘制曲线
```

calculate.m 函数文件:

```
% exam5_20_1
function[t1,x,t2,y] = calculate
t = 1:0.1:10;
xx = sin(t);
yy = cos(t);
t1 = t;
t2 = t;
x = xx;
y = yy;
```

draw.m 函数文件:

```
% exam5_20_2
function z = draw(t1,x,t2,y)
xx = 1.5 * x;
yy = 2 * y;
yy = [yy,1];                            % 有意设置一个错误
plot(t1,xx,'k',t2,yy,'k:')
grid
xlabel('t(deg)')
ylabel('magtitude(V)')
```

(2) 初次运行 exam5_20.m 后,在 MATLAB 指令窗中得到运行出错的提示

```
Error using ==> plot
Vectors must be the same lengths.
Error in ==> draw at 6
plot(t1,xx,'k',t2,yy,'k:')
Error in ==> exam5_20 at 4
draw(t1,x,t2,y)                         % 绘制曲线
```

(3) 初步分析出错原因

根据提示可知,问题发生在 M 函数文件 draw.m 的 plot 指令中的 t1 与 xx 这一对向量

和/或 t2 与 yy 这一对向量的长度不一致。于是,需要查询这两对向量到底是什么,长度不同始于何处。

由于错误发生在 M 函数文件 draw.m 中,所以错误发生后,该函数空间中的变量全部消失。因此,动用调试器进行调试。

(4) 断点设置

在 exam5_20.m 的第 4 行和 draw.m 的第 6 行各设置一个断点。

操作方法:把光标放在该行的任意位置;单击图标 —,便可以在该行的最左端看到红色的断点标志 (如果要消除断点,则直接单击断点标志 即可)。

(5) 进入"动态调试"

在 MATLAB 指令窗中键入

```
>> exam5_20
```

该指令的执行,引起两个窗口的变化:

- 指令窗中出现"控制权交给键盘"的标志符"K>> "。
- exam5_20.m 所在 M 文件编辑调试器窗口中的变化如图 5.9 所示。

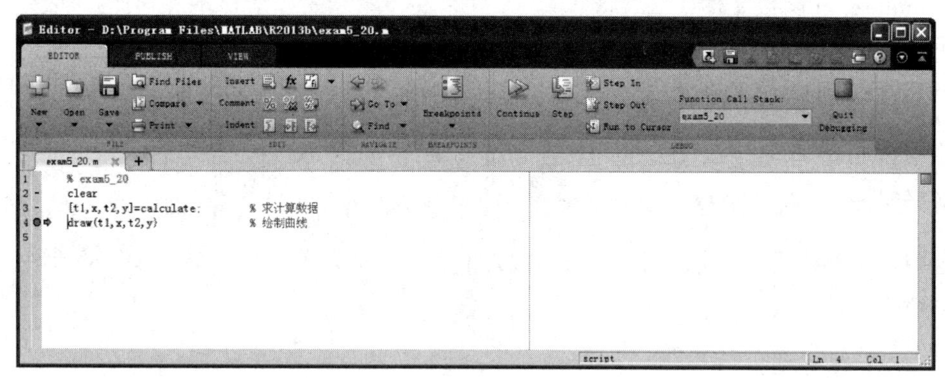

图 5.9　运行暂停在断点处

① 在所设断点旁出现"绿色右指箭头",该调试指针表明,运行中断在此行之前。

② 堆栈菜单显现"exa…"字样,表明目前正处于 exam5_20 的工作空间中。

(6) 深入被调试文件的内部

单击"深入函数"图标 Step In,就会引出 M 函数文件 draw.m 的调试窗,如图 5.10 所示,调试指针停留在 M 函数文件的第 3 行。

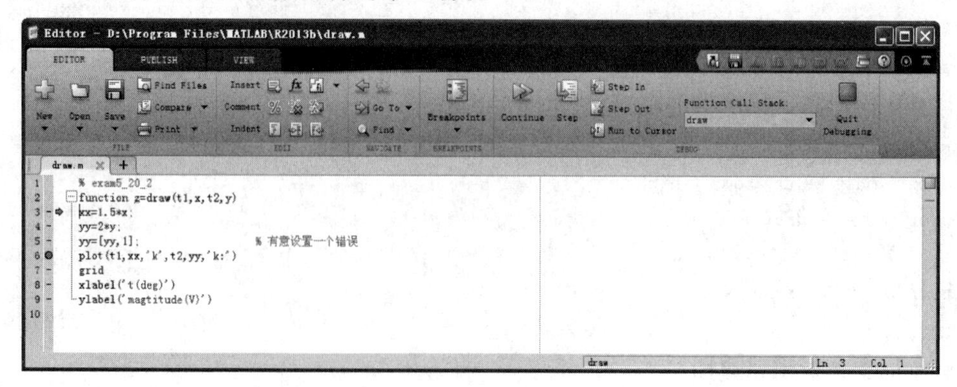

图 5.10　动态调试深入 draw.m

（7）连续执行直到下一个断点

单击“连续执行”图标 Step ，就使程序执行完第 5 行指令后暂停，如图 5.11 所示。

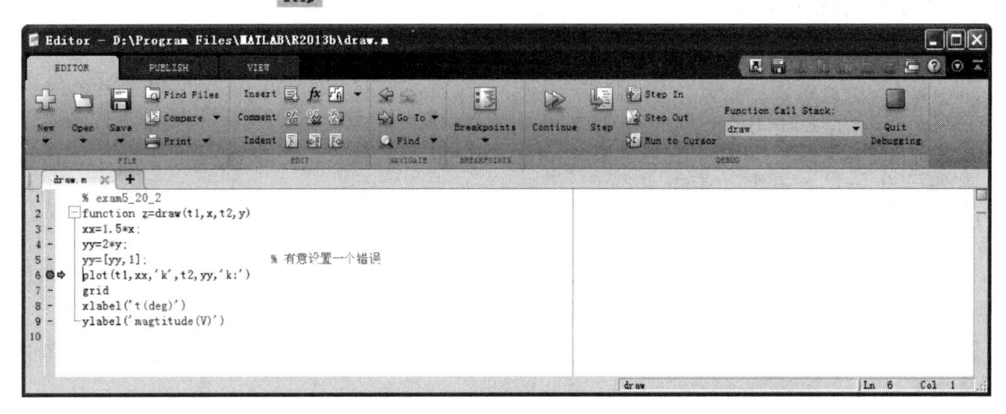

图 5.11　运行到下一个断点处

（8）观察这段程序运行后的中间结果，确定错误位置

单击图 5.8 中的“draw”，则从 MATLAB 的工作空间窗中显示的信息会发现 t1、xx、t2 的长度均为 91，而 yy 的长度为 92。显然，错误是由于 t2 与 yy 这一对向量的长度不一致而引起的。

由该行向上追溯，可以发现该错误源于第 5 行。

（9）修改程序，停止第一轮调试，重新运行

- 单击“结束调试”图标 Quit Debugging 。
- 把 M 函数文件 draw.m 的第 5 行删除，并进行文件的保存操作。
- 删除两个文件中的断点。
- 在指令窗中再次运行 exam5_20.m，就得到如图 5.12 所示的结果曲线。

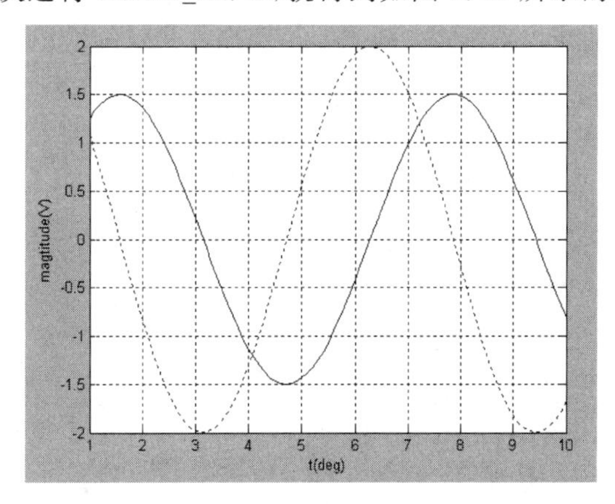

图 5.12　例 5.20 正确运行后的结果曲线

5.8　加快 MATLAB 程序运行速度的建议

由于 MATLAB 是一种解释性语言，所以有时 MATLAB 程序的运行速度不是很理想。

根据作者多年来的实际编程经验,这里给出加快 MATLAB 程序运行速度的若干建议。相信这些建议对初学者会有所帮助。

1. 尽量避免使用循环

循环结构及循环体经常被认为是影响 MATLAB 程序运行速度的瓶颈问题。改进这种状况的方法有以下两种。

(1) 尽可能用向量化编程来代替循环操作

实例参见 5.4.1 节中的例 5.8。

(2) 多重循环时合理安排循环次序

在必须使用多重循环的情况下,如果两个循环执行的次数不同,则建议在循环的外环执行循环次数少的,内环执行循环次数多的。这样可以显著地提高运行速度。

例 5.21 采用两种循环方式生成一个 10 000×10 的 Hilbert 长方矩阵,并计算各自运行的时间。

编写 M 文件 exam5_21.m 如下:

```
% exam5_21
clear
%第 1 种方法
t = clock;
for m = 1:10000                    % 大循环在外层
    for n = 1:10
        h(m,n) = 1/(m + n - 1);
    end
end
t1 = etime(clock,t)
%第 2 种方法
t = clock;
for n = 1:10                       % 大循环在内层
    for m = 1:10000
        h1(m,n) = 1/(m + n - 1);
    end
end
t2 = etime(clock,t)
```

运行 exam5_21.m 后,得到如下结果:

```
t1 =
    7.4690
t2 =
    0.4690
```

2. 大型数组的预先定维

给大型数组动态地定维是一件很费时间的事。建议在定义大型数组时,首先使用 MATLAB 的内在函数(即 MATLAB 本身提供的函数),如 zeros 或 ones 函数对其先进行定维,然后再进行赋值。这样会显著减少所需的时间。

实例参见 5.4.1 节中的例 5.8。

3. 优先考虑内在函数

数组计算时应该尽量采用 MATLAB 的内在函数，这是因为内在函数是由更低层的程序设计语言 C 优化构造的，并置于 MATLAB 内核中，其运行速度显然快于使用循环的数组运算。

4. 尽量采用有效的算法

在实际应用中，解决同一个数学问题可能有不同的算法。例如，在 MATLAB 提供的两个求解定积分的数值方法函数——quad 和 quadl 中，quadl 函数所用算法在精度方面明显高于 quad 函数。因此，如果一种算法不能满足要求，可以尝试其他方法。利用 help 指令，可以对某一数学问题进行相关求解函数的搜索。例如，在 MATLAB 指令窗中键入

```
>> help quad
```

除了可以得到关于 quad 函数使用的说明外，还可以得到下列信息：

```
See also quadv, quadl, quadgk, dblquad, triplequad, trapz, function_handle.
```

从而可以看出，MATLAB 还提供了其他六个求解定积分的数值方法函数——quadv、quadl、quadgk、dblquad、triplequad 和 trapz。可以进一步利用 help 指令，查找合适的求解函数。

习　题

5.1　使用 M 脚本文件与在 MATLAB 指令窗中直接输入指令有何异同？有何优缺点？

5.2　M 脚本文件和 M 函数文件的主要区别是什么？

5.3　如何定义全局变量？

5.4　试用简单指令编程输入下列的 Jordan 矩阵

$$\boldsymbol{A}=\begin{pmatrix}\boldsymbol{A}_{11} & 0 & 0\\ 0 & \boldsymbol{A}_{22} & 0\\ 0 & 0 & \boldsymbol{A}_{33}\end{pmatrix}$$

其中，

$$\boldsymbol{A}_{11}=\begin{pmatrix}-2 & 1 & 0\\ 0 & -2 & 1\\ 0 & 0 & -2\end{pmatrix},\boldsymbol{A}_{22}=\begin{pmatrix}-3 & 1 & 0\\ 0 & -3 & 1\\ 0 & 0 & -3\end{pmatrix},\boldsymbol{A}_{33}=\begin{pmatrix}-4 & 1 & 0\\ 0 & -4 & 1\\ 0 & 0 & -4\end{pmatrix}$$

5.5　用 MATLAB 语言实现下列分段函数并绘制对应的函数图像：

$$y=f(x)=\begin{cases}h, & x>D\\ \dfrac{h}{D}x, & |x|\leqslant D\\ -h, & x<D\end{cases}$$

其中，h 和 D 为指令窗输入的任意正数。

5.6 分别用for…end循环结构和while…end循环结构编写程序,计算

$$K=\sum_{n=0}^{100}2^n=1+2+2^2+2^3+\cdots+2^{99}+2^{100}$$

考虑采用一种避免循环的简洁方法进行求和,并比较各种方法的运行时间。

5.7 编写M脚本文件,求200以内的所有质数。

5.8 编写M脚本文件,要求从键盘逐一输入数值(使用input指令),然后判断输入的数是否大于0,并输出提示(使用disp指令)是正数(positive one)还是负数(negative one)。同时,记录输入的正数和负数的个数。当输入为0时,终止此M脚本文件的运行;否则,当输入到第10个数字时,显示记录的正数和负数个数,并终止程序运行。

5.9 编写一个M函数文件,其功能是判断某一年是否为闰年。

5.10 编写一段程序,能够把输入的摄氏温度转化为华氏温度,也能把输入的华氏温度转化为摄氏温度。

5.11 有一分数序列:

$$\frac{2}{1},\frac{3}{2},\frac{5}{3},\frac{8}{5},\frac{13}{8},\frac{21}{13},\cdots$$

试编写M函数文件,求出该序列的前20项之和。

5.12 用公式

$$\frac{\pi}{4}=1-\frac{1}{3}+\frac{1}{5}-\frac{1}{7}+\cdots$$

求π的近似值,直到最后一项的绝对值小于10^{-6}为止。

5.13 用迭代法求

$$x=\sqrt{a},\quad a\geqslant 0$$

求平方根的迭代公式为

$$x_{n+1}=\frac{1}{2}(x_n+\frac{a}{x_n})$$

要求前后两次求出的x的差的绝对值小于10^{-5}。

5.14 某班学生的某门课程的成绩为:60,71,84,98,45,67,54,100,89,82,试编写M函数文件,用开关结构统计各分段的人数,并将个人的成绩变为优、良、中、及格和不及格表示,统计人数和成绩变换都用子函数实现。

5.15 keyboard指令的作用是什么?退出keyboard状态的指令是什么?当函数中使用keyboard指令时,可否在工作空间浏览器中观察和修改函数中的局部变量?编制一个M函数文件,在其中设置keyboard指令,观察变量情况。

5.16 用MATLAB语言编写一个M函数文件实现一元方程求解算法——两分法。假设一元方程为

$$f(x)=0,\quad x\in[a,b]$$

两分法的前提条件是

$$f(a)f(b)<0$$

这样就保证了方程在该区间内至少有一个实数根。

令

$$x_1=a,\quad x_2=b$$

取该区间的中点

$$x_m=\frac{1}{2}(x_1+x_2)$$

判定 $f(x_1)$和 $f(x_2)$二者中哪一个和 $f(x_m)$异号。找到该点后，问题转换成由该点和 x_m 点构成区间上的求解问题。重复以上步骤，直到区间的长度小于一个事先给定的正数 ε，则认为区间的中点是原方程的解。

采用编制的 M 函数文件求方程

$$2x^3-4x^2+3x-6=0,\quad x\in[-10,10]$$

的根，$\varepsilon=10^{-3}$。

第6章　数值运算

数值运算在科研和工程中的应用极其广泛。MATLAB也正是凭借其卓越的数值运算能力而称雄世界。随着科研领域和工程实践数字化进程的深入，具有数字化本质的数值运算就显得越来越重要。

本章主要介绍如何在MATLAB中完成多项式运算、插值与多项式拟合、数值微积分及微分方程的数值求解、线性方程组的数值求解等。

6.1　多项式运算

多项式运算是数学中最基本的运算之一，也是线性系统分析和设计中的重要内容。MATLAB提供了多个函数，可以用于完成多项式的运算。

6.1.1　多项式的表达和创建

在高等数学中，多项式一般可以表示为：

$$p(x)=p_1x^n+p_2x^{n-1}+\cdots+p_nx+p_{n+1} \tag{6.1}$$

在MATLAB中，约定降幂多项式(6.1)用一个长度为$(n+1)$的系数行数组$p=[p_1,p_2,\cdots,p_n,p_{n+1}]$表示，即把多项式的各项系数按降幂次序排放在行数组的相应元素位置。如果多项式中缺少某个幂次项，则认为该幂次项的系数为0(即用0填入该幂次项系数的位置)。

例6.1　创建多项式

$$p(x)=x^4+2x^3-5x^2+6x$$

```
>> p=[1,2,-5,6,0]                    % 常数项为0
p=
    1    2    -5    6    0
```

【说明】

- 在指令p=[1,2,-5,6,0]中，如果不小心将常数项系数0漏写，则p表示的多项式为$p(x)=x^3+2x^2-5x+6$。这一点，务请特别留意。

6.1.2　多项式的四则运算和微积分运算

1. 多项式的加法和减法

两个多项式的加、减法运算为对应各项系数的加、减运算。当两个多项式阶次相同时，可以直接进行加、减运算(即两个多项式对应的行向量相应位置的元素直接进行加减)。而当两个相加减的多项式阶次不同时，低阶多项式必须用 0 填补高阶项系数，使其与高阶多项式有相同的阶次。通常情况下，两个进行加减运算的多项式的阶次不会相同，这时可以定义一个函数 polyadd 来完成两个多项式的相加。下面列出一个由 Michigan 大学的 J. Shriver 编写的函数 polyadd(文件名：polyadd. m)：

```
function[poly] = polyadd(poly1,poly2)
% polyadd(poly1,poly2)完成两个阶次可能不同的多项式相加
if length(poly1)<length(poly2)
     short = poly1;
     long = poly2;
else
     short = poly2;
     long = poly1;
end
mz = length(long) - length(short);          % 求出两个多项式的阶次差
if mz>0
     poly = [zeros(1,mz),short] + long;     % 阶次不同时，低阶多项式补 0 后相加
else
     poly = long + short;                   % 阶次相同时，直接相加
end
```

将 polyadd. m 文件保存在 MATLAB 的搜索路径上，则该函数就可以和 MATLAB 工具箱中的其他函数一样使用了。

例 6.2　调用 polyadd 函数完成两个多项式：$a(x)=x^4+2x^3-5x+5$，$b(x)=x^2+2x+3$ 的相加运算。

编写 M 脚本文件 exam6_2. m 如下：

```
% exam6_2
clear
a = [1,2,0, - 5,5];
b = [1,2,3];
c = polyadd(a,b)
```

运行 exam6_2. m 后，得到如下结果：

```
c =
     1     2     1    -3     8
```

即结果多项式为

$$c(x)=x^4+2x^3+x^2-3x+8$$

两个多项式相减，相当于一个多项式加上另一个多项式的负值。

例 6.3　完成例 6.2 中两个多项式 $b(x)$ 和 $a(x)$ 的相减运算。

编写 M 脚本文件 exam6_3. m 如下：

```
% exam6_3
clear
a = [1,2,0, - 5,5];
b = [1,2,3];
d = polyadd(b, - a)
```

运行 exam6_3. m 后，得到如下结果：

```
d =
    -1    -2    1    7    -2
```

即结果多项式为

$$d(x) = -x^4 - 2x^3 + x^2 + 7x - 2$$

2. 多项式的乘法和除法

多项式相乘是一个卷积的过程。当两个多项式相乘时,可以通过计算两个多项式的系数的卷积来完成。MATLAB 中的 conv 函数可以完成此功能,其调用格式为:

```
c = conv(a,b)
```

【说明】

- 输入宗量 a 和 b 是两个多项式的系数数组;输出宗量 c 为结果多项式的系数数组。
- 该函数可以嵌套使用,如 conv(conv(a,b),c)。

例 6.4 完成例 6.2 中两个多项式 $a(x)$ 和 $b(x)$ 的相乘运算。

编写 M 脚本文件 exam6_4.m 如下:

```
% exam6_4
clear
a = [1,2,0,-5,5];
b = [1,2,3];
e = conv(a, b)
```

运行 exam6_4.m 后,得到如下结果:

```
e =
    1    4    7    1    -5    -5    15
```

即结果多项式为

$$e(x) = x^6 + 4x^5 + 7x^4 + x^3 - 5x^2 - 5x + 15$$

多项式的除法是乘法的逆运算,MATLAB 中的 deconv 函数可以完成此功能,其调用格式为:

```
[q, r] = deconv(a,b)
```

【说明】

- 输入宗量 a 和 b 分别是被除多项式和除多项式的系数数组;输出宗量 q 和 r 分别是商多项式和余多项式的系数数组。

例 6.5 完成例 6.2 中两个多项式 $a(x)$ 和 $b(x)$ 的相除运算。

编写 M 脚本文件 exam6_5.m 如下:

```
% exam6_5
clear
a = [1,2,0,-5,5];
b = [1,2,3];
[q, r] = deconv(a,b)
```

运行 exam6_5.m 后,得到如下结果:

```
q =
    1    0    -3
r =
    0    0    0    1    14
```

即商多项式和余多项式分别为

$$q(x)=x^2-3,\quad r(x)=x+14$$

3. 多项式的微分和积分

多项式的微分由 polyder 函数实现。MATLAB 中没有专门的多项式积分函数，但可以用指令

```
[p./(length(p):-1:1),k]
```

来完成积分，其中 k 为常数。

例 6.6 完成例 6.2 中多项式 $b(x)$微分和积分运算。

编写 M 脚本文件 exam6_6.m 如下：

```
% exam6_6
clear
b = [1,2,3];
b_der = polyder(b)                    % 多项式微分
s = length(b_der):-1:1;
b_b = [b_der./s,3]                    % 多项式积分(常数 k = 3),还原原零次项系数
```

运行 exam6_6.m 后，得到如下结果：

```
b_der =
     2     2
b_b =
     1     2     3
```

即微分多项式和还原多项式分别为

$$b\_der(x)=2x+2,\quad b\_b(x)=x^2+2x+3$$

【说明】

- exam6_6.m 中的积分常数 k 是人为给定的。事实上，不定积分的结果应包含一个任意常数 C。

6.1.3 多项式的求值、求根和部分分式展开

1. 多项式求值

polyval 函数可以用来计算多项式在给定变量时的值(按数组运算规则进行计算)，其调用格式为：

```
y = polyval(p, x)
```

【说明】

- 输入宗量 p 为多项式的系数数组，x 为要求值的点(x 可以是一个数组)；输出宗量为所求值的数组。

例 6.7 完成例 6.2 中多项式 $a(x)$在$[-1,4]$间均匀分布的 5 个离散点上的值。

编写 M 脚本文件 exam6_7.m 如下：

```
% exam6_7
clear
a = [1,2,0,-5,5];
x = linspace(-1,4,5)              %在[-1,4]区间产生均匀分布的5个离散点
y = polyval(a,x)
```

运行 exam6_7.m 后，得到如下结果：

```
x =
  -1.0000    0.2500    1.5000    2.7500    4.0000
y =
   9.0000    3.7852    9.3125   90.0352  369.0000
```

2. 多项式求根

找出多项式的根,即使多项式为 0 的 x 的值,是很多学科共同的问题。roots 函数可以用来计算多项式的根,其调用格式为:

```
r = roots(p)
```

【说明】

- 输入宗量 p 为多项式的系数数组,输出宗量 r 为求出的多项式的根(用列数组的形式保存)。

反过来,也可以根据多项式的根用 poly 函数来计算多项式的系数数组,其调用格式为:

```
p = poly(r)
```

【说明】

- 输入宗量 r 为多项式的根(用列数组表示的形式保存);输出宗量 p 为多项式的系数向量(用行数组的形式保存)。

例 6.8 求出例 6.2 中多项式 $a(x)$的根以及由多项式的根得出系数。

编写 M 脚本文件 exam6_8.m 如下:

```
% exam6_8
clear
a = [1,2,0,-5,5];
r = roots(a)
p = poly(r)
```

运行 exam6_8.m 后,得到如下结果:

```
r =
  -1.8335 + 1.3334i
  -1.8335 - 1.3334i
   0.8335 + 0.5274i
   0.8335 - 0.5274i
p =
   1.0000    2.0000    0.0000   -5.0000    5.0000
```

【说明】

- 该多项式有两对共轭复根。
- 如果利用 polyval 函数,将所求得的根代入原多项式会发现此时多项式的值并不为 0,而是一个比较小的数。这是因为,本例求得的根本身不是精确解。

3. 部分分式展开

许多工程领域的分析和设计中,常常需要用到有理多项式。对于多项式 $b(x)$和不含重根的 n 阶多项式 $a(x)$之比,有如下展开:

$$\frac{b(x)}{a(x)}=\frac{r_1}{x-p_1}+\frac{r_2}{x-p_2}+\cdots+\frac{r_n}{x-p_n}+k(x) \tag{6.2}$$

其中,$p_1,p_2,\cdots,p_n$为极点(Poles);$r_1,r_2,\cdots,r_n$为留数(Residues);$k(x)$为直项(Direct Term)。

假如 $a(x)$有 m 重根 $p_j=p_{j+1}=\cdots=p_{j+m-1}$,则相应的部分写为:

$$\frac{r_j}{x-p_j}+\frac{r_{j+1}}{(x-p_j)^2}+\cdots+\frac{r_{j+m-1}}{(x-p_j)^m}$$

MATLAB 中,计算部分分式展开的函数为 residue,其调用格式为:

[r, p, k]=residue(b, a)　　计算由向量 b 和 a 表示的有理多项式的部分分式展开

[b, a]=residue(r, p, k)　　将部分分式展开转换回多项式表达式 b(x)和 a(x)

例 6.9　有理多项式为

$$\frac{b(x)}{a(x)}=\frac{5x^3+3x^2-2x+7}{-4x^3+8x+3}$$

求部分分式展开。

编写 M 脚本文件 exam6_9.m 如下:

```
% exam6_9
clear
b=[5,3,-2,7];
a=[-4,0,8,3];
[r,p,k]=residue(b,a)                  % 进行部分分式展开
[b_b,a_a]=residue(r,p,k)              % 将部分分式转换回有理多项式表示
```

运行 exam6_9.m 后,得到如下结果:

```
r=
   -1.4167
   -0.6653
    1.3320
p=
    1.5737
   -1.1644
   -0.4093
k=
   -1.2500
b_b=
   -1.2500   -0.7500    0.5000   -1.7500
a_a =
    1.0000   -0.0000   -2.0000   -0.7500
```

【说明】

- 表达式$\frac{5x^3+3x^2-2x+7}{-4x^3+8x+3}$的展开结果为$\frac{-1.4167}{x-1.5737}+\frac{-0.6653}{x+1.1644}+\frac{1.3320}{x+0.4093}-1.25$。
- 如果 $b(x)$的阶次小于 $a(x)$的阶次,则所得结果中的 $k=[\ ]$。
- 将部分分式转换回有理多项式表示,所得结果为$\frac{-1.25x^3-0.75x^2+0.5x-1.75}{x^3-2x-0.75}$,这是因为 MATLAB 自动对分母多项式的最高项系数进行了“标幺化”处理。

6.1.4 两个有限长序列的卷积

卷积和解卷是信号与系统中常见的数学工具。假设有两个长度有限的离散序列

$$A(n)=\begin{cases}a(n) & N_1\leqslant n\leqslant N_2\\ 0 & \text{其他}\end{cases},\quad B(n)=\begin{cases}b(n) & M_1\leqslant n\leqslant M_2\\ 0 & \text{其他}\end{cases}$$

则它们的卷积为

$$C(n)=\sum_{i=N_1}^{N_2}A(i)B(n-i)\quad N_1+M_1\leqslant n\leqslant N_2+M_2 \tag{6.3}$$

仔细观察不难发现,卷积运算的数学结构与多项式相乘完全相同。因此,MATLAB 中的 conv 和 deconv 函数不仅可以用于多项式的乘除运算,也可以用于有限长序列的卷积和解卷运算。

例 6.10 已知

$$A(n)=\begin{cases}1 & 3\leqslant n\leqslant 12\\ 0 & \text{其他}\end{cases},\quad B(n)=\begin{cases}1 & 2\leqslant n\leqslant 9\\ 0 & \text{其他}\end{cases}$$

求这两个序列的卷积并绘制相应的图形。

编写 M 脚本文件 exam6_10.m 如下:

```
% exam6_10
clear
n1 = 3; n2 = 12; m1 = 2; m2 = 9;
a = ones(1, (n2 - n1 + 1));           % 生成"非平凡区间"的序列 a
b = ones(1,(m2 - m1 + 1));            % 生成"非平凡区间"的序列 b
c = conv(a,b);                        % 得到"非平凡区间"的卷积序列 c
k1 = n1 + m1; k2 = n2 + m2;           % 确定"非平凡区间"的自变量端点
kc = k1:k2;                           % 生成"非平凡区间"的自变量序列 kc
kc,c
kc = [0:4,kc];
c = [zeros(1,k1),c];                  % 将 0,1,…,4 上的序列值补 0
stem(kc,c,'k')                        % 绘制卷积的二维杆图
```

运行 exam6_10.m 后,得到如下结果和图 6.1。

```
kc =
  Columns 1 through 12
     5     6     7     8     9    10    11    12    13    14    15    16
  Columns 13 through 17
    17    18    19    20    21
c =
  Columns 1 through 12
     1     2     3     4     5     6     7     8     8     8     7     6
  Columns 13 through 17
     5     4     3     2     1
```

【说明】

- 所谓"非平凡区间"是指所得序列值不全为 0,且首尾值皆不为 0 的最大区间。

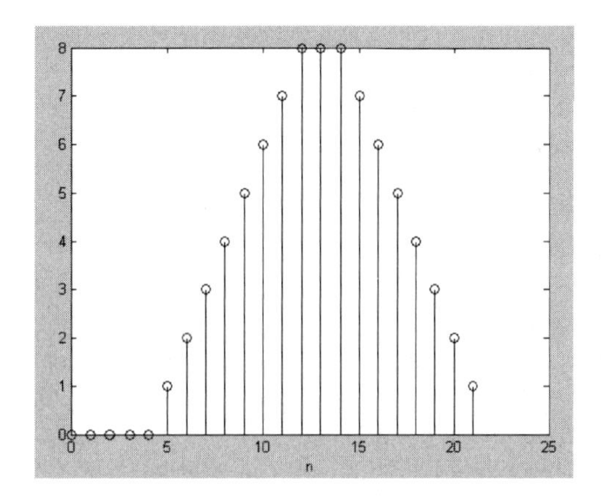

图 6.1 借助于 conv 函数求得的卷积序列

6.2 曲线拟合和插值运算

在很多应用领域中,很少能够直接用分析方法求得系统变量之间的函数关系,一般都是利用测得的一些离散点上的数据,运用各种拟合方法来生成一条连续的曲线或者求出在其他 x 点上的值。这就是所谓“拟合和插值”。

6.2.1 多项式拟合

多项式拟合是用一个多项式来逼近一组给定的数据$\{(x_i, y_i), i=1,2,\cdots,n\}$。这在数值分析中是常用的方法,可以使用 polyfit 函数来实现。拟合的准则是最小二乘法,即找出的 $p(x)$满足

$$\sum_{i=1}^{n} |p(x_i) - y_i|^2 = \min \tag{6.4}$$

polyfit 函数的调用格式为:

```
p = polyfit(x,y,m)
```

【说明】

- 输入宗量 x 为自变量数组(要求按递增或递减次序排列),y 为函数值数组,m 为用来拟合的多项式的阶次;输出宗量 p 为(m+1) 个系数构成的拟合多项式的系数数组。

例 6.11 多项式拟合的示例。

编写 M 脚本文件 exam6_11.m 如下:

```
% exam6_11
clear
% 输入原始数据
x = 0:0.1:1;
y = [-0.447,1.978,3.28,6.16,7.08,7.34,7.66,9.56,9.48,9.30,11.2];
xi = linspace(0,1,100);          % 求出区间[0,1]的 100 个自变量点
p_1 = polyfit(x,y,1);            % 线性拟合
y_1 = polyval(p_1,xi);           % 求出在 100 个点上的线性拟合的值
subplot(2,3,1)
plot(x,y,'ko',xi,y_1,'k')        % 绘图,原始数据用圆圈标出,拟合数据为实线
```

```
title('线性拟合')
%二次拟合
p_2 = polyfit(x,y,2); y_2 = polyval(p_2,xi);
subplot(2,3,2),plot(x,y,'ko',xi,y_2,'k') , title('二次拟合')
%三次拟合
p_3 = polyfit(x,y,3);y_3 = polyval(p_3,xi);
subplot(2,3,3), plot(x,y,'ko',xi,y_3,'k') , title('三次拟合')
%八次拟合
p_8 = polyfit(x,y,8);y_8 = polyval(p_8,xi);
subplot(2,3,4), plot(x,y,'ko',xi,y_8,'k') , title('八次拟合')
%九次拟合
p_9 = polyfit(x,y,9);y_9 = polyval(p_9,xi);
subplot(2,3,5), plot(x,y,'ko',xi,y_9,'k') , title('九次拟合')
%十次拟合
p_10 = polyfit(x,y,10);y_10 = polyval(p_10,xi);
subplot(2,3,6), plot(x,y,'ko',xi,y_10,'k') , title('十次拟合')
```

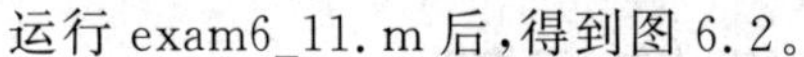
运行 exam6_11.m 后，得到图 6.2。

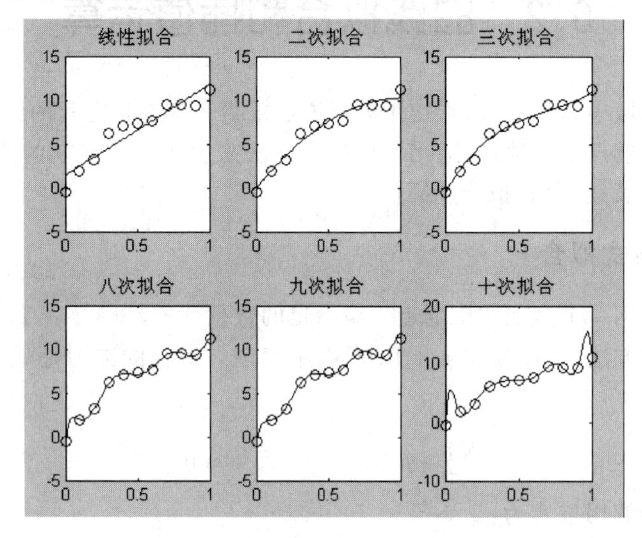

图 6.2　不同的逼近阶次产生的不同曲线

【说明】

- 给定 11 点数据的最大拟合阶次为 10，此时拟合曲线将通过全部给定点。从图 6.2 中可以看出，拟合曲线的阶次太高会造成曲线振荡，反而看不出函数关系的基本规律，效果并不一定好。

6.2.2　插值运算

与曲线拟合不同，插值运算不是试图找出适合于所有给定的数据$\{(x_i,\ y_i),\ i=1,2,\cdots,n\}$的全局最优拟合函数 $y=f(x)$，而是要找到一个解析函数连接自变量相邻的两个点$(x_i,\ y_i)$和$(x_{i+1},\ y_{i+1})$之间任一位置的 y 对应的数值。

在许多工程问题中，只能获得无规律的离散点上的数值，借助插值运算可以得到近似的连续过程，便于用数学的解析方法对离散数据进行处理和运算，因而是一种很有用的工具。

MATLAB 中有若干个与插值有关的函数。我们仅介绍一维插值函数 interp1，其调用格式为：

```
y0 = interp1(x,y,x0,'method')
```

【说明】

- 输入宗量 x 为自变量数组(要求按递增或递减次序排列)，y 为函数值数组，x0 为需要计算函数值的自变量的位置(可以是一个数，也可以是一个数组，但所有数据都必须在 x 的取值范围中)，method 为所使用的插值方法：

  linear　　线性插值(默认)
  nearest　　用最接近的相邻点插值
  spline　　三次样条插值
  pchip　　三次插值

- 输出宗量 y0 为对应于 x0 的函数值。

例 6.12 在区间[0,10]上，取正弦曲线上的 11 个均匀分布的数据点作为已知数据。再在该区间上选取均匀分布的 41 个自变量点，分别计算用线性插值、三次样条插值和三次插值，确定插值函数的值，并进行误差比较。

编写 M 脚本文件 exam6_12.m 如下：

```
% exam6_12
clear
x = 0:10; y = sin(x);
x0 = 0:0.25:10; yy = sin(x0);          % 精确解
y1 = interp1(x,y,x0);                  % 线性插值结果
y2 = interp1(x,y,x0,'spline');         % 样条插值结果
y3 = interp1(x,y,x0,'pchip');          % 三次插值结果
% 计算与精确解的误差，并绘制图形
err1 = y1 - yy; err2 = y2 - yy; err3 = y3 - yy;
subplot(3,1,1); plot(x0,err1,'k'); title('线性插值与解析解之差'); grid
subplot(3,1,2); plot(x0,err2,'k'); title('样条插值与解析解之差'); grid
subplot(3,1,3); plot(x0,err3,'k'); title('三次插值与解析解之差'); grid
```

运行 exam6_12.m 后，得到图 6.3。

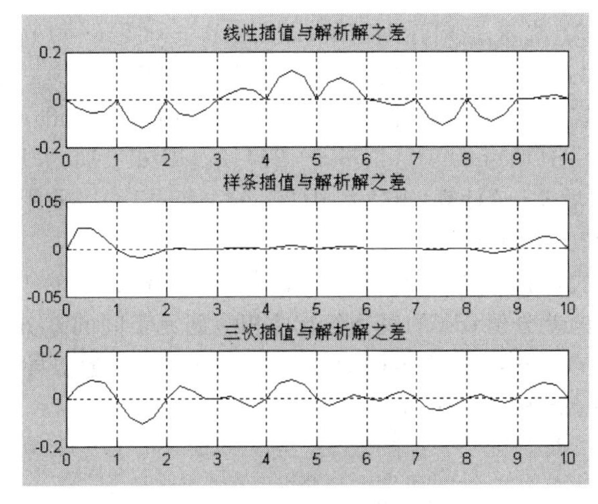

图 6.3 三种插值方法的误差

从图 6.3 可以看出,样条插值和三次插值的效果比较好,而线性插值的效果比较差。

6.3 数值微积分

在工程实践和科学应用中,经常需要计算函数的积分和微分。当已知函数形式时,理论上可以利用牛顿-莱布尼茨(Newton-Leibnitz)公式进行计算。但在实际应用中,许多函数都找不到其积分函数,或者函数本身难以用公式表示(很多情况下只能用图形或表格给出),或者有些函数在用牛顿-莱布尼茨公式求解时非常复杂,有时甚至计算不出来。微分也存在类似的情况。因此,需要考虑这些函数的微分和积分的近似计算。

6.3.1 近似数值导数

在数值计算中,导数的近似计算是用差分来实现的。根据所用函数点的不同,可以分为:向前差分近似

$$f'(x_k) \approx \frac{f(x_{k+1}) - f(x_k)}{x_{k+1} - x_k} \tag{6.5}$$

向后差分近似

$$f'(x_k) \approx \frac{f(x_k) - f(x_{k-1})}{x_k - x_{k-1}} \tag{6.6}$$

中心差分近似

$$f'(x_k) \approx \frac{f(x_{k+1}) - f(x_{k-1})}{x_{k+1} - x_{k-1}} \tag{6.7}$$

MATLAB 数值计算中提供了与“求导”概念有关的“求差值”函数,它们的调用格式为:

dx=diff(x)　　　　　　求差分值

df=gradient(f)　　　　求一元(函数)差分值

[dx, dy]=gradient(f)　　求二元(函数)差分值

【说明】

- 对于第 1 种格式,当 x 是向量时,dx=x(2:n)-x(1:n-1);当 x 是矩阵时,dx=x(2:n,:)-x(1:n-1,:)。注意:dx 的长度比 x 的长度缺少一个元素。
- 对于第 2 种格式,当 f 是向量时,df (1)=f(2)-f(1),df(end)=f(end)-f(end-1),df(2:end-1)=(f(3:end)-f(1:end-2))/2。即 df (1) 采用“向前差分”计算,df(end)采用“向后差分”计算,df(2),df(3),…,df(end-1)采用“中心差分”计算。注意:df 的长度与 f 相同。
- 对于第 3 种格式,当 f 是矩阵时,dx 和 dy 是与 f 同样大小的矩阵。dx 的每行给出 f 相应行元素间的差分值;dy 的每列给出 f 相应列元素间的差分值。

例 6.13　已知 $x(t)=\cos(t)$,求该函数在区间$[0,2\pi]$中的近似导数。

编写 M 脚本文件 exam6_13.m 如下:

```
% exam6_13
%该例用于演示自变量增量的适当与否对数值导数的精度影响极大
clear
%演示增量过小时,导数值精度会急速下降
```

```
d = pi/100; t = 0:d:2 * pi; x = cos(t);
dt = 5 * eps;                          % 增量为 eps 数量级
x_eps = cos(t + dt);
dxdt_eps = (x_eps - x)/dt;             % 用"前向差分近似"求导数的数值
subplot(2,1,1)
plot(t,x,'k'), hold on
plot(t,dxdt_eps, 'k:'), hold off
legend('x(t) = cos(t)','dx/dt'), xlabel('t')
title('自变量增量为 5 * eps 时的函数及其导数图像')
%演示增量适当时,导数值会有一定的精度
d = pi/100; t = 0:d:2 * pi; x = cos(t);
dt = pi/100;                          % 增量为 pi/100
x_eps = cos(t + dt);
dxdt_eps = (x_eps - x)/dt;
subplot(2,1,2)
plot(t,x,'k'), hold on
plot(t,dxdt_eps, 'k:'), hold off
legend('x(t) = cos(t)','dx/dt'), xlabel('t')
title('自变量增量为\pi/100 时的函数及其导数图像')
```

运行 exam6_13.m 后,得到的结果如图 6.4 所示。

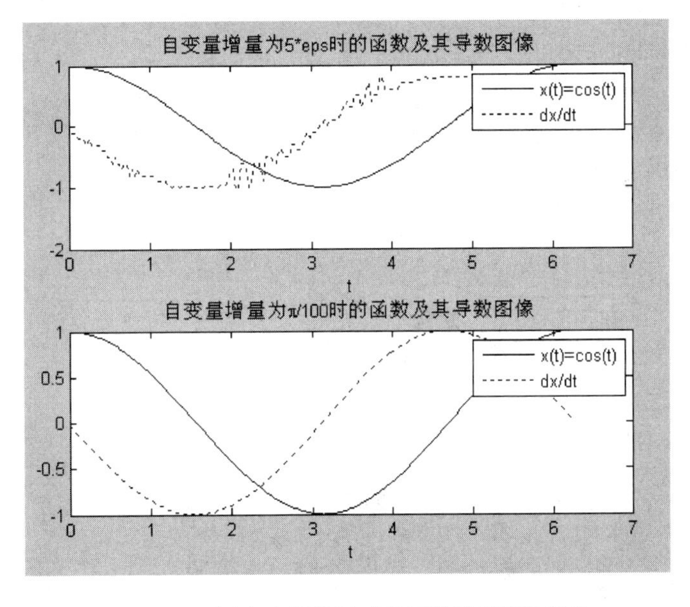

图 6.4　不同自变量增量时的函数及其导数图像

【说明】

- 本例说明:即使被导函数的数据是由双精度计算获得的,数值导数仍然受计算中的有限精度的困扰。当自变量增量 dt 取得太小时,f(t+dt)与 f(t)的数值十分接近,它们的高位有效数字完全相同。这样计算 df=f(t+dt)−f(t)时,f(t+dt)与 f(t)相减造成许多高位有效数字消失,导致精度急剧变差,从而使导数图像呈现为毛刺曲线。

• 需要特别强调的是:**数值导数的使用应当十分谨慎!**

例 6.14 已知 $x(t)=\cos(t)$,采用函数 diff 和 gradient 计算该函数在区间$[0,2\pi]$中的近似导数。

编写 M 脚本文件 exam6_14.m 如下:

```
% exam6_14
%演示函数 diff 与 gradient 的异同
clear;clf
dt = pi/100; t = 0:dt:2 * pi; x = cos(t);
dxdt_diff = diff(x)/dt; dxdt_grad = gradient(x)/dt;
subplot(1,2,1)
plot(t,x,'k'), hold on
plot(t,dxdt_grad,'k:')
plot(t(1:end - 1),dxdt_diff,'ok')
axis([0,2 * pi, - 1.1,1.1])
title('[0, 2\pi]')
legend('x(t)','dxdt_{grad}','dxdt_{diff}',0)
xlabel('t'),box off, hold off
subplot(1,2,2)
kk = (length(t) - 10):length(t); hold on
plot(t(kk),dxdt_grad(kk),'ok')
plot(t(kk - 1),dxdt_diff(kk - 1),'.k')
title('[end - 10, end]')
legend('dxdt_{grad}','dxdt_{diff}',0)
xlabel('t'),box off, hold off
```

运行 exam6_14.m 后,得到的结果如图 6.5 所示。

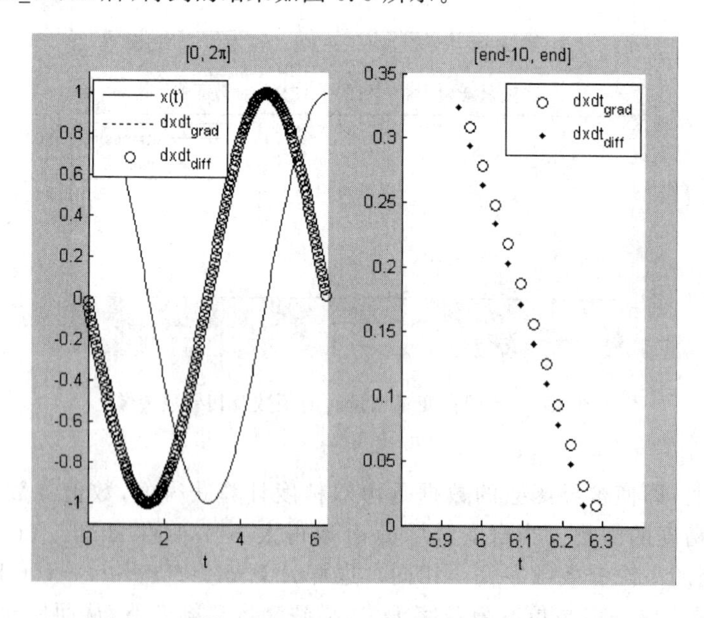

图 6.5 函数 diff 和 gradient 求近似导数的异同比较

【说明】
- 图 6.5 中左图表明，从宏观上看，函数 diff 和 gradient 所求近似导数大体相同。
- 从图 6.5 中右图可以看出，函数 diff 和 gradient 不仅在数值上有差异，而且 diff 函数没有给出最后一点的导数。

6.3.2　数值求和与近似数值积分

在数值计算中，数值积分总是分解成各个子区间上的积分，并求和而得。因此，数值求和与数值积分之间有着密不可分的关系。数值积分有闭型（Closed-type）算法和开型（Open-type）算法之分。二者的区别在于是否需要计算积分区间端点处的函数值。常用的数值求和闭型数值积分函数为：

Sx=sum(X)　　沿列方向求和 $S_x(k)=\sum_{i=1}^{m} X_{m\times n}(i,k)$
Scs=cumsum(X)　　沿列方向求累计和
St=trapz(x,y)　　采用梯形法沿列方向求函数 y 关于自变量 x 的积分
Sct=cumtrapz(x, y)　　采用梯形法沿列方向求函数 y 关于自变量 x 的累计积分
S1=quad(fun,a,b,tol)　　采用递推自适应辛普森(Simpson)法计算积分
S1=quadl(fun,a,b,tol)　　采用递推自适应洛巴托(Lobatto)法计算积分
S2=dblquad(fun,xmin,xmax,ymin,ymax,tol)　　二重(闭型)数值积分
S3=triplequad(fun,xmin,xmax,ymin,ymax,zmin,zmax,tol)　　三重(闭型)数值积分

【说明】
- 假如 X 是$(m\times n)$的数组，则 sum(X)的计算结果 Sx 是一个$(1\times n)$的数组，其中 Sx(k)就是 X 第 k 列全体元素之和。而 cumsum(X)的计算结果 Scs 仍是$(m\times n)$的数组，它的第(i,k)个元素就是 X 数组第 k 列前 i 个元素之和。
- trapz(x,y)给出采样点(x,y)所连接折线下的面积，即函数 y 在自变量区间 x 上的近似积分。而 cumtrapz(x,y)的计算结果 Sct 是一个与 y 同样大小的数组，Sct(k)是 $\int_{x(1)}^{x(k)} y(x)\mathrm{d}x$ 的近似值。在对计算数值积分精度没有严格要求的场合，trapz 和 cumtrapz 是两个比较方便易用的函数。
- 被积函数 fun 可以是字符串、内联对象、匿名函数和 M 函数文件的函数句柄。被积函数的自变量一般采用字母 x。需要注意的是：**编写被积函数时，要遵循“数组运算”规则（对于向量形式的自变量输入，输出应是长度相等的函数值向量）。**
- 对于一重积分函数 quad 和 quadl，其积分下限、上限分别由输入宗量 a、b 传递。而多重积分函数 dblquad 和 triplequad 的由内向外的积分限分别由输入宗量 xmin、xmax、ymin、ymax、zmin、zmax 传递。
- 输入宗量 tol 是一个标量，用来控制绝对误差。默认时，积分的绝对精度为 10^{-6}。

例 6.15　求积分 $s=\int_0^{\frac{\pi}{2}} y(x)\mathrm{d}x$，其中 $y(x)=0.2+\sin(x)$。

编写 M 脚本文件 exam6_15.m 如下：

```
% exam6_15
clear
dx = pi/8; x = 0:dx:pi/2; y = 0.2 + sin(x);    % 将积分区间分为四段,计算 5 个采样点上的函数值
s = sum(y);                                     % 所有函数采样值之和
s_sa = dx * s;                                  % 高度为函数采样值的所有小矩形面积之和
s_ta = cumtrapz(x,y);                           % 梯形法计算累计积分值
disp(['sum 求得的积分',blanks(2),'trapz 求得的积分'])
disp([s_sa, s_ta(end)])                         % s_ta(end)是[0,π/2]上的积分值
x2 = [x,x(end) + dx]; y2 = [y,nan];             % 因采用 stairs 绘图需要而写
stairs(x2,y2,':k')
hold on, plot(x,y,'k')
h = stem(x,y,'ok');
hold off
```

运行 exam6_15. m 后,得到下列结果和图 6.6。

```
sum 求得积分    trapz 求得积分
    1.5762    1.3013
```

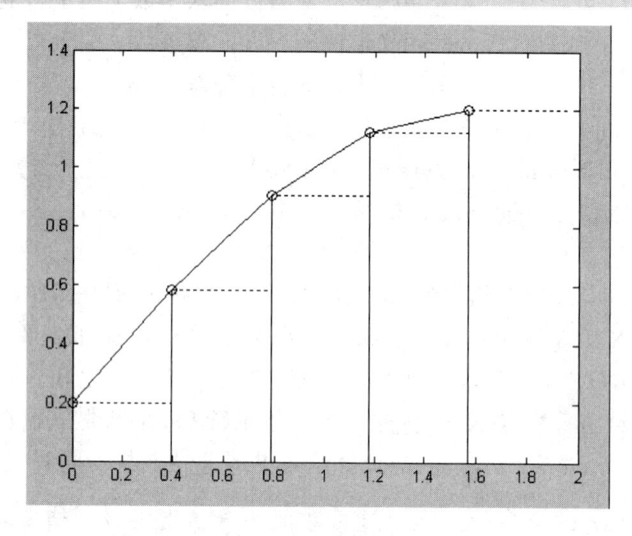

图 6.6　sum 和 trapz 求积模式示意

【说明】

- sum 函数是为了求取数组元素和而设计的,不能将它与自变量步长的乘积作为近似积分。事实上,从图 6.6 中可以清楚地看到,阶梯虚线所占的自变量区间比积分区间多一个采样子区间。
- 本例是为了用来揭示函数 trapz 和 cumtrapz 的梯形法近似积分的几何意义,把子区间取得较大。而在实际使用中,为了获得较高精度的近似积分,应当把子区间划分得比较小。

近似数值积分函数 trapz 和 cumtrapz 虽然简单,但既无法预先设置欲求积分的精度,也无法得到求得积分的精度。函数 quad、quadl、dblquad 和 triplequad 将克服这些缺点。

例 6.16　求 $E\left(\frac{1}{\sqrt{2}}\right)=\int_0^{\frac{\pi}{2}}\sqrt{1-\frac{1}{2}\sin^2(x)\,\mathrm{d}x}$,其精确值为 1.350 643 881 047 676…。

编写 M 脚本文件 exam6_16. m 如下:

```
% exam6_16
clear
format long
dx = pi/8;x = 0:dx:pi/2;
% 采用 trapz 计算
Itrapz = trapz(x, sqrt(1 - sin(x). * sin(x)/2))
% 采用字符串表示被积函数
fx = 'sqrt(1 - sin(x). * sin(x)/2)';
Ic = quad(fx,0,pi/2,1e - 10)                        % 控制绝对精度为 10^-10
```

运行 exam6_16. m 后，得到如下结果：

```
Itrapz =
    1.350643855011145
Ic =
    1.350643881046166
```

【说明】

- 就本例而言，经与精确积分值比较，知道采用 trapz 函数近似积分所得结果精确到小数点后 7 位。注意：事先并不能控制计算结果达到这样的精度。
- 采用 quad 等函数，可以事先指定数值积分的精度。观察结果可知，积分值达到了 10^{-11} 的绝对精度。

例 6.17 求 $s=\int_0^{\frac{\pi}{2}}\int_0^{\frac{\pi}{2}}\sin^4(x)\sin^4(y)\mathrm{d}x\mathrm{d}y$，其精确值为 $\left[\frac{\pi}{2}\frac{1\cdot 3}{2\cdot 4}\right]^2=0.346\,978\,279\,725\,798\cdots$。

编写 M 脚本文件 exam6_17. m 如下：

```
% exam6_17
clear
format long
% 采用匿名函数，注意被积函数的格式
s = dblquad(@(x,y)((sin(x).^4). * sin(y).^4),0,pi/2,0,pi/2)
```

运行 exam6_17. m 后，得到如下结果：

```
s =
  0.346978276512377
```

【说明】

- 本例 dblquad 函数的第一个输入宗量采用了“匿名函数”@(x,y)((sin(x).^4). * sin(y).^4)写成。注意：在 dblquad 函数中，被积函数一定要写成“数组运算”格式。
- 对于本例而言，下列三条指令的作用相同：

```
s = dblquad(@(x,y)((sin(x).^4). * sin(y).^4),0,pi/2,0,pi/2)    % 采用匿名函数表示被积函数
s = dblquad('(sin(x).^4). * sin(y).^4',0,pi/2,0,pi/2)          % 采用字符串表示被积函数
s = dblquad(inline('(sin(x).^4). * sin(y).^4'),0,pi/2,0,pi/2)  % 采用内联对象表示被积函数
```

6.3.3 常微分方程的数值解

只包含一个自变量的微分方程为常微分方程(Ordinary Differential Equation，ODE)。常微分方程是描述一个变量关于另一个变量的变化率的数学模型。许多基本的物理定律都

自然地表示为常微分方程的形式。由于在工程实际和科学研究中遇到的常微分方程往往比较复杂,在很多情况下都不能给出解析表达式,因而不适宜采用高等数学课程中讨论的解析法求解,需要用数值方法来求近似解。

常微分方程的求解问题可以分为初值问题(Initial Value Problem,IVP)和边值问题(Boundary Value Problem,BVP)。相对而言,解决边值问题的难度更大。MATLAB 从 6.0 版本开始,提供了求解广义微分方程初值问题和一般边值问题所需的完整函数组。我们仅介绍基本初值问题的求解。

1. 微分方程的数值求解过程

下面给出数值求解微分方程的步骤。

(1) 将高阶常微分方程变换成一阶常微分方程组,即表示为右函数形式

这是利用 MATLAB 中求解常微分方程初值问题的函数的前提。例如,高阶常微分方程为:

$$y^{(n)}=f(t;y,\dot{y},\cdots,y^{(n-1)}) \tag{6.8}$$

若令

$$y_1=y,y_2=\dot{y},\cdots,y_n=y^{(n-1)}$$

则可以得到一阶常微分方程组

$$\begin{cases}\dot{y}_1=y_2\\ \dot{y}_2=y_3\\ \quad\vdots\\ \dot{y}_{(n-1)}=y_n\\ \dot{y}_n=f(t;y_1,y_2,\cdots,y_n)\end{cases} \tag{6.9}$$

相应地,可以确定出初值 $y_1(t_0),y_2(t_0),\cdots,y_n(t_0)$。

(2) 将一阶常微分方程组编写成 M 函数文件

设 M 函数文件为 odefun.m,其程序格式为:

```
function dy = odefun(t,y)
dy = [y(2); y(3); …; y(n); f(t,y(1),y(2); …; y(n))];
```

【说明】

- 实际程序编写时不能用省略号代替,应根据系统方程书写。
- 有时虽然在方程中并不出现自变量 t,但为了方便 MATLAB 的相关函数的调用,必须将 t 作为自变量。

(3) 利用 MATLAB 提供的函数求解

MATLAB 为解决常微分方程初值问题提供了一组设计精良、配套齐全、结构严整的函数,其一般调用格式为:

```
[t,y] = solver(@odefun,tspan,y0,tol)
[t,y] = solver('odefun',tspan,y0,tol)
```

【说明】

- 解算函数 solver 是形式名,通常取为下列函数名:

ode45　　　　此函数被推荐为首选解算函数

ode23	这是一个比 ode45 精度较低的解算函数
ode113	用于更高阶或大的标量计算的解算函数
ode23t	用于解决难度适中的问题
ode23s	用于解决难度较大的问题
ode15s	与 ode23 相同,但要求的精度更高
ode23tb	用于解决难度较大的问题

- 在第 1 种格式中,第一输入宗量@odefun 是待解微分方程的函数句柄(函数名为 odefun.m)。
- 输入宗量 tspan 为一维行数组,可以取为两种形式:① 当 tspan=$[t_0,t_f]$时,计算从 t_0 到 t_f 的微分方程的解;② 当 tspan=$[t_0,t_1,t_2,\cdots,t_m]$时,计算出这些时间点上的微分方程的解。
- 输入宗量 y0 是一阶微分方程组的($n\times 1$)初值数组。
- 输入宗量 tol 用来指定精度,其默认值为 10^{-3}(即 0.1%的相对误差),一般应用中没有必要修改其默认值。
- 输出宗量 t 是所求数值解的自变量数据列数组(假定其数据长度为 N)。y 是 ($N\times$n) 数组,该数组的第 k 列 y(:,k)就是微分方程组中解向量的第 k 分量。

2. 微分方程求解示例

例 6.18 求 Van de Pol 方程 $\ddot{y}-(1-y^2)\dot{y}+y=0$,在初始条件 $y(0)=1,\dot{y}(0)=0.25$ 情况下的解,并分别绘制其解曲线和相轨迹曲线($0\leqslant t\leqslant 20$)。

(1) 将 Van de Pol 方程改写成一阶微分方程组

令 $y_1=y,y_2=\dot{y}_1$,则有

$$\begin{pmatrix}\dot{y}_1\\ \dot{y}_2\end{pmatrix}=\begin{pmatrix}y_2\\ (1-y_1^2)y_2-y_1\end{pmatrix},\quad \begin{pmatrix}y_1(0)\\ y_2(0)\end{pmatrix}=\begin{pmatrix}0\\ 0.25\end{pmatrix}$$

(2) 根据上述微分方程组编写 M 函数文件

编写 M 函数文件 Van_de_Pol.m 如下:

```
function ydot = Van_de_Pol(t,y)
ydot = [y(2); (1 - y(1)^2) * y(2) - y(1)];
```

(3) 解算微分方程

编写 M 脚本文件 exam6_18.m 如下:

```
% exam6_18
clear
tspan = [0:0.01:20];y0 = [0;0.25];
[tt,yy] = ode45(@Van_de_Pol,tspan,y0);
plot(tt,yy(:,1),'k', tt, yy(:,2),'k:');
xlabel('t'), title('y(t)和 dy(t)/dt')
grid, legend('y(t)','dy(t)/dt')
figure                                   % 再开一个图形窗
plot(yy(:,1), yy(:,2),'k')               % 画出相平面图
xlabel('位移'), ylabel('速度')
title('相平面曲线'), grid,
```

运行 exam6_18. m 后,得到图 6.7 和图 6.8。

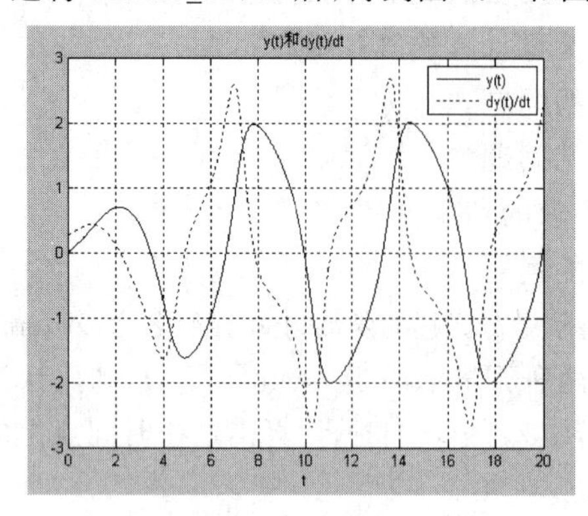

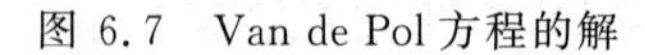

图 6.7 Van de Pol 方程的解

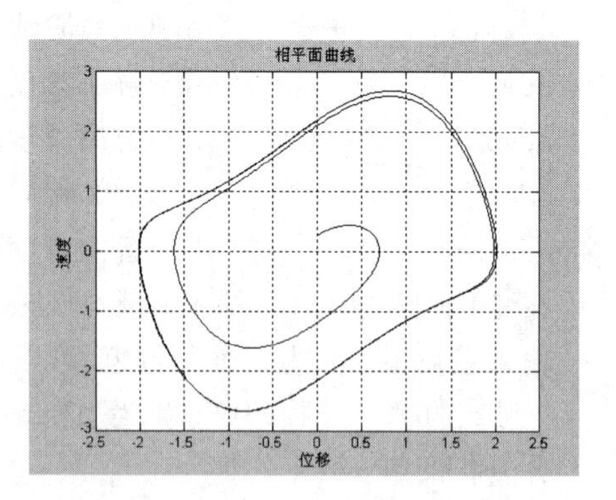

图 6.8 Van de Pol 方程的平面相轨迹

例 6.19 Lorenz 模型的状态方程和初值为

$$\begin{cases}\dot{y}_1=-8y_1/3+y_2y_3\\ \dot{y}_2=-10y_2+10y_3\\ \dot{y}_3=-y_1y_2+28y_2-y_3\end{cases},\quad \begin{cases}y_1(0)=0\\ y_2(0)=0\\ y_3(0)=1\times 10^{-10}\end{cases}$$

求其在区间[0, 100]上的解,并绘制解曲线。

编写 M 脚本文件 exam6_19. m 和 M 函数文件 Lorenzeq. m 如下:

```
% exam6_19
clear
tspan = [0, 100];y0 = [0;0; 1e - 10];
[t, y] = ode23('Lorenzeq',tspan,y0);
subplot(3,1,1), plot(t, y(:,1),'k'), grid
xlabel('t'),ylabel('y1')
subplot(3,1,2), plot(t, y(:,2), 'k'), grid
xlabel('t'),ylabel('y2')
subplot(3,1,3), plot(t, y(:,3), 'k'), grid
xlabel('t'),ylabel('y3')

function ydot = Lorenzeq(t,y)
ydot = [ - 8 * y(1)/3 + y(2) * y(3); - 10 * y(2) + 10 * y(3); - y(1) * y(2) + 28 * y(2) - y(3)];
```

运行 exam6_19. m 后,得到图 6.9。

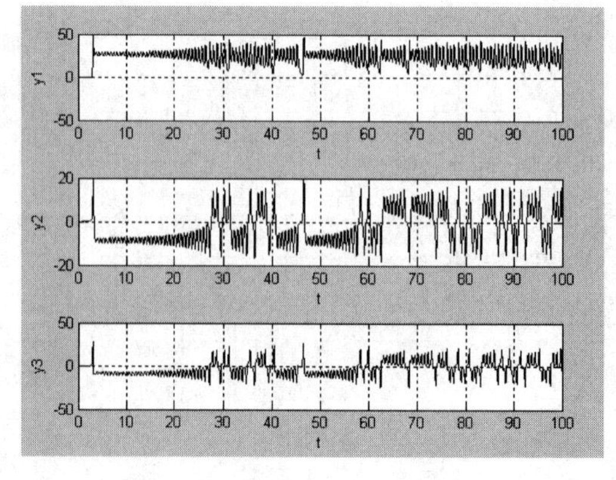

图 6.9 状态变量的时间响应

6.4　线性代数的数值计算

数值代数的基本问题是数值求解线性代数方程

$$\boldsymbol{Ax}=\boldsymbol{b} \tag{6.10}$$

和矩阵的特征值问题

$$\boldsymbol{Av}=\lambda\boldsymbol{v} \tag{6.11}$$

可以毫不夸张地讲,大部分的工程和科学计算问题最终都要化为上述两类问题。

6.4.1　常用的线性代数矩阵函数

如果仅从数据的排列来看,矩阵就是二维数组。之所以把有些二维数组称为矩阵,是因为对这些数组规定了特定的运算和意义。关于矩阵的基本运算和操作在第 2 章已有详细的介绍,这里就不再赘述了。

表 6.1 列举了常用的线性代数矩阵函数,利用它们可以进行诸多的线性代数问题的数值计算。

表 6.1　常用线性代数矩阵函数

函　数	含　义	函　数	含　义
d=eig(A)	矩阵特征值	null(A)	零空间
[V, D]=eig(A)	矩阵特征向量和特征值	orth(A)	正交化
det(A)	行列式计算	qr(A)	矩阵的 qr 分解
expm(A)	矩阵求幂	poly(A)	特征多项式
inv(A)	矩阵求逆	rank(A)	矩阵的秩
logm(A)	矩阵的对数	schur(A)	Schur 分解
lu(A)	矩阵的 lu 分解	sqrtm(A)	矩阵的平方根
norm(A) norm(A, 1) norm(A, 2) norm(A, inf)	矩阵和向量的范数 1—范数 2—范数 无穷大范数	svd(A) trace(A)	奇异值分解 对角线元素之和

6.4.2　矩阵的标量特征参数的计算

矩阵的标量特征参数通常是指:矩阵的行列式、秩、迹以及矩阵(包括向量)的范数。

例 6.20　矩阵标量特征参数计算示例。

编写 M 脚本文件 exam6_20. m 如下:

```
% exam6_20
clear
A = reshape(1:16,4,4)                    % 把一维数组重排为(4×4)的矩阵
r = rank(A)                              % 求矩阵的秩
```

```
d4 = det(A)                              % 求矩阵的行列式
d2 = det(A(1:2,1:2))                     % 求矩阵左上角(2×2)的子行列式
t = trace(A)                             % 求矩阵的迹
v = [2,0, - 1,1];
n = [norm(v,1), norm(v), norm(v,inf)]    % 求向量的范数
N = [norm(A,1), norm(A), norm(A,inf)]    % 求矩阵的范数
```

运行 exam6_20.m 后,得到如下结果:

```
A =
     1     5     9    13
     2     6    10    14
     3     7    11    15
     4     8    12    16
r =
     2
d4 =
     0
d2 =
    - 4
t =
    34
n =
    4.0000    2.4495    2.0000
N =
   58.0000   38.6227   40.0000
```

【说明】

- reshape 函数是在保持数组总元素个数不变的前提下,改变数组的“行数和列数”。
- 由于该矩阵的秩为 2,所以其行列式为 0,但该矩阵至少存在一个行列式不等于 0 的(2×2)子矩阵。

6.4.3 矩阵的特征值和特征向量的计算

矩阵 **A** 的特征值 $\boldsymbol{\lambda}$ 和特征向量 $\boldsymbol{v}$ 满足

$$\boldsymbol{Av}=\boldsymbol{\lambda v} \tag{6.12}$$

如果以特征值构成对角阵 $\boldsymbol{D}$,相应的特征向量为列构成矩阵 $\boldsymbol{V}$,则有

$$\boldsymbol{AV}=\boldsymbol{VD} \tag{6.13}$$

如果 $\boldsymbol{V}$ 非奇异,则上式就变成了特征值分解:

$$\boldsymbol{A}=\boldsymbol{VDV}^{-1} \tag{6.14}$$

利用 eig 函数可以求出矩阵 **A** 的特征值,也可以得到特征向量。该函数有两种调用格式(见表 6.1 的第 1 行和第 2 行)。不同之处在于,前者仅仅用“列”向量的形式给出了矩阵 **A** 的特征值,而后者则以矩阵形式给出了矩阵 **A** 的向量和对应的特征值。

还可以利用多项式函数 poly 求出矩阵 **A** 对应的特征方程。

例 6.21 简单实矩阵的特征值分解。

编写 M 脚本文件 exam6_21.m 如下：

```
% exam6_21
clear
A=[0,-6,-1;6,2,-16;-5,20,-10]
%仅求特征值
lambda = eig(A)
%求矩阵的特征向量和特征值
[V, D] = eig(A)
%把复数特征值对角阵 D 转换成实数块对角阵
[VR,DR] = cdf2rdf(V,D)              % 把复数特征值矩阵 D 转换成实数块对角阵
%分解结果的检验
A1 = V * D/V                        % 由于计算误差,可能产生很小的虚部
A1_1 = real(A1)                     % 使用 real 函数去除虚部
A2 = VR * DR/VR
err1 = norm(A - A1)                 % 检查矩阵差的模,确定二者的差异
err2 = norm(A - A2)
%求矩阵的特征方程
p = poly(A)
```

运行 exam6_21.m 后,得到如下结果：

```
A =
     0    -6    -1
     6     2   -16
    -5    20   -10
lambda =
   -3.0710 + 0.0000i
   -2.4645 + 17.6008i
   -2.4645 - 17.6008i
V =
  -0.8326 + 0.0000i    0.2003 - 0.1394i    0.2003 + 0.1394i
  -0.3553 + 0.0000i   -0.2110 - 0.6447i   -0.2110 + 0.6447i
  -0.4248 + 0.0000i   -0.6930 + 0.0000i   -0.6930 + 0.0000
D =
  -3.0710 + 0.0000i    0.0000 + 0.0000i    0.0000 + 0.0000i
   0.0000 + 0.0000i   -2.4645 + 17.6008i   0.0000 + 0.0000i
   0.0000 + 0.0000i    0.0000 + 0.0000i   -2.4645 - 17.6008i
VR =
   -0.8326    0.2003   -0.1394
   -0.3553   -0.2110   -0.6447
   -0.4248   -0.6930         0
DR =
   -3.0710         0         0
         0   -2.4645   17.6008
```

```
        0  - 17.6008  - 2.4645
A1 =
  - 0.0000 - 0.0000i   - 6.0000 + 0.0000i   - 1.0000 + 0.0000i
    6.0000 - 0.0000i     2.0000 + 0.0000i   - 16.0000 + 0.0000i
  - 5.0000 - 0.0000i    20.0000 + 0.0000i   - 10.0000 + 0.0000i
A1_1 =
   - 0.0000   - 6.0000   - 1.0000
     6.0000     2.0000   - 16.0000
   - 5.0000    20.0000   - 10.0000
A2 =
     0.0000   - 6.0000   - 1.0000
     6.0000     2.0000   - 16.0000
   - 5.0000    20.0000   - 10.0000
err1 =
    1.3785e - 14
err2 =
    1.4121e - 14
p =
     1.0000     8.0000    331.0000     970.0000
```

【说明】

- cdf2rdf 函数将所求得的复数特征向量矩阵和复数特征值矩阵实数化。
- err1 和 err2 的值表明,将矩阵 **A** 进行实数化后的特征值分解,其数值计算误差是非常小的。
- p 的值表明,矩阵 **A** 对应的特征多项式为 $x^3+8x^2+331x+970$。

6.4.4 线性方程求解

尽管 MATLAB 中有矩阵求逆函数 inv(如表 6.1 所示),并且可以利用指令 x=inv(A) * b 求出线性代数方程式(6.10)的解。但当矩阵 **A** 为非奇异方阵时,采用 MATLAB 提供的简单直观的"除法"运算求解线性代数方程式(6.10)计算所需的时间更短,内存占用更少。具体指令格式为:

x=A\b　　　　　　　　运用左除解方程 $\boldsymbol{Ax}=\boldsymbol{b}$

【说明】

- 指令中的斜杆"\"是"左除"符号。由于方程 $\boldsymbol{Ax}=\boldsymbol{b}$ 中,**A** 在向量 **b** 的左边,所以指令中的 A 必须在"\"的左边,切不可放错位置。
- 假如方程是 $\boldsymbol{xC}=\boldsymbol{d}$ 形式,则应采用"右除",即指令为 x=d/C。

例 6.22　"逆阵"法和"左除"法解恰定方程的性能对比。

编写 M 脚本文件 exam6_22.m 如下:

```
% exam6_22
clear
%构造一个条件数很大的高阶恰定方程
randn('state',0);
```

```
A = gallery('randsvd',300,2e13,2);  % 产生一个条件数为2e13的(300×300)随机矩阵
x = ones(300,1);                    % 指定真解向量x
b = A * x;                          % 生成b向量
%“求逆”法求解恰定方程的误差和所用时间
t = clock;
xi = inv(A) * b;                    % xi是用“求逆”法求出的Ax = b的解
ti = etime(clock,t)
eri = norm(x - xi)                  % 解向量xi与真解向量x的误差范数
%“左除”法求解恰定方程的误差、残差和所用时间
t = clock;
xd = A\b;                           % 用“左除”法求Ax = b的解
td = etime(clock,t)
erd = norm(x - xd)
```

运行 exam6_22.m 后，得到如下结果：

```
ti =
    0.0310
eri =
    0.0735
td =
    0.0160
erd =
    0.0770
```

【说明】

- gallery 函数用来产生特殊的测试矩阵。
- 计算结果表明：两种方法的求解精度差不多，但除法求解的速度快。
- 一般而言，对于精度为 10^{-16} 的 MATLAB 双精度体系而言，假若系数矩阵 **A** 的条件数为 10^q，则“逆阵法”所得方程解的精度不会高于 10^{q-16}，即有效数字不会超过 $(16-q)$ 位十进制。
- 这里显示的计算时间与具体机器有关，与相关指令是否第一次运行有关。
- 本例矩阵 **A** 的行列式的值为 $-4.9777e-14$（即 -4.9777×10^{-14}），矩阵 **A** 已近乎奇异。

习 题

6.1 将 $x(x-6)(x+5)(x-8)$ 展开为系数多项式的形式。

6.2 已知有理分式 $R(x)=\dfrac{N(x)}{D(x)}$，其中 $N(x)=(3x^3+x)(x^3+0.5)$，$D(x)=(x^2+2x-2)(5x^3+2x^2+1)$。

(1) 求该分式的商多项式 $Q(x)$ 和余多项式 $r(x)$；

(2) 用程序验算 $D(x)Q(x)+r(x)=N(x)$ 是否成立。

6.3 已知有理分式

$$R(x)=\frac{3x^4+2x^3+5x^2+4x+6}{x^5+3x^4+4x^3+2x^2+7x+2}$$

试将其展开为部分分式形式。

6.4 计算多项式 $p(x)=4x^5-12x^4-14x^3+5x+9$ 的微分和积分。

6.5 在区间 $[0,2\pi]$ 上,采用数值计算方法计算并画出 $y(x)=\sin(x)$ 的导函数的曲线,并与精确解($\dot{y}(x)=\cos(x)$)进行对比。

6.6 采用数值计算方法,画出 $y(x)=\int_0^x \frac{\sin(t)}{t}\mathrm{d}t$ 在[0,10]区间的曲线,并计算 $y(4.5)$。

6.7 求函数 $f(x)=\mathrm{e}^{\sin^3 x}$ 的数值积分 $s=\int_0^{\pi} f(x)\mathrm{d}x$。

6.8 用 quad 函数求取 $\int_{-5\pi}^{1.7\pi} \mathrm{e}^{-|x|}|\sin x|\mathrm{d}x$ 的数值积分,并保证积分的绝对精度为10^{-9}。

6.9 设 $\frac{\mathrm{d}^2 y(t)}{\mathrm{d}t^2}-3\frac{\mathrm{d}y(t)}{\mathrm{d}t}+2y(t)=1, y(0)=1, \frac{\mathrm{d}y(0)}{\mathrm{d}t}=0$,用数值法求 $y(t)|_{t=0.5}$。

6.10 已知由 MATLAB 指令创建的矩阵 A=gallery(5),试对该矩阵进行特征值分解,并通过验算观察发生的现象。

6.11 求矩阵 $\boldsymbol{Ax}=\boldsymbol{b}$ 的解,$\boldsymbol{A}$ 为 3 阶魔方阵,$\boldsymbol{b}$ 是(3×1)的全 1 列向量。

6.12 求矩阵 $\boldsymbol{Ax}=\boldsymbol{b}$ 的解,$\boldsymbol{A}$ 为 4 阶魔方阵,$\boldsymbol{b}$ 是(4×1)的全 1 列向量。

6.13 求矩阵 $\boldsymbol{Ax}=\boldsymbol{b}$ 的解,$\boldsymbol{A}$ 为 4 阶魔方阵,$\boldsymbol{b}=\begin{pmatrix}1\\2\\3\\4\end{pmatrix}$。

6.14 在 $0\leqslant x\leqslant 20$ 的范围内,计算多项式 $y(x)=5x^4+4x^3+3x^2+2x+1$ 的值,并根据所得的 x 和 y 的值,进行二阶、三阶和四阶拟合。

6.15 在 $0\leqslant x\leqslant 10$ 的范围内,计算函数 $y(x)=\mathrm{e}^{-2x}\sin(10x+30^\circ)$ 最大值、最小值、平均值,以及微积分。

第 7 章　符号运算简介

MATLAB 的数学运算分为数值运算和符号运算。所谓符号运算是指：解算数学表达式及方程不是在离散化的数值点上进行，而是凭借一系列恒等式和数学定理，通过推理和演绎，获得解析结果。这种运算是建立在数值完全准确表达和推演严格解析的基础之上，因此所得结果是完全准确的。

在自然科学的各个领域中，不但需要解决数值分析和计算问题，同时也要解决符号运算的问题。为了解决 MATLAB 在符号数学方面的不足，MathWorks 公司于 1993 年从加拿大的 Waterloo 大学购入了著名的符号数学软件 Maple 的使用权。在同年推出了 MATLAB4.2 版中，利用 Maple 的函数库，首次开发了符号数学工具箱(Symbolic Math Toolbox)。

本章简要介绍 MATLAB 的符号数学工具箱的主要功能，包括符号表达式的创建、符号矩阵的运算、符号表达式的化简和替换、符号微积分、符号代数方程、符号微分方程、符号积分变换以及符号函数绘图。

需要指出的是，有很多工程和科学中的问题是无法用符号运算求解的，而且有很多问题符号运算的求解时间过长。因此，在实际的科学计算、工程分析和设计中，符号运算的适用范围远远小于数值运算。

7.1　符号对象的创建

在 MATLAB 中，数学表达式所用到的变量必须事先被赋过值。这一点对于符号运算而言，同样不例外，首先也要定义基本的符号对象，然后才能进行符号运算。

符号对象是一种数据结构，包括符号常量、符号变量和符号表达式，用来存放代表符号的字符串。MATLAB 规定：任何包含符号对象的表达式或方程将继承符号对象的属性，即这样的表达式或方程也一定是符号对象。

定义符号对象的指令有两个：sym 和 syms。它们常用的调用格式为：

sym(arg)	把数字、字符串或表达式 arg 定义为符号对象
sym(argn, flagn)	把数值或数值表达式 argn 定义为 flagn 格式的符号对象
sym('argv', flagv)	按 flagv 指定的要求把字符'argv'定义为符号对象
syms('argv1', 'argv2', …,'argvk', flagv)	把字符'argv1','argv2',…,'argvk'定义为符号对象
syms argv1 argv2 … argvk, flagv	前一格式的简洁形式

【说明】

- 当 sym(argn, flagn)中的 argn 是数值或数值表达式时,flagn 可以取为以下 4 种格式:

  'd'　　用最接近的十进制数格式表示符号量

  'e'　　用最接近的带有误差的有理数格式表示符号量

  'f'　　用最接近的浮点格式表示符号量

  'r'　　用有理数格式(系统默认格式)表示符号量

- sym('argv', flagv)中的'argv'是字符时,flagv 可以取下列"限制性"选项:

  'positive'　　限定 argv 为"正、实"符号变量

  'real'　　限定 argv 为"实"符号变量

  'unreal'　　限定 argv 为"非实"符号变量

  如果不限制,则 flagv 可以省略。

- syms('argv1', 'argv2', …,'argvk', flagv)中的 flagv 与 sym('argv', flagv)中的一致。
- 最后一种格式中的各符号变量名之间只能用空格分隔。
- sym 和 syms 指令也可以创建符号数组。

例 7.1　符号(类)数字与数值(类)数字、字符(类)数字之间的差异。

编写 M 脚本文件 exam7_1.m 如下:

```
% exam7_1
clear
a_s = pi + sin(5)                    % 创建一个数值类常量
a_f = sym('pi + sin(5)')             % 创建一个符号类常量
a_str = 'pi + sin(5)'                % 创建一个字符串
whos                                 % 了解各变量的具体信息
```

运行 exam7_1.m 后,得到如下结果:

```
a_s =
    2.1827
a_f =
 pi + sin(5)
a_str =
 pi + sin(5)
  Name       Size          Bytes  Class     Attributes
  a_f        1x1              60  sym
  a_s        1x1               8  double
  a_str      1x9              18  char
```

【说明】

- 符号类数字总是被准确地记录和运算;数值类数字并不能保证被完全准确地记录,运算时也会引入截断误差。
- 尽管 a_f 和 a_str 显示出的内容完全相同,但它们是属于不同的数据类型,运算方式也完全不同。符号常量占用的存储空间也较大。
- 符号型数据的图标为[图标]。

例 7.2　数值量转换成符号量时的不同表示。

编写 M 脚本文件 exam7_2.m 如下：

```
% exam7_2
clear
a1 = sym(4/3, 'd')          % 十进制数格式,32 位长度
a2 = sym(4/3, 'e')          % 带有误差的有理数格式
a3 = sym(4/3, 'f' )         % 浮点数格式
a4 = sym(4/3)               % 指数形式的有理数格式
```

运行 exam7_2.m 后,得到如下结果：

```
a1 =
1.3333333333333332593184650249896
a2 =
4/3 - eps/3
a3 =
6004799503160661/4503599627370496
a4 =
4/3
```

例 7.3　创建符号变量,用参数设置其特性。

编写 M 脚本文件 exam7_3.m 如下：

```
% exam7_3
clear
sym('x', 'real'); sym('y','real');    %创建实数符号变量
z = sym('x + i * y')                  %创建 z 为复数符号变量
real(z)                               %z 的实部是实数
sym('x', 'unreal');                   %将 x 的实数特性清除
real(z)                               %z 的实部
```

运行 exam7_3.m 后,得到如下结果：

```
z =
x + y * i
ans =
x
ans =
real(x)
```

【说明】

- 当设置 x 和 y 为实数型变量时,可以确定 z 的实部和虚部分别为 x 和 y。
- 清除 x 的实数特性后,MATLAB 认为 x 是一个复数变量,其实部必然是：real(x)。
- 函数 real 是第 2 章表 2.2 中的标准函数。

例 7.4　多种方法创建符号表达式的示例。

编写 M 脚本文件 exam7_4.m 如下：

```
% exam7_4
clear
f1 = sym('a * x^2 + b * x + c')      %不创建符号变量,只创建 f1 符号表达式
syms a b c x;                        %创建多个符号变量
```

```
f2 = a * x^2 + b * x + c                    % 创建f2符号表达式
syms('a', 'b', 'c', 'x');                    % 创建多个符号变量的另一种格式
f3 = a * x^2 + b * x + c                    % 创建f3符号表达式
```

运行exam7_4.m后,得到如下结果:

```
f1 =
a * x^2 + b * x + c
f2 =
a * x^2 + b * x + c
f3 =
a * x^2 + b * x + c
```

【说明】

• 三种创建方式的结果相同。

例7.5 不同方法创建符号数组以及符号数组与字符串数组差异的示例。

编写M脚本文件exam7_5.m如下:

```
% exam7_5
clear
%不同方法创建符号数组
x1 = sym('[a,b; c,d]')              % 直接创建符号数组
syms a b c d                        % 先定义符号变量
x2 = [a,b; c,d]                     % 再创建符号数组
%符号数组与字符串数组差异
y = '[a,b; c,d]'                    % 创建字符串数组
whos                                % 了解各数组的具体信息
```

运行exam7_5.m后,得到如下结果:

```
x1 =
[a, b]
[c, d]
x2 =
[a, b]
[c, d]
y =
[a,b; c,d]
  Name      Size            Bytes  Class     Attributes
  a         1x1                60  sym
  b         1x1                60  sym
  c         1x1                60  sym
  d         1x1                60  sym
  x1        2x2                60  sym
  x2        2x2                60  sym
  y         1x10               20  char
```

【说明】

• x1和x2是完全相同的(2×2)符号数组,占用了较大存储空间;它们与字符串数组y明显不同。

7.2　符号表达式的代数运算

与数值运算相比，符号运算具有如下特点：

(1) 符号运算不会出现每次数值运算都可能产生的截断误差以及由于多次运算产生的累积误差，因此符号运算是非常准确的；

(2) 符号运算可以得到完全封闭的解析解或者任意精度的数值解；

(3) 符号运算的时间往往要比数值运算的时间长得多。

7.2.1　符号运算中的算符和函数

MATLAB 采用了重载(Overload)技术，使得用来构成符号表达式的运算符和基本函数无论在形状、名称上，还是在使用方法上，都与数值运算中的几乎完全相同。

由例 7.1 和例 7.5 的运行结果可知：与数值运算相同，MATLAB 的符号数学工具箱也把符号数组(Symbolic Array)看作是存储和运算的基本单元，标量数据被看成是(1×1)的数组，而矩阵则是二维数组。因此，所有数值运算中的基本运算符，包括数组的"加""减""乘""左除""右除""点乘""共轭转置"和"非共轭转置"等同样适合于符号数组运算，并且运算法则与数值运算相同。

符号运算中不包括逻辑运算，关系运算也只有是否"等于"的概念。关系操作符"=="和"~="分别对算符两边的对象进行"相等"和"不等"的比较。当所得结果为"真"时，用 1 表示；为"假"时，则用 0 表示。

MATLAB 提供的是面向对象的软件环境。对于不同的数据对象，它借助重载技术，把具有相同函数运算功能的文件采用同一个函数名加以保存。在运算中是调用数值运算文件还是符号运算文件，完全由所运算的对象属性决定。MATLAB 中可用于符号运算的函数很多，第 2 章表 2.2 中列出的数组运算函数，除了 angle、atan2、log2 和 log10 只能用于数组运算外，其他均可用于符号运算，且使用方法与数值运算中的相同。第 6 章表 6.1 中列出的线性代数矩阵运算函数在符号运算中的用法几乎与数值运算中的情况完全一样。

7.2.2　符号数值的任意精度控制和运算

数值运算与符号运算之间最重要的区别在于：数值运算一定存在截断误差，且在计算过程中不断传播，而产生累积误差；符号运算的运算过程是在完全准确的情况下进行的，不产生累积误差。符号运算的这种准确性是以降低计算速度和增加内存需求为代价换来的。为了兼顾计算精度和速度，MATLAB 针对符号运算提供了一种"变精度"算法。常用的指令格式为：

```
digits            显示当前环境下符号数值"十进制浮点"表示的有效数字位数
digits(n)         设定符号数数值"十进制浮点"表示的有效数字位数
xs = vpa(x)       根据表达式 x 得到 digits 指定精度下的符号数值 xs
xs = vpa(x,n)     根据表达式 x 得到 n 位有效数字的符号数值 xs
```

【说明】

- 变精度函数 vpa(x)的运算精度受它之前运行的 digits(n)控制。MATLAB 对 digits 指令的默认精度设置是 32 位。

- xs=vpa(x,n) 只在运行的当时起作用。
- x 可以是符号对象,也可以是数值对象,但指令运行后所得结果 xs 一定是符号数字。

例 7.6 digits, vpa 指令的使用。

编写 M 脚本文件 exam7_6.m 如下:

```
% exam7_6
clear
digits                        % 观察当前"十进制浮点"表示符号数值的有效位数
p0 = sym('pi + sin(5)')       % (pi + sin(5))字面数值的完全准确表达
pr = sym(pi + sin(5))         % (pi + sin(5))字面数值在 16 位精度浮点运算下,所得
                              % 双精度数字的"广义有理表示"形式
pd = sym(pi + sin(5),'d')     % (pi + sin(5))字面数值在 16 位精度浮点运算下,所得
                              % 双精度数字的 32 位十进制符号表达
e32r = vpa(abs(p0 - pr))      % 用 32 位变精度算法计算 p0 与 pr 之间的误差
e16 = vpa(abs(p0 - pd),16)    % 用 16 位变精度算法计算 p0 与 pr 之间的误差
e32d = vpa(abs(p0 - pd))      % 用 32 位变精度算法计算 p0 与 pd 之间的误差
```

运行 exam7_6.m 后,得到如下结果:

```
Digits = 32
p0 =
pi + sin(5)
pr =
4914932249003723/2251799813685248
pd =
2.1826683789266545510088235459989
e32r =
0.00000000000000021856066543112461523265696331146
e16 =
0.0000000000000002185606657687458
e32d =
0.00000000000000021856066543112460891084526810007
```

7.2.3 符号对象与数值对象的转换

前面已经介绍了借助 sym 指令可以将数值类数字转换为符号类数字的 sym(argn,flag)格式(flag 共有四种选项,见 7.1 节)。

MATLAB 的数值运算和可视化指令不能接收符号类数字,只能接收数值类数字。在这种情况下,必须利用下列指令格式进行数据类型的转换:

double(Num_sym)　　　　把符号数值 Num_sym 转换为双精度数值

例 7.7 将符号对象 π+sin(5)转换成数值量。

编写 M 脚本文件 exam7_7.m 如下:

```
% exam7_7
clear
a_sym = sym('pi + sin(5)')
a_num = double(a_sym)                 % 转化为数值量
```

运行 exam7_7.m 后,得到如下结果:

```
a_sym =
pi + sin(5)
a_num =
    2.1827
```

7.3　符号表达式的基本操作

7.3.1　符号表达式中自变量的确定

当符号表达式或方程中有若干个符号变量时，例如“$ax^2+bx+c=0$”，应该按照哪个符号变量进行解题呢？显然，选择不同符号变量作为自变量，方程的解是不同的。MATLAB 专门设计了一套确定符号自变量的规则。

在专门指定变量名的符号运算中，解题一定围绕指定变量进行。

在没有专门指定变量名的符号运算中，将按照以下原则选择一个自变量：

(1) 小写字母 i 和 j 不能作为自变量(因为它们通常用于表示 $\sqrt{-1}$)。

(2) x 是首选的自变量；如果没有 x，则与 x 的 ASCII 码值之差的绝对值小的字母优先；差的绝对值相同时，ASCII 码值大的字母优先(即排在 x 后面的字母优先)。

MATLAB 提供了一个 findsym 指令，可实现对表达式中所有自变量或指定数目的独立自变量的自动认定。格式为：

findsym(EXPR)　　　　确定表达式 EXPR 中所有符号自变量

findsym(EXPR,N)　　　确认表达式 EXPR 中距离 x 最近的 N 个符号自变量

【说明】

- EXPR 可以是符号数组。此时，对自变量的确认是针对整个数组进行的。
- 自动识别符号变量时，字母的优先次序为 x、y、w、z、v 等。

例 7.8　对独立符号自变量的自动辨认。

编写 M 脚本文件 exam7_8.m 如下：

```
% exam7_8
clear
syms a b s t th v w x X Y                 % 定义符号变量
k = sym('pi + sin(5)');                   % 符号常量
z = sym('c * sqrt(delta) + y - th');      % 直接定义符号表达式
EXPR = a * z * X + k * x * Y + v^2 + v * t + w * s; % 构成符号表达式
f_free = findsym(EXPR)                    % 找出 EXPR 中的全部符号自变量(除符号常数 k)
                                          % 除表达式外，所有独立符号变量都被列出
f_1 = findsym(EXPR,1)                     % 在 EXPR 中确定 1 个自变量
f_2 = findsym(EXPR,2)                     % 在 EXPR 中确定 2 个自变量
f_5 = findsym(EXPR,5)                     % 在 EXPR 中确定 5 个自变量
f_6 = findsym(EXPR,6)                     % 在 EXPR 中确定 6 个自变量
```

运行 exam7_8.m 后，得到如下结果：

```
f_free =
X, Y, a, c, delta, s, t,th,v, w, x, y
f_1 =
x
f_2 =
x,y
f_5 =
x,y,w,v,t
f_6 =
x,y,w,v,t,th
```

【说明】

- findsym指令所确定的是表达式中的"自由""独立"的符号变量。由于k不是"自由"的,z不是"独立"的,所以都不被该指令认作自变量。
- 虽然w与x的ASCII码值之差的绝对值和y与x的ASCII码值之差的绝对值是一样的,但由于y的ASCII码值较大,故f_2 =x,y。
- findsym指令首先是对符号变量的第1个字母进行比较,然后再比较其余的字母,这就是f_5=x,y,w,v,t,而f_6=x,y,w,v,t,th的原因。
- 大写字母的ASCII码比相同小写字母的大32,所以排在后面。

例7.9 findsym指令确定自变量是对整个数组进行的。

编写M脚本文件exam7_9.m如下:

```
% exam7_9
clear
syms a b t u v w z
A = [a + b * w,cos(t) + u;w * exp( - t),log(z) + sin(v)]  % 创建衍生符号数组
findsym(A,1)                                              % 确定符号数组A中的自变量
```

运行exam7_9.m后,得到如下结果:

```
A =
[          a + b * w,        cos(t) + u]
[       w * exp( - t),  log(z) + sin(v)]
ans =
w
```

7.3.2 符号表达式的化简

符号数学工具箱中有许多符号表达式的操作指令,其中最常用的为:

collect(EXPR, v)　　用指定的符号对象v合并EXPR表达式中的同幂项系数

expand(EXPR)　　对EXPR表达式进行多项式、三角函数、指数、对数函数等展开

factor(EXPR)　　对EXPR表达式(或正整数)进行因式(或因子)分解

horner(EXPR)　　把多项式EXPR分解成嵌套形式

[n,d]=numden(EXPR)提取EXPR表达式的最小分母公因式d和相应的分子多项式n

simplify(EXPR)　　　运用多种恒等式转换对 EXPR 表达式进行综合简化

simple(EXPR)　　　运用包括 simplify 在内的各种指令把 EXPR 转换成最简短形式

【说明】

- EXPR 可以是符号表达式或数组表达式。在数组情况下,这些指令将对数组中的元素逐个进行操作。

例 7.10　将表达式 $f=x(x(x+8)+16)y$ 分别按自变量 x 和 y 进行同幂项系数合并。

编写 M 脚本文件 exam7_10.m 如下:

```
% exam7_10
clear
syms x y
f = x * (x * (x + 8) + 16) * y;
f1 = collect(f)                    % 按默认的自变量 x 合并同类项
f2 = collect(f,y)                  % 按指定的自变量 y 合并同类项
```

运行 exam7_10.m 后,得到如下结果:

```
f1 =
y * x^3 + 8 * y * x^2 + 16 * y * x
f2 =
x * (x * (x + 8) + 16) * y
```

例 7.11　展开表达式 $f=(x+2)^6$ 和 $g=\sin(x-y)$。

编写 M 脚本文件 exam7_11.m 如下:

```
% exam7_11
clear
syms x y
f = (x + 2)^6; g = sin(x - y);
f1 = expand(f), g1 = expand(g)
```

运行 exam7_11.m 后,得到如下结果:

```
f1 =
x^6 + 12 * x^5 + 60 * x^4 + 160 * x^3 + 240 * x^2 + 192 * x + 64
g1 =
cos(y) * sin(x) - cos(x) * sin(y)
```

例 7.12　分别对表达式 $f=x^8-1$ 和大整数 12345678901234567890 进行因式和因子分解。

编写 M 脚本文件 exam7_12.m 如下:

```
% exam7_12
clear
syms x
f = factor(x^8 - 1)
factor(sym('12345678901234567890'))
```

运行 exam7_12.m 后,得到如下结果:

```
f =
(x - 1) * (x + 1) * (x^2 + 1) * (x^4 + 1)
ans =
2 * 3^2 * 5 * 101 * 3541 * 3607 * 3803 * 27961
```

例 7.13 将表达式 $f=x^4+5x^3+6x^2+7x+8$ 进行嵌套形式重写。

编写 M 脚本文件 exam7_13.m 如下：

```
% exam7_13
clear
f = sym('x^4 + 5 * x^3 + 6 * x^2 + 7 * x + 8');
horner(f)
```

运行 exam7_13.m 后，得到如下结果：

```
ans =
x * (x * (x * (x + 5) + 6) + 7) + 8
```

例 7.14 对表达式 $f=\frac{x}{y}+\frac{y}{x}$ 进行通分。

编写 M 脚本文件 exam7_14.m 如下：

```
% exam7_14
clear
f = sym('x/y + y/x');
[n,d] = numden(f)
```

运行 exam7_14.m 后，得到如下结果：

```
n =
x^2 + y^2
d =
x * y
```

【说明】

- 所得结果表明，$f=\frac{x}{y}+\frac{y}{x}=\frac{x^2+y^2}{xy}$。

例 7.15 简化 $f=\sin^2(y)+\cos^2(y)$。

编写 M 脚本文件 exam7_15.m 如下：

```
% exam7_15
clear
syms y
f = sin(y)^2 + cos(y)^2;
simplify(f)
```

运行 exam7_15.m 后，得到如下结果：

```
ans =
1
```

【说明】

- 读者可以将本例中的 simplify 指令换成 simple 指令，看看所得结果是什么。

7.3.3　符号表达式的替换

为了使符号运算的结果简洁易读，MATLAB 的符号数学工具箱提供了两个符号表达式的替换函数，用于简化表达式的输出形式。它们常用的调用格式为：

[RS, ssub]=subexpr(S,ssub)　用变量 ssub 置换 S 中重复出现的字符串，重写 S 为 RS

RES=subs(ES,old,new)　用 new 替换 ES 中的 old 后产生 RES

【说明】

- subexpr 函数对字符串(亦称为子表达式)是自动寻找的，只有比较长的字符串才被置换。对于比较短的字符串，即使重复出现多次，也不被置换。
- 如果 subs 函数中的 new 是数值形式，显示的结果虽然是数值，但它实际上仍然是符号变量。

例 7.16　用 subexpr 函数使矩阵 $\begin{pmatrix} a_{11} & a_{12} & a_{13} \\ a_{21} & a_{22} & a_{23} \\ a_{31} & a_{32} & a_{33} \end{pmatrix}$ 的逆的表达式简洁易读。

编写 M 脚本文件 exam7_16.m 如下：

```
% exam7_16
clear
syms x
A = sym('[a11,a12,a13; a21,a22,a23; a31,a32,a33]');
S = inv(A);                                    % 计算 A 的逆阵
[RS,x] = subexpr(S,x)                          % 用 x 替换其中的子表达式
```

运行 exam7_16.m 后，得到如下结果：

```
RS =
[ x*(a22*a33-a23*a32), -x*(a12*a33-a13*a32),  x*(a12*a23-a13*a22)]
[-x*(a21*a33-a23*a31),  x*(a11*a33-a13*a31), -x*(a11*a23-a13*a21)]
[ x*(a21*a32-a22*a31), -x*(a11*a32-a12*a31),  x*(a11*a22-a12*a21)]
x =
1/(a11*a22*a33-a11*a23*a32-a12*a21*a33+a12*a23*a31+a13*a21*a32-a13*a22*a31)
```

【说明】

- 本例结果表明，如果不进行符号替换，则矩阵表达式的表示将是十分烦琐的。

例 7.17　分别用新变量替换表达式 $x+2y$ 和 $\sin(x)+\cos(y)$中的变量。

编写 M 脚本文件 exam7_17.m 如下：

```
% exam7_17
clear
syms x y
f1 = subs(x+2*y, x, 5)                                   % x+2y 的 x 用 5 替换
f2 = subs(sin(x)+cos(y),{x,y},{sym('alpha'),sym('beta')})  % x 和 y 分别用 alpha 和 beta 替换
```

运行 exam7_17.m 后，得到如下结果：

```
f1 =
2 * y + 5
f2 =
cos(beta) + sin(alpha)
```

【说明】

- f1 和 f2 仍然是符号对象。
- 注意 f2 的替换格式。

7.4 符号微积分运算

大学本科高等数学中的大多数微积分问题都能用符号计算解决,免去了手工笔算演绎的麻烦和辛劳。

7.4.1 极限和导数的符号运算

MATLAB 中提供了计算符号表达式的极限和导数的指令,为:

limit(f,v,a)	求$\lim\limits_{v\to a} f(v)$
limit(f,v,a,'right')	求 $\lim\limits_{v\to a^+} f(v)$
limit(f,v,a,'left')	求 $\lim\limits_{v\to a^-} f(v)$
dfdvn=diff(f,v,n)	求$\dfrac{d^n f(v)}{dv^n}$
fjac=jacobian(f,v)	求多元向量函数 $f(v)$的 Jacobian 矩阵
r=tarlor(f, v,a, 'Order', n)	求 $f(v)$在 $v=a$ 处的$(n-1)$阶泰勒展开 $\sum\limits_{k=0}^{n-1} \dfrac{f^{(k)}(a)}{k!}(x-a)^k$

【说明】

- f 是数组时,求极限和求导操作对元素逐个进行,但自变量定义在整个数组上。
- v 缺省时,自变量会由 findsym 确认;n 缺省时,默认为 n=1。
- 注意:在数值计算中,指令 diff 是用来求差值的。

例 7.18 分别计算 $\lim\limits_{x\to 0^-}\dfrac{1}{x}$, $\lim\limits_{x\to 0^+}\dfrac{1}{x}$, $\lim\limits_{x\to 0}\dfrac{1}{x}$, $\lim\limits_{x\to 0}\dfrac{\sin(x)}{x}$和$\lim\limits_{x\to\infty}(1+\dfrac{a}{x})^x$。

编写 M 脚本文件 exam7_18.m 如下:

```
% exam7_18
clear
syms a x
f_left = limit(1/x,x,0,'left');
f_right = limit(1/x,x,0,'right');
f_limit = limit(1/x,x,0);
Limit_f = [f_left, f_right, f_limit]
[limit(sin(x)/x,x,0), limit((1 + a/x)^x,x,inf)]
```

运行 exam7_18.m 后，得到如下结果：

```
Limit_f =
[-Inf, Inf,NaN]
ans =
[      1, exp(a)]
```

【说明】

- 由于当 $x \to 0$ 时，$1/x$ 的左右极限不相等，在该点的极限不存在，表示为 NaN。

例 7.19　已知函数数组 $f=\begin{pmatrix} a & bx^2 \\ x\sin(y) & \ln(xy) \end{pmatrix}$，求 $\frac{\mathrm{d}f}{\mathrm{d}x}$、$\frac{\mathrm{d}^2 f}{\mathrm{d}y^2}$ 和 $\frac{\mathrm{d}^2 f}{\mathrm{d}x\mathrm{d}y}$。

编写 M 脚本文件 exam7_19.m 如下：

```
% exam7_19
clear
syms a b x y
f = [a,b * x^2;x * sin(y), log(x * y)];
df = diff(f)                              % 求 f 对 x 的导数
dfdy2 = diff(f,y,2)                       % 求 f 对 y 的二阶导数
dfdxdy = diff(diff(f,x),y)                % 求 f 对 x 和 y 的二阶混合导数
```

运行 exam7_19.m 后，得到如下结果：

```
df =
[     0,   2 * b * x]
[ sin(y),      1/x]
dfdy2 =
[          0,            0]
[ - x * sin(y),    - 1/y^2]
dfdxdy =
[     0,         0]
[ cos(y),        0]
```

例 7.20　求 $f(x_1,x_2)=\begin{pmatrix} x_1 e^{x_2} \\ x_2 \\ \sin(x_1)+\cos(x_2) \end{pmatrix}$ 的 Jacobian 矩阵 $\begin{pmatrix} \frac{\partial f_1}{\partial x_1} & \frac{\partial f_1}{\partial x_2} \\ \frac{\partial f_2}{\partial x_1} & \frac{\partial f_2}{\partial x_2} \\ \frac{\partial f_3}{\partial x_1} & \frac{\partial f_3}{\partial x_2} \end{pmatrix}$。

编写 M 脚本文件 exam7_20.m 如下：

```
% exam7_20
clear
syms x1 x2;
f = [x1 * exp(x2); x2; sin(x1) + cos(x2)];
v = [x1,x2]; fjac = jacobian(f,v)
```

运行 exam7_20.m 后,得到如下结果:

```
fjac =
[     exp(x2), x1 * exp(x2)]
[          0,             1]
[     cos(x1),    - sin(x2)]
```

例 7.21 求 $f(x)=xe^x$ 在 $x=0$ 处展开的 8 阶麦克劳林级数。

编写 M 脚本文件 exam7_21.m 如下:

```
% exam7_21
clear
syms x
r = taylor(x * exp(x),x,0,'Order',9)        % 忽略 9 阶及 9 阶以上小量的展开
```

运行 exam7_21.m 后,得到如下结果:

```
r =
x^8/5040 + x^7/720 + x^6/120 + x^5/24 + x^4/6 + x^3/2 + x^2 + x
```

7.4.2 序列/级数的符号求和运算

MATLAB 提供了求和指令解决数学上的通式求和,格式为:

s=symsum(f,v,a,b)　　求通式 f 在指定变量 v 取遍[a,b]中所有整数时的和 $\sum_{a}^{b} f(v)$

【说明】

- f 是数组时,求和对元素逐个进行,但自变量定义在整个数组上。
- v 缺省时,f 中的自变量会由 findsym 指令自动辨认;b 可以取有限整数,也可以是无穷大。
- a、b 可以同时缺省,此时默认求和的自变量区间为[0,$v-1$]。

例 7.22 求 $\sum_{t=0}^{x-1}[x,k^2]$, $\sum_{k=1}^{\infty}\left[\frac{1}{(2k-1)^2},\frac{(-1)^k}{k}\right]$。

编写 M 脚本文件 exam7_22.m 如下:

```
% exam7_22
clear
syms k x;
f1 = [x, k^2];
f2 = [1/(2 * k - 1)^2,( - 1)^k/k];
s1 = simple(symsum(f1))                 % 求和运算后化简
s2 = simple(symsum(f2,1,inf))
```

运行 exam7_22.m 后,得到如下结果:

```
s1 =
[x^2/2 - x/2, k^2 * x]
s2 =
[pi^2/8, - log(2)]
```

【说明】

- 通式中的自变量只取整数值。
- 求和指令中的 f 可以是符号数组,此时求和操作将对数组中的"元素通式"逐个进行,但数组的自变量及其取值区间对各"元素通式"是相同的。

7.4.3 符号积分运算

积分分为不定积分、定积分、广义积分和重积分等几种。一般而言,积分比微分更难求取。与数值积分相比,符号积分指令简单,适应性强,但可能占用很长的机器时间。当积分上、下限不是数值时,符号积分可能给出相当冗长而生疏的"封闭型"的符号表达式,也可能给不出"封闭型"的解析解。此时,如果把积分上、下限用具体数值替代,符号积分将能给出具有任意精度的定积分值。MATLAB 提供的积分指令的格式为:

intf=int(f,v)　　　　给出 f 对指定变量 v 的(不带积分常数的)不定积分

intf=int(f,v,a,b)　　　　给出 f 对指定变量 v 的定积分

【说明】

- 与 symsum、diff 指令一样,当 f 是数组时,积分将对元素逐个进行。
- v 缺省时,积分对 findsym 指令确认的自变量进行。
- a、b 分别是积分的上、下限,允许它们取任何值或符号表达式。

例 7.23　求 $\int 2^x e^x dx$。

编写 M 脚本文件 exam7_23.m 如下:

```
% exam7_23
clear
syms x
f = (2^x) * exp(x)
s = int(f,x)                    % 求不定积分
```

运行 exam7_23.m 后,得到如下结果:

```
f =
2^x * exp(x)
s =
(2^x * exp(x))/(log(2) + 1)
```

【说明】

- 为了使完成积分运算所得的表达式形式简洁明了,可能要多次用到 simple 指令。对于本例而言,将最后一条语句改成:s=simple(int(f,x))更好。

例 7.24　求 $\int \begin{pmatrix} ax & by \\ \frac{1}{x} & \cos(x) \end{pmatrix} dx$。

编写 M 脚本文件 exam7_24.m 如下:

```
% exam7_24
clear
syms a b x y
f = [a * x,b * y;1/x,cos(x)];
disp('The integral of f is');
disp(int(f))
```

运行 exam7_24.m 后,得到如下结果:

```
The integral of f is
[ (a * x^2)/2,  b * x * y]
[      log(x), sin(x)]
```

例 7.25 求积分 $\int_1^2\int_{\sqrt{x}}^{x^2}\int_{\sqrt{xy}}^{x^2 y}(x^2+y^2+z^2)\mathrm{d}z\mathrm{d}y\mathrm{d}x$。

编写 M 脚本文件 exam7_25.m 如下:

```
% exam7_25
clear
syms x y z
f = x^2 + y^2 + z^2
f_int1 = int(f,z,sqrt(x * y),x^2 * y)          % 第 1 次积分(对 z)
f_int2 = int(f_int1,y,sqrt(x),x^2)             % 第 2 次积分(对 y)
f_int3 = int(f_int2,x,1,2)                     % 第 3 次积分(对 x)
F_int3 = vpa(f_int3)                           % 积分结果用 32 位数字表示
```

运行 exam7_25.m 后,得到如下结果:

```
f =
x^2 + y^2 + z^2
f_int1 =
(x^6 * y^3)/3 - (x^2 + y^2) * (x * y)^(1/2) - (x * y)^(3/2)/3 + x^2 * y * (x^2 + y^2)
f_int2 =
(5 * x^8)/12 - (2 * x^(11/4) * (x^(15/4) - 1))/15 - (2 * x^(9/4) * (x^(21/4) - 1))/7 - x^4/4 - x^5/2
- (2 * x^(13/4) * (x^(9/4) - 1))/3 + x^10/4 + x^14/12
f_int3 =
(14912 * 2^(1/4))/4641 - (6072064 * 2^(1/2))/348075 + (64 * 2^(3/4))/225 + 1610027357/6563700
F_int3 =
224.92153573331143159790710032805
```

【说明】

- 对于内积分上下限为函数的多重积分,若采用数值计算方法求取,编程将很不轻松。

7.5 符号方程的求解

7.5.1 符号代数方程的求解

一般代数方程包括线性(Linear)方程、非线性(Nonlinear)方程和超越(Transcendental)方程等,求解函数是 solve。当方程不存在符号解而且无其他自由参数时,solve 函数将给出数值解。该函数最常用的调用格式为:

S＝solve('eq','v')　　　　　　　　　　　　求方程关于指定变量的解

S＝solve('eq1','eq2',…,'eqn','v1','v2',…,'vn')　　求方程组关于指定变量的解

【说明】

- 在第 1 种格式中，eq 可以是含等号的符号表达式的方程，也可以是不含等号的符号表达式，但指的仍然是令 eq＝0 的方程；v 是表示求解变量名的字符串，当它省略时，求解针对 findsym 指令确认的变量进行。
- 第 2 种格式中输入宗量的含义与第 1 种格式类似。
- 在第 2 种格式中，输出宗量 S 是结构数组。如果要显示求解结果，必须采用 S. v1，S. v2，…，S. vn 的提取方式。
- 在得不到"封闭型解析解"时，又不存在其他不确定参数，则给出数值解。

7.26　求方程 $ax^2+bx+c=0$，$(x+2)^x=2$ 以及 $\sin(x)+\cos(2x)-1=0$ 的解。

编写 M 脚本文件 exam7_26. m 如下：

```
% exam7_26
clear
syms a b c x
s1 = solve('a * x^2 + b * x + c')                %无等号,默认求解变量为 x
s2 = solve('(x + 2)^x = 2','x')                  %有等号,指定求解变量为 x
s3 = solve('sin(x) + cos(2 * x) - 1','x')        %无等号,指定求解变量为 x
```

运行 exam7_26. m 后，得到如下结果：

```
s1 =
-(b + (b^2 - 4 * a * c)^(1/2))/(2 * a)
-(b - (b^2 - 4 * a * c)^(1/2))/(2 * a)
s2 =
0.69829942170241042826920133106081
s3 =
        0
     pi/6
  (5 * pi)/6
```

【说明】

- 由于三角函数是周期函数，只能得到 0 附近的有限几个解。

例 7.27　求方程组 $\begin{cases} uy^2+vz+w=0 \\ y+z+w=0 \end{cases}$ 关于 y、z 的解。

编写 M 脚本文件 exam7_27. m 如下：

```
% exam7_27
clear
S = solve('u * y^2 + v * z + w = 0','y + z + w = 0','y','z');
disp('S.y = '),disp(S.y),disp('S.z = '),disp(S.z)
```

运行 exam7_27. m 后，得到如下结果：

```
S.y =
 (v+2*u*w+(v^2+4*u*w*v-4*u*w)^(1/2))/(2*u)-w
 (v+2*u*w-(v^2+4*u*w*v-4*u*w)^(1/2))/(2*u)-w
S.z =
 -(v+2*u*w+(v^2+4*u*w*v-4*u*w)^(1/2))/(2*u)
 -(v+2*u*w-(v^2+4*u*w*v-4*u*w)^(1/2))/(2*u)
```

【说明】

- 建议:在使用 solve 函数求解代数方程组时,最好采用指定变量方式。

7.5.2 符号微分方程的求解

在符号数学工具箱中,求解符号常微分方程的最常用指令格式为:

```
S = dsolve('eq','cond','v')
S = dsolve('eq1,eq2,...,eqn', 'cond1,cond2,...,condn', 'v')
```

【说明】

- 输入宗量包括三部分:微分方程、初始条件、指定自变量。微分方程是必不可少的输入内容;其余视需要而定,可有可无。输入宗量必须以字符串形式编写。
- 若不对自变量加以专门的定义,则以小写字母 t 为自变量。
- 微分方程的记述规定:当 y 是"因变量"时,用"Dny"表示"y 的 n 阶导数"。在 t 为默认自变量时,Dy 表示$\frac{\mathrm{d}y}{\mathrm{d}t}$;Dny 表示$\frac{\mathrm{d}^n y}{\mathrm{d}t^n}$。
- 关于初始条件应写成 y(a)=b,Dy(c)=d 的格式等。a,b,c,d 可以是变量使用符以外的其他字符。当初始条件少于微分方程数时,在所得解中将出现常数符 C1,C2,…。解中任意常数符的数目等于所缺少的初始条件数。
- 在第 2 种格式中,输出宗量 S 是结构数组。如果 y 是因变量,则它的解在 S.y 中。

例 7.28 求微分方程$\frac{\mathrm{d}y}{\mathrm{d}t}=ay$ 的通解和在初始条件 $y(0)=b$ 时的特解。

编写 M 脚本文件 exam7_28.m 如下:

```
% exam7_28
clear
S_general = dsolve('Dy = a * y')
S_special = dsolve('Dy = a * y','y(0) = b')
```

运行 exam7_28.m 后,得到如下结果:

```
S_general =
C9 * exp(a * t)
S_special =
b * exp(a * t)
```

【说明】

- 在写微分方程时,最好遵循"导数在前函数在后,导数阶数降阶"的次序,否则有可能运行出错。

- C9 等符号表示任意常数(下同)。

例 7.29　求微分方程组 $\begin{cases}\dfrac{dy}{dx}=3y-2z\\ \dfrac{dz}{dx}=2y-z\end{cases}$ 的通解以及在初始条件 $\begin{cases}y(0)=1\\ z(0)=0\end{cases}$ 时的特解。

编写 M 脚本文件 exam7_29.m 如下：

```
% exam7_29
clear
S_g = dsolve('Dy = 3 * y - 2 * z,Dz = 2 * y - z','x')  % 直接输出只能看到 2 个域"S_g.y"和"S_g.z"
disp('S_g.y = '),disp(S_g.y)                  % 输出通解
disp('S_g.z = '),disp(S_g.z)
S_s = dsolve('Dy = 3 * y - 2 * z,Dz = 2 * y - z','y(0) = 1,z(0) = 0', 'x');
disp('S_s.y = '), disp(S_s.y)                 % 输出特解
disp('S_s.z = '), disp(S_s.z)
```

运行 exam7_29.m 后，得到如下结果：

```
S_g =
    z: [1x1 sym]
    y: [1x1 sym]
S_g.y =
C4 * exp(x) + (C5 * exp(x))/2 + C5 * x * exp(x)
S_g.z =
C4 * exp(x) + C5 * x * exp(x)
S_s.y =
exp(x) + 2 * x * exp(x)
S_s.z =
2 * x * exp(x)
```

7.6　符号函数的可视化

为了将符号函数的数值运算结果可视化，MATLAB 提供了十几个简易绘图指令，可以很容易地将符号表达式图形化。这些指令都是以“ez”开头，其功能和作用都与 MATLAB 的普通绘图指令基本相同，但简易绘图指令使用极为简单，一般只要在简易绘图指令的参数中指定所绘制的函数名即可。同样，这些指令也可以用于字符串函数的图形绘制。

最常用的二维符号函数绘制指令格式为：

ezplot(f)　在[-2π,2π]自变量范围中，绘制 $f(x)$ 的二维图形

ezplot(f, [xmin, xmax], fig)　在[xmin, xmax]自变量范围中，绘制 $f(x)$ 的二维图形

【说明】

- 当 f 是“标量”函数时,所绘制图形的自变量将自动从函数中选择;当 f 是“二元向量”函数时,第一元被默认为是“横轴量”,第二元被默认为是“纵轴量”。
- 在第 2 种格式中,fig 是指定的图形窗口,省略时默认为是当前图形窗口。
- ezplot 指令会自动把被绘函数和自变量分别标写为图形标题和横轴名,但用户也可以根据需要,使用 title、xlabel 和 ylabel 指令重写图形标题、横轴名和纵轴名。
- 在一般情况下,ezplot 指令不能指定所绘曲线的线型和色彩,也不允许同时绘制多条曲线。
- text、subplot、grid、ginput 等指令可用于 ezplot 绘制的图形。

例 7.30 绘制 $y(t)=e^{-t}\sin(\frac{t}{2})$和 $s(t)=\int_0^t y(t)\mathrm{d}t$ 在区间[0, 10]上的图形。

编写 M 脚本文件 exam7_30. m 如下:

```
% exam7_30
clear
syms t
y = exp( - t) * sin(t/2);
s = int(y,t,0,t);
subplot(2,1,1)                    % 将整个图形窗分为上下两张子图
ezplot(y,[0,10])                  % y(t)绘制在"上子图"
grid
subplot(2,1,2)
ezplot(s,[0,10])                  % s(t)绘制在"下子图"
grid
title('s(t) = \inty(t)dt')        % 重写"下子图"的图形标题
```

运行 exam7_30. m 后,得到图 7.1。

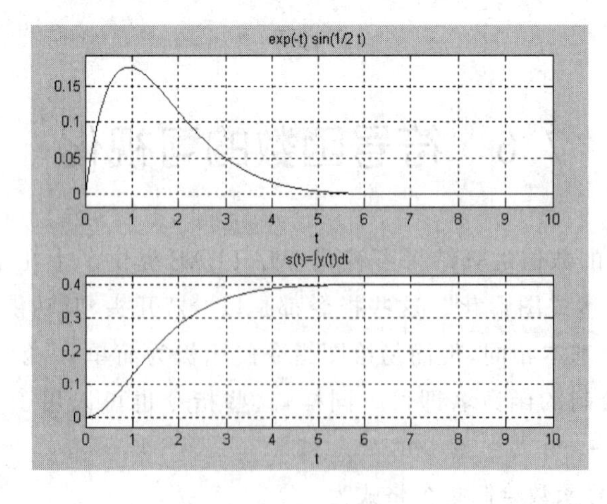

图 7.1 ezplot 指令的使用示例

例 7.31　以例 7.30 中的 $s(t)$为横轴量，$y(t)$为纵轴量，绘制二维相轨迹图形。

编写 M 脚本文件 exam7_31.m 如下：

```
% exam7_31
clear
clf
syms t
y = exp( - t) * sin(t/2);
s = int(y,t,0,t);
ezplot(s,y)
xlabel('s(t) = \inty(t)dt')                    % 重写横轴名
ylabel('y(t)')                                 % 重写纵轴名
title('这是 s(t)的相轨迹图')                   % 重写图形标题
grid
```

运行 exam7_31.m 后，得到图 7.2。

ezpolar 指令为极坐标下的二维绘图指令，调用格式与 ezplot 相同。

例 7.32　在极坐标下绘制函数表达式 $r(t)=1+\sin(t)$的二维图形。

编写 M 脚本文件 exam7_32.m 如下：

```
% exam7_32
clear
clf
syms t
ezpolar(1 + sin(t))
```

运行 exam7_32.m 后，得到图 7.3。

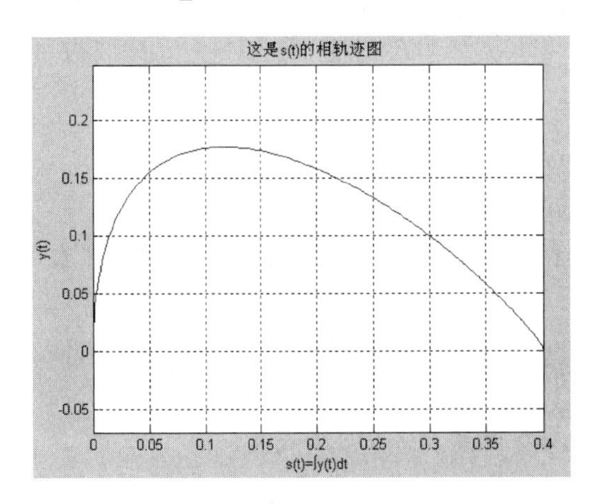

图 7.2　“二元向量”函数的图形绘制

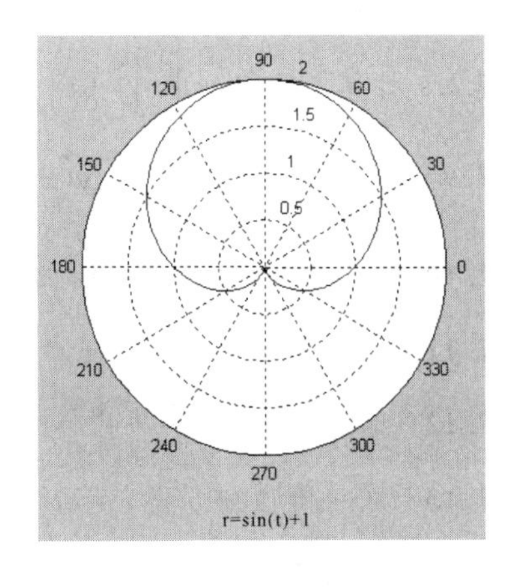

图 7.3　ezpolar 指令的使用示例

习　题

7.1　观察一个数(在此用@记述)在以下四条不同指令作用下的异同：

```
a = @
b = sym( @ )
c = sym( @ ,'d' )
d = sym( '@ ' )                % 这给出完全准确值
```

在此,@分别代表具体数值7/3,pi/3,pi * 3^(1/3);而异同通过vpa(abs(a−d)),vpa(abs(b−d)),vpa(abs(c−d))等来观察。

7.2　说出以下三条指令产生的结果各属于哪种数据类型,是"双精度"对象,还是"符号"对象?

```
3/7 + 0.1, sym(3/7 + 0.1), vpa(sym(3/7 + 0.1))
```

7.3　在不加专门指定的情况下,以下符号表达式中的哪一个变量被认为是独立自由变量?

```
sym('sin(w * t)') , sym('a * exp( - X)' ) , sym('z * exp(j * theta)')
```

7.4　求符号矩阵$\boldsymbol{A}=\begin{pmatrix} a_{11} & a_{12} & a_{13} \\ a_{21} & a_{22} & a_{23} \\ a_{31} & a_{32} & a_{33} \end{pmatrix}$的行列式值和逆。

7.5　对函数$f(k)=\begin{cases} a^k & k\geqslant 0 \\ 0 & k<0 \end{cases}$,当$a$为正实数时,求$\sum_{k=0}^{\infty} f(k)z^{-k}$。

7.6　对于$x>0$,求$\sum_{k=0}^{\infty}\frac{2}{2k+1}\left(\frac{x-1}{x+1}\right)^{2k+1}$。(提示:理论结果为$\ln x$。)

7.7　求出$\int_{-5\pi}^{1.7\pi} \mathrm{e}^{-|x|}|\sin x|\mathrm{d}x$的具有64位有效数字的积分值。

7.8　计算二重积分$\int_1^2\int_1^{x^2}(x^2+y^2)\mathrm{d}y\mathrm{d}x$。

7.9　在$[0,2\pi]$区间,画出$y(x)=\int_0^x \frac{\sin t}{t}\mathrm{d}t$曲线,并计算$y(4.5)$。

7.10　求$y(n)=\int_0^{\frac{\pi}{2}}\sin^n x\mathrm{d}x$的一般积分表达式,并计算$y\left(\frac{1}{3}\right)$的32位有效数字表达值。

7.11　求方程$x^2+y^2=1, xy=2$的解。

7.12　求微分方程$\frac{y\dot{y}}{5}+\frac{x}{4}=0$的通解,并绘制任意常数为1时解的图形。

7.13　求一阶微分方程$\dot{x}=at^2+bt, x(0)=2$的解。

7.14　求初值问题$\frac{\mathrm{d}f}{\mathrm{d}x}=3f+4g$, $\frac{\mathrm{d}g}{\mathrm{d}x}=-4f+3g$, $f(0)=0$, $g(0)=1$的解。

第 8 章　Simulink 交互式集成仿真环境

Simulink 是 MATLAB 下的数字仿真工具，是一个用来对动态系统进行建模、仿真和综合分析的集成软件包。它支持连续、离散及两者混合的线性和非线性系统的仿真；支持具有多种采样速率的多速率系统的仿真；也支持单任务、多任务离散事件系统的仿真。

在 Simulink 提供的图形用户界面(GUI)上，只要用鼠标进行简单的拖拉操作就可以用“画出”系统框图的方式，构造出复杂的仿真模型。它外表以方框图形式呈现，具有分层结构图形建模，有着直观、方便、灵活的优点。一般来说，Simulink 的功能有两部分，其一是系统建模，其二是系统分析。当然，对于控制系统的设计者来说，这两部分是一个连贯的整体。但是从解决问题的方法上来说，还是有区别的。因为建立好模型之后，可以在 Simulink 环境下直接分析，也可以在 MATLAB 指令窗中使用 MATLAB 指令进行分析。当然，所得结果是相同的。

本章介绍 Simulink 的模块库、实际建模方法、各种仿真技巧以及子系统和封装。

8.1　Simulink 启动与模型库

在 MATLAB 指令窗中键入

```
>> simulink
```

或者单击 MATLAB 默认窗口中的 Simulink 图标

(如图 8.1 所示)，便打开 Simulink 模块库浏览器(Simulink Library Browser)窗口，如图 8.2 所示。其中，窗口的右边是 Simulink 模块库的各个子库图标，双击对应的子库图标，就会打开该子库。

Simulink 模块库包括以下 16 个子模块库：

- Commonly Used Blocks
- Continuous
- Discontinuities
- Discrete
- Logic and Bit Operations
- Lookup Tables
- Math Operations
- Model Verification
- Model-Wide Utilities

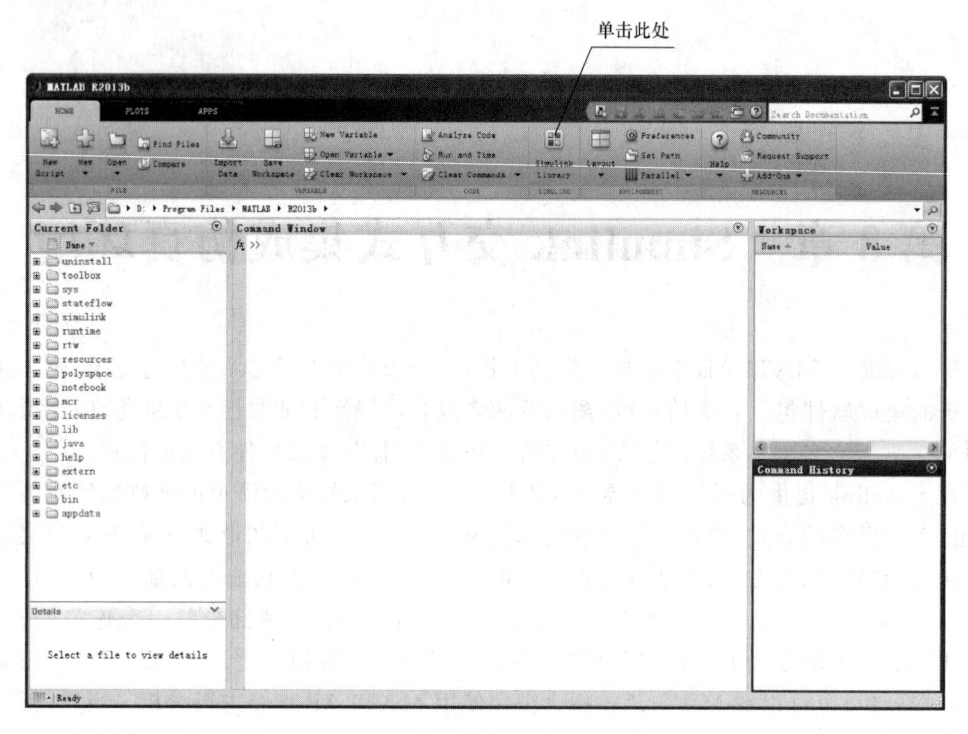

图 8.1 从 MATLAB 进入 Simulink 环境

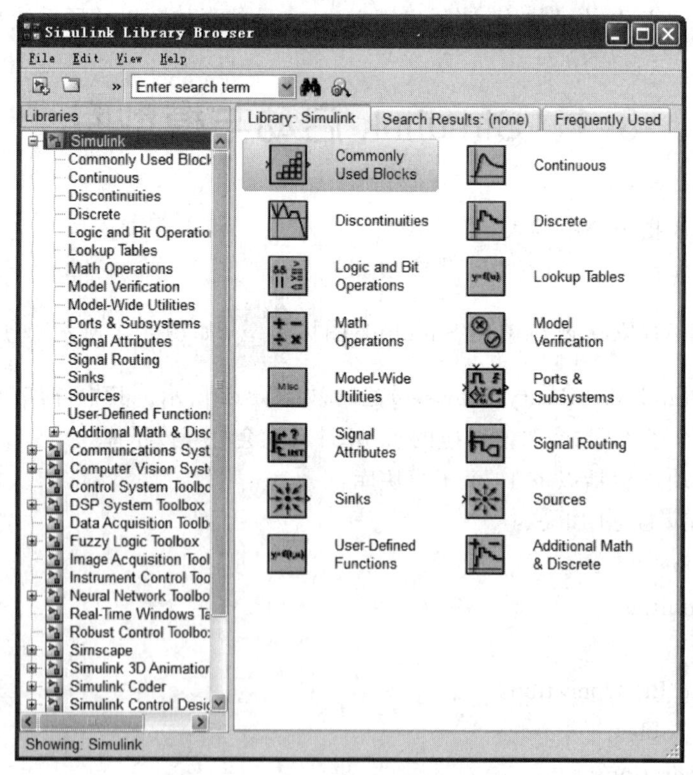

图 8.2 Simulink 模块库浏览器

- Ports &Subsystems
- SignalAttributes
- Signal Routing
- Sinks
- Sources
- User-Defined Functions
- Additional Math &Discrete

通常使用得较为普遍的是 Continuous、Discontinuities、Discrete、Math Operations、Sinks、Sources 和 User-Defined Functions 等子模块库。下面逐一介绍常用子模块库。

1. 信号源子模块库(Sources)

信号源子模块库用来向模型提供信号。它没有输入口,而至少有一个输出口。信号源子模块库中有许多标准的信号源,如表 8.1 所示。

表 8.1　信号源模块的功能

模　块	功　能	模　块	功　能
Band-Limited White Noise	带限白噪声	Pulse Generator	脉冲发生器
Chirp Signal	快速正弦扫描	Ramp	斜坡信号
Clock	时钟	Random Number	随机信号
1 Constant	常数	Repeating Sequence	重复序列
Counter Free-Running	自运行计数器	Repeating Sequence Interpolated	重复插值序列
lim Counter Limited	有限计数器	Repeating Sequence Stair	重复阶梯序列
12:34 Digital Clock	数字时钟	Signal 1 Signal Builder	信号生成器
untitled.mat From File	从文件读数据	Signal Generator	信号发生器
simin From Workspace	从工作空间读数据	Sine Wave	正弦波
Ground	接地	Step	阶跃信号
1 Inl	创建输入端	Uniform Random Number	均匀随机信号

【说明】

- 如果想了解某个具体模块的详细功能和使用方法,可以用鼠标右键单击该模块图标,则可以得到相应的帮助信息。例如,如果想要了解"Clock"模块的使用方法,用鼠标右键单击该模块图标,并在下拉菜单(如图 8.3 所示)中选择第二项,则 MAT-

LAB 会提供该模块的帮助信息。

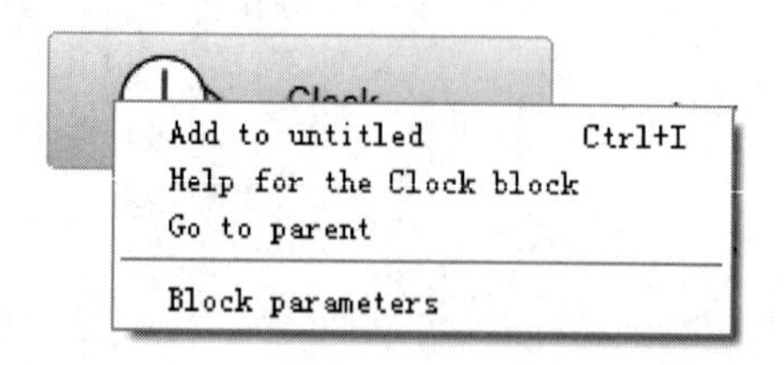

图 8.3 获取"Clock"模块的帮助信息

2. 输出子模块库(Sinks)

输出子模块库用来输出仿真结果。它没有输出口,而至少有一个输入口。表 8.2 列出了输出子模块库中模块的名称与功能。

表 8.2 输出模块一览

模 块	功 能	模 块	功 能
Display	实时数据显示	Terminator	通用终端
Floating Scope	悬浮示波器	untitled.mat To File	输出到文件
1 Out1	创建输出端	simout To Workspace	输出到工作空间
Scope	示波器	XY Graph	X-Y 关系图
STOP Stop Simulation	输入非 0 时停止仿真		

3. 连续系统子模块库(Continuous)

连续系统子模块库提供了包括连续系统模型、微积分等运算的模块,其主要功能模块如表 8.3 所示。

表 8.3 连续系统模块的功能

模 块	功 能	模 块	功 能
du/dt Derivative	微分	Transport Delay	传输延时
$\frac{1}{s}$ Integrator	积分	To Variable Time Delay	可变延时输出
x'=Ax+Bu y=Cx+Du State-Space	状态空间模型	To Variable Time Delay	可变传输延时
$\frac{1}{s+1}$ Transfer Fcn	传递函数	$\frac{(s-1)}{s(s+1)}$ Zero-Pole	零-极点
PID(s) PID Controller	PID 控制器		

4. 离散系统子模块库(Discrete)

离散系统子模块库提供了包括离散系统模型、滤波器等运算模块，其主要功能模块如表 8.4 所示。

表 8.4　离散系统主要模块的功能

模　　块	功　　能	模　　块	功　　能
$\frac{K(z-1)}{Tsz}$ Discrete Derivative	差分	$\frac{K\,Ts}{z-1}$ Discrete-Time Integrator	离散时间积分
$\frac{1}{1+0.5z^{-1}}$ Discrete Filter	离散滤波器	First-Order Hold	一阶保持器
y(n)=Cx(n)+Du(n) x(n+1)=Ax(n)+Bu(n) Discrete State-Space	离散状态空间	$\frac{1}{z}$ Unit Delay	单位延迟采样保持
$\frac{1}{z+0.5}$ Discrete Transfer Fcn	离散传递函数	Zero-Order Hold	零阶保持器
$\frac{(z-1)}{z(z-0.5)}$ Discrete Zero-Pole	离散零-极点	PID(z) Discrete PID Controller	离散 PID 控制器

5. 数学运算子模块库(Math)

数学运算子模块库提供了各种用于数学运算的模块，包括数学运算和复数运算等，其主要功能模块如表 8.5 所示。

表 8.5　主要数学运算模块的功能

模　　块	功　　能	模　　块	功　　能
|u| Abs	求绝对值	× Product	积或商
|u| ∠u Complex to Magnitude-Angle	复数的模和幅角	Re Im Real-Imag to Complex	实部和虚部合成复数
Re Im Complex to Real-Imag	复数的实部和虚部	floor Rounding Function	取整函数
• Dot Product	点乘	Sign	符号函数
1 Gain	常数增益	1 Slider Gain	可变增益
|u| ∠u Magnitude-Angle to Complex	模和幅角合成复数	++ Sum	求和
e^u Math Function	数学运算函数	sin Trigonometric Function	三角函数
min MinMax	求最小/最大		

6. 间断运算子模块(Discontinuities)

间断运算子模块库提供了开关、饱和、继电器等具有间断特性的运算模块,其主要功能模块如表 8.6 所示。

表 8.6 主要间断运算模块的功能

模 块	功 能	模 块	功 能
Backlash	间隙	Rate Limiter Dynamic	动态速率限制器
Dead Zone	死区	Relay	继电器
Dead Zone Dynamic	动态死区	Saturation	饱和
Quantizer	量化	Saturation Dynamic	动态饱和
Rate Limiter	速率限制器		

7. 用户自定义函数子模块(User-Defined Functions)

用户自定义函数子模块提供了各种用户自己编写的函数模块,其主要功能模块如表 8.7 所示。

表 8.7 用户自定义函数主要模块的功能

模 块	功 能	模 块	功 能
Interpreted MATLAB Fun Interpreted MATLAB Fun...	调用自编 M 函数文件	u fcn y MATLAB Function	嵌入式自编 M 函数文件
f(u) Fcn	自编程序语句	system S-Function	调用自编 S-函数

8.2 仿真结构图

Simulink 是一个具有很多功能的软件包,在此不可能用较短的篇幅来描述其全部功能。下面通过一个实例,简要地介绍如何在 Simulink 环境下建模和仿真过程。

例 8.1 控制系统如图 8.4 所示。试在 Simulink 环境下构建系统的方框图,并对系统的阶跃响应进行仿真。

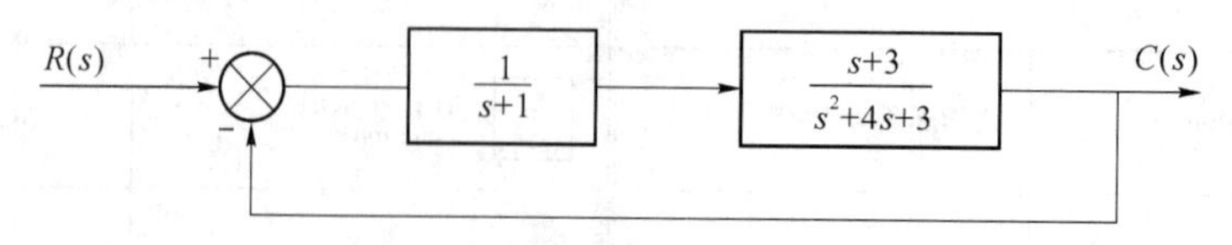

图 8.4 控制系统结构图

建模和仿真过程如下。

(1) 进入 Simulink 环境

单击 MATLAB 默认窗口中的 Simulink 图标 Simulink Library ，进入如图 8.2 所示的 Simulink 模块库浏览器窗口。

单击“新建”图标，就打开一个名为 untitled 的空白模型窗口，如图 8.5 所示。

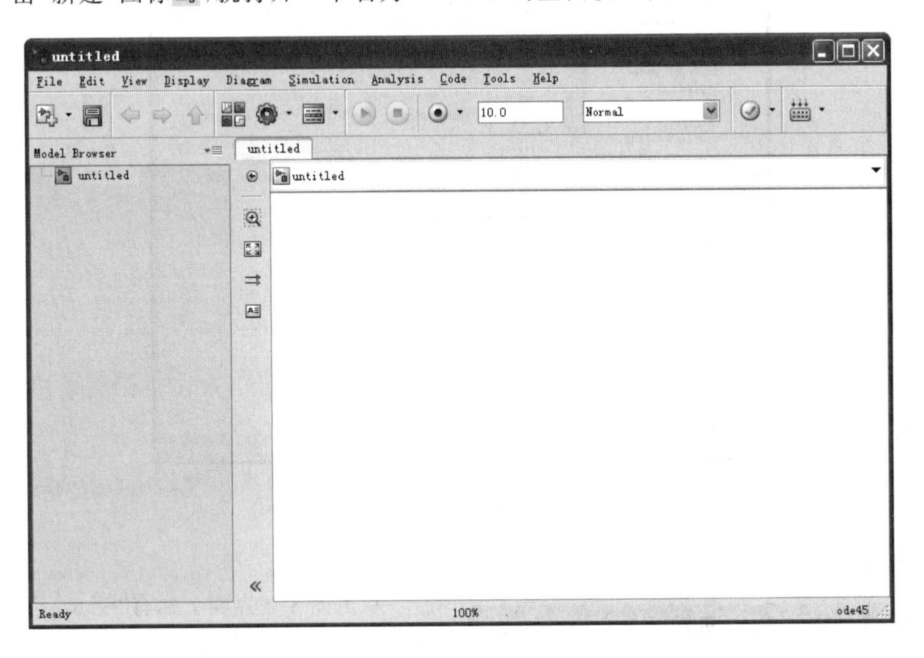

图 8.5　Simulink 的新建模型窗口

该模型窗口上边是选择菜单，包括“File”“Edit”“Help”等 Windows 常用菜单和“View”“Simulation”“Diagram”等 Simulink 独有的菜单项。选择菜单下边是工具档，包括“新建”“存储”“运行”等常用命令的快捷图标。中间大片的空白部分是仿真环境的主体，系统方框图的搭建就在这里进行。最下边一行是状态栏，显示仿真环境当前的状态以及仿真算法。

系统的方框图就是通过选择图 8.2 子模块库中的模块来搭建的。

(2) 进入连续系统子模块库，选择传递函数模块

双击图 8.2 界面上标有“Continuous”的图标，进入如图 8.6 所示的连续系统子模块库。

因为原系统的开环传递函数由两个环节构成，所以要用鼠标左键将“Transfer Fcn”图标 $\frac{1}{s+1}$ 拖入如图 8.5 所示 Simulink 新建模型窗口中两次，形成两个传递函数模块(Transfer Fcn 和 Transfer Fcn1)，双击 Transfer Fun 模块，进入图 8.7 的界面。

在图 8.7 界面下可以设置传递函数的系数，其表达方式和 MATLAB 环境下相同：“Numerator”选项是传递函数分子多项式系数的降幂排列，“Denominator”选项是分母多项式系数的降幂排列。将原系统开环传递函数的两个环节的系数分别填入这两个传递函数模块相应的栏中。

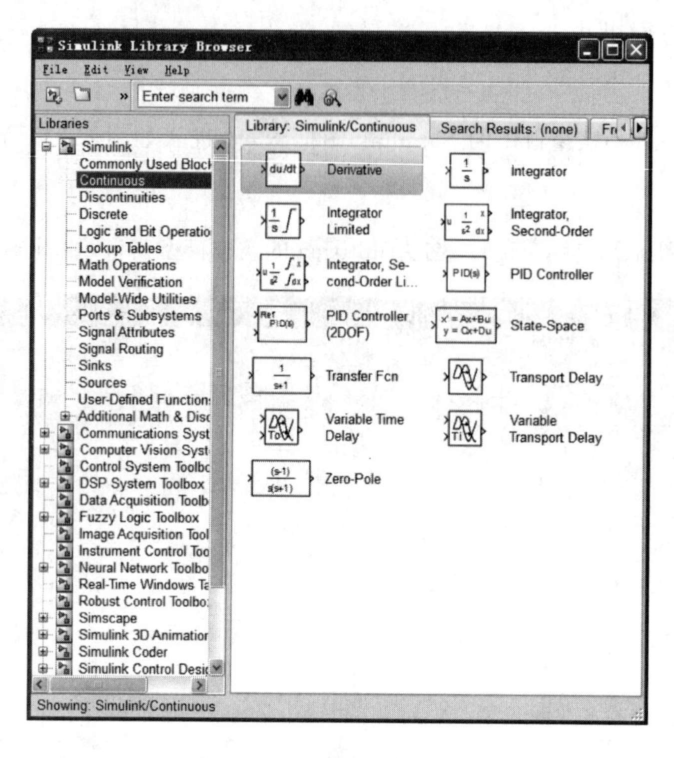

图 8.6　连续系统子模块库

(3) 进入信号源子模块库,选取阶跃函数

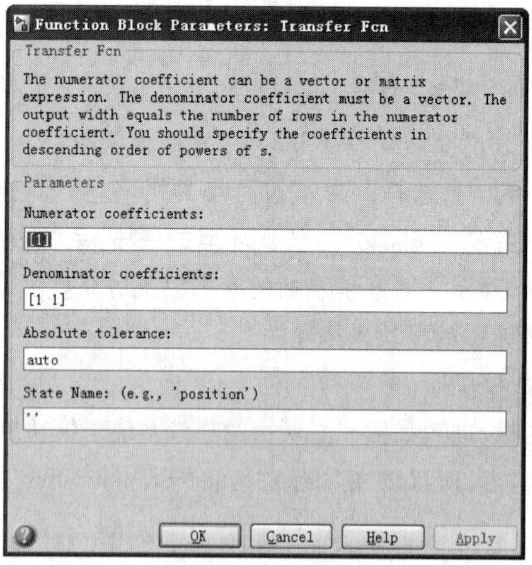

双击图 8.2 界面上标有“Sources”的图标,进入如图 8.8 所示的信号源子模块库。选择标有“Step”的图标,用鼠标拖入如图 8.5 所示的 Simulink 新建模型窗口中,形成一个阶跃函数输入模块。需要注意的是,Step 模块默认的起始时间是第 1 秒而不是第 0 秒。双击该模块可以对仿真初始时间和阶跃值的大小进行设置,不过对仿真的影响不大,这里就不设置了。

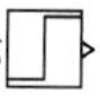

(4) 进入输出子模块库,选择输出方式

双击图 8.2 界面上标有“Sinks”的图标,进入如图 8.9 所示的输出子模块库。选择标有“Scope”的示波器图标,将其拖入如图 8.5 所示的 Simulink 新建模型窗口中。该模块的参数也可以设置,不过本例只使用默认参数。

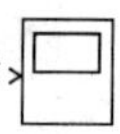

图 8.7　设置系统的传递函数

(5) 进入数学运算子模块库,选取求和函数

双击图 8.2 界面上标有“Math Operations”的图标,进入如图 8.10 所示的数学运算模块子库。选择标有“Sum”的求和函数图标,将其拖入如图 8.5 所示的 Simulink 新建

模型窗口中。双击将其设置成负反馈形式“|+ -”，使设置完毕的 Sum 模块变为⊕形式，如图 8.11 所示。这样就可以一端接入输入信号，另一端接收输出的反馈信号，形成负反馈了。

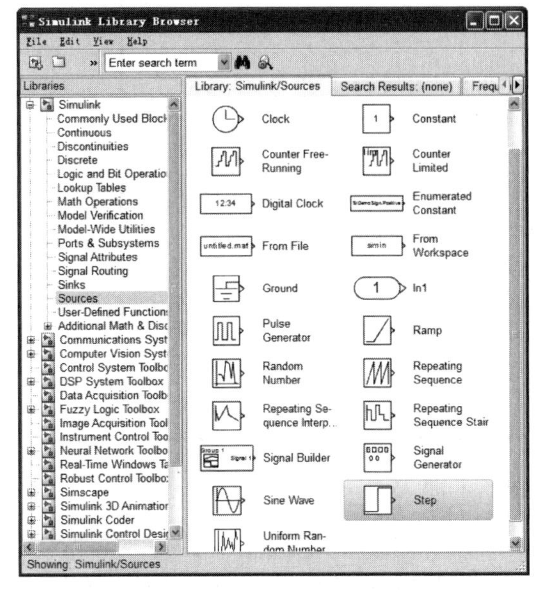

图 8.8　信号源子模块库

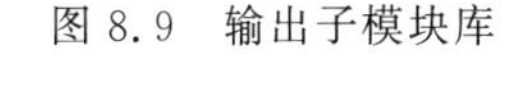

图 8.9　输出子模块库

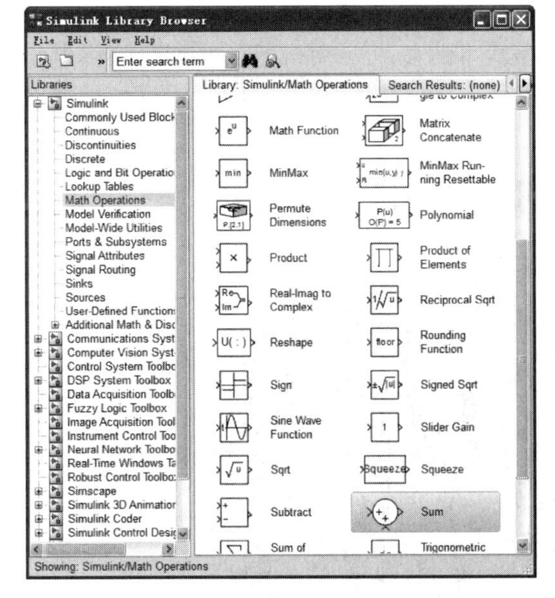

图 8.10　数学运算子模块库

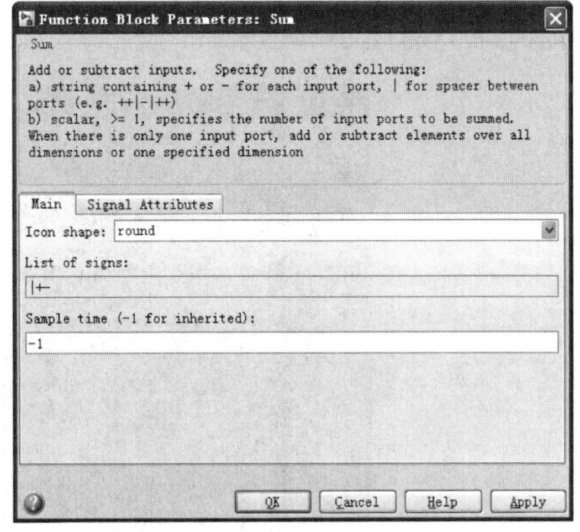

图 8.11　设置 Sum 模块

(6) 连接各元件，构成闭环传递函数并仿真

现在回到如图 8.5 所示的 Simulink 新建模型窗中，用鼠标画线，将各个模块连接成一个完整的方框图，如图 8.12 所示。

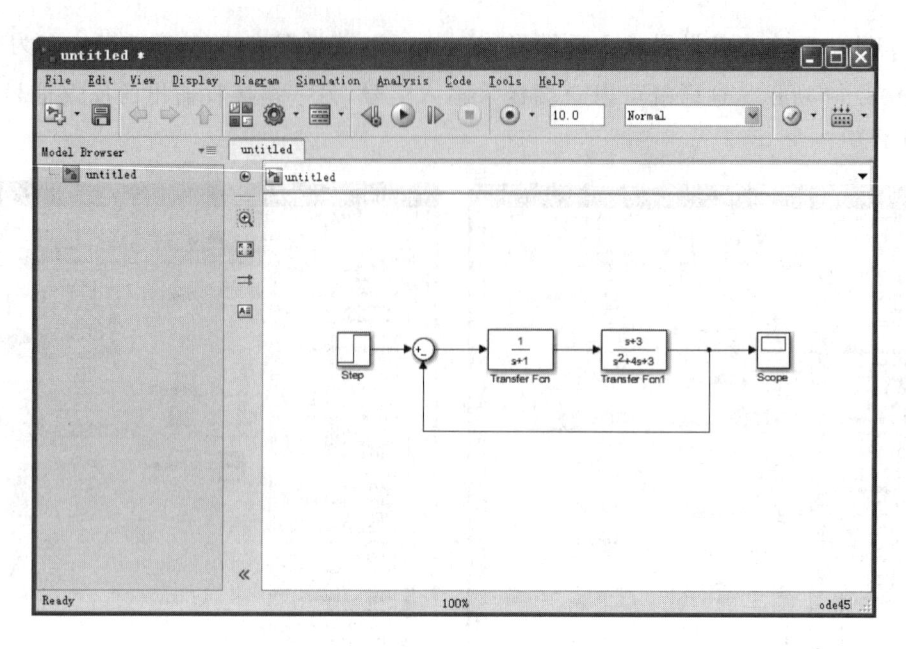

图 8.12　控制系统的 Simulink 模型

搭建好系统的 Simulink 模型后,就可以进行仿真了。用鼠标单击图 8.12 界面上的“仿真启动”图标,Simulink 便自动运行仿真环境下的系统方框图模型。不过运行结束后还不能直接看到结果,必须双击界面上的“Scope”模块,才可以看到如图 8.13 所示的系统阶跃响应曲线。如果对仿真结果图形的显示格式不满意,可以用鼠标右击该图,在弹出的菜单中选择“Autoscale”,即可调整图形的显示方式。也可以根据用户需求,用鼠标适当调节图形窗口的长度和高度比例。

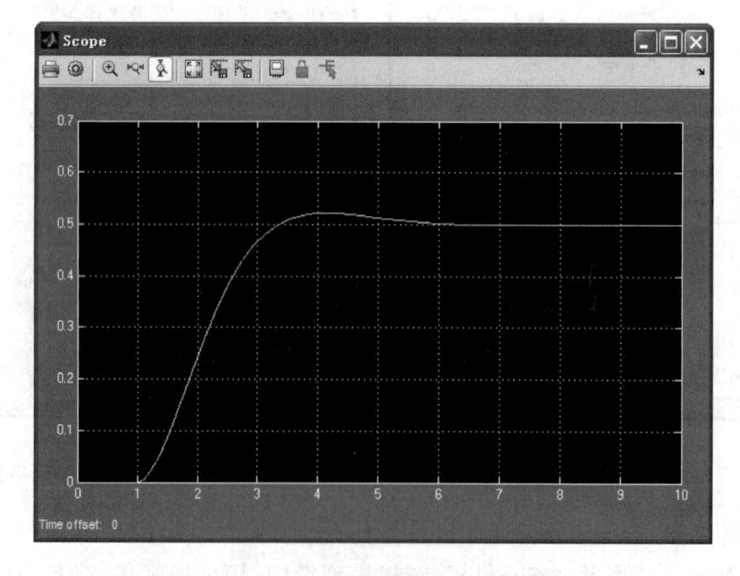

图 8.13　系统阶跃响应曲线

至此,完成了如图 8.4 所示控制系统的建模和仿真。

上面就是一个简单的 Simulink 环境下三阶系统仿真的例子。从求解过程中可以看出,在 Simulink 环境下构建的系统模型和通常使用的控制系统方框图非常相似,系统的结构和各环节之间的关系一目了然。

例 8.1 的系统非常简单,手工编制 MATLAB 程序求解也不是很困难,因而还不能完全体现 Simulink 在系统建模方面的优势。对于那些有几十个、上百个环节的控制系统,这种可视化的建模方法就比单纯在文字界面下输入方便了不知多少倍。对于不习惯编程处理控制系统仿真的工程技术人员,甚至不用编写一条程序就可以完成相当复杂的控制系统的模型构建和仿真。

在系统的 Simulink 模型构建完后,可以将其存盘。Simulink 模型是以 ASCII 码的形式存储的.mdl 文件(称为 MDL 模型文件)。这种文件的保存是标准的 Windows 操作,即利用"Save"图标、菜单"File:Save"或"File:Save As"都可以实现存盘(假设保存名为 exam8_1. mdl)。

如果要打开一个已有系统的 Simulink 模型,通常有下列两种方法:

- 单击 Simulink 模块库浏览器或某一模型窗口中的"File:Open"图标;
- 在 MATLAB 指令窗中键入需要打开的模型的名字(不要包括扩展名. mdl),假如文件不在当前目录或 MATLAB 搜索路径上,则还需注明路径目录。

8.3 仿真的配置

Simulink 模型实际上是一个计算机程序,它定义了描写被仿真系统的一组微分或差分方程。当选中模型窗中的"仿真启动"图标后,Simulink 就开始用一种数值解算方法去求解方程。

在进行仿真前,如果用户不采用系统默认的仿真设置,就必须对各种仿真参数进行配置(Configuration),其中主要包括:仿真的起始时间和终止时间的设定;仿真步长的选择;各种仿真容差的选定;解算器的选择。

在模型窗中(参见图 8.12)的 Simulation 菜单下选择其中的仿真参数配置子菜单(Model Configuration Parameters),就会弹出一个仿真参数配置窗口,如图 8.14 所示。

在图 8.14 的对话框中有若干个标签,常用的标签为仿真时间(Simulation time)和解算器选项(Solver options)。对于一般用户而言,在这两个标签中的对话框就可以完成求解算法及仿真参数的设置。

1. 仿真时间的设置

在图 8.14 的仿真时间对话框中可以修改仿真的初始时间和终止时间(默认设置分别为 0 和 10)。这里的时间的概念与真实时间并不一样,只是计算机仿真中对时间的一种表示。比如,10 秒的仿真时间,如果计算步长定为 0.1,则需要执行 100 步;若把步长减小,则计算点增加,实际的执行时间就会增加。一般仿真开始时间设为 0,而结束时间视不同的因素而选择。

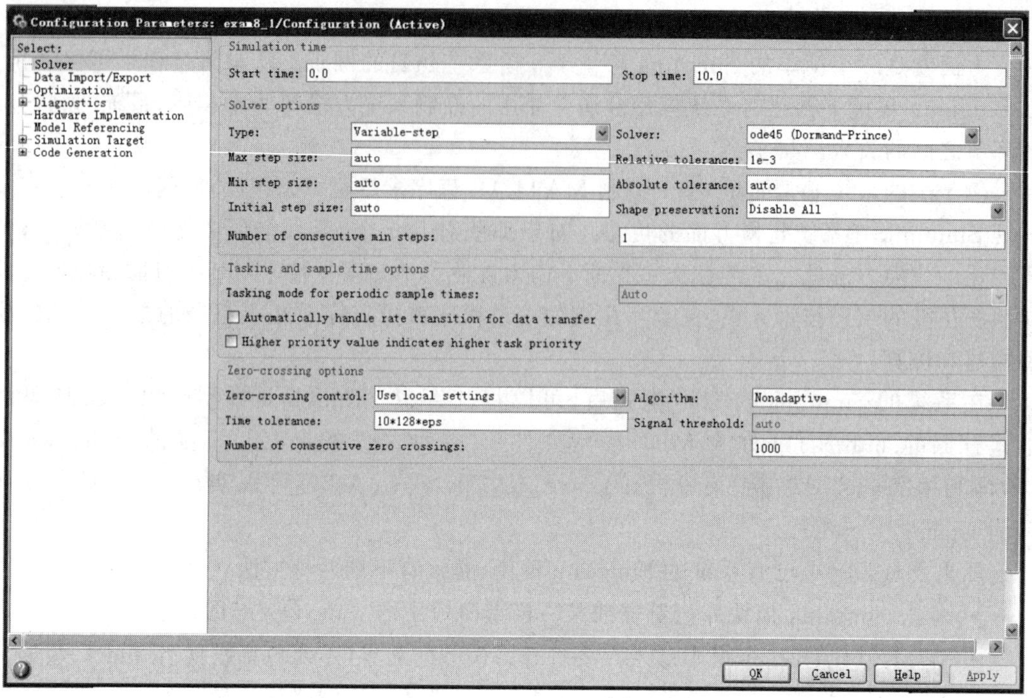

Configuration Parameters: exam8_1/Configuration (Active)

Select:
Solver
Data Import/Export
Optimization
Diagnostics
Hardware Implementation
Model Referencing
Simulation Target
Code Generation

Simulation time
Start time: 0.0 Stop time: 10.0

Solver options
Type: Variable-step Solver: ode45 (Dormand-Prince)
Max step size: auto Relative tolerance: 1e-3
Min step size: auto Absolute tolerance: auto
Initial step size: auto Shape preservation: Disable All
Number of consecutive min steps: 1

Tasking and sample time options
Tasking mode for periodic sample times: Auto
Automatically handle rate transition for data transfer
Higher priority value indicates higher task priority

Zero-crossing options
Zero-crossing control: Use local settings Algorithm: Nonadaptive
Time tolerance: 10*128*eps Signal threshold: auto
Number of consecutive zero crossings: 1000

OK Cancel Help Apply

图 8.14 Simulation 仿真参数配置窗口

2. 解算器的选择

在解算器选项的解算器(Solver)框中可以选择不同的解算器(即求解算法),定步长(Fixed-step)下支持的算法如图 8.15(a)所示,变步长(Variable-step)下支持的算法如图 8.15(b)所示。一般情况下,连续系统仿真应该选择 ode45 变步长算法(默认设置)或者定步长的 ode4(即 RK4)算法,而离散系统一般默认地选择定步长的 discrete(no continuous states)算法。

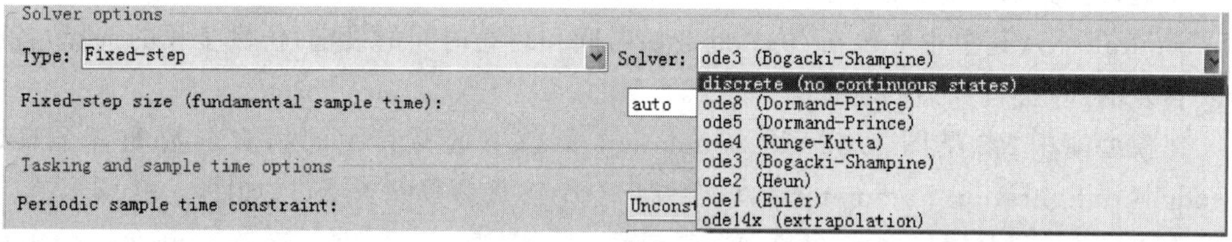

Solver options
Type: Fixed-step Solver: ode3 (Bogacki-Shampine)
Fixed-step size (fundamental sample time): auto
Tasking and sample time options
Periodic sample time constraint: Unconst

discrete (no continuous states)
ode8 (Dormand-Prince)
ode5 (Dormand-Prince)
ode4 (Runge-Kutta)
ode3 (Bogacki-Shampine)
ode2 (Heun)
ode1 (Euler)
ode14x (extrapolation)

(a) 定步长算法

Solver options
Type: Variable-step Solver: ode45 (Dormand-Prince)
Max step size: auto Relative tolerance:
Min step size: auto Absolute tolerance:
Initial step size: auto Shape preservation:
Number of consecutive min steps: 1

discrete (no continuous states)
ode45 (Dormand-Prince)
ode23 (Bogacki-Shampine)
ode113 (Adams)
ode15s (stiff/NDF)
ode23s (stiff/Mod. Rosenbrock)
ode23t (mod. stiff/Trapezoidal)
ode23tb (stiff/TR-BDF2)

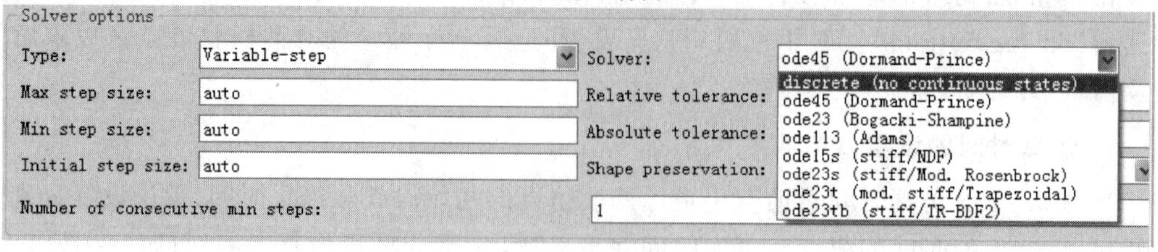

(b) 变步长算法

图 8.15 Simulink 解算器的选择

3. 计算步长的选择

定步长算法的计算步长可以通过在图 8.15(a)中 Fixed-step size 框填入需要的步长参数进行选择，也可以依赖计算机自动选择步长(即采用默认设置)；而对于变步长算法，则建议最大步长(Max step size)、最小步长(Min step size)和初始步长(Initial step size)使用默认(即 auto)设置，如图 8.15(b)所示。

8.4 Simulink 仿真实例与技巧

8.4.1 仿真结果的输出

在完成了仿真参数的设置和仿真算法的选择后，就可以启动仿真。Simulink 会自动将系统结构图转换成状态空间模型并调用所选择的算法进行计算。为了得到所需要的仿真结果，除了可以直接采用 Scope 模块显示仿真结果曲线外，还可以将仿真结果数据传送到 MATLAB 工作空间中，利用 plot 指令绘制相应的图线。

例 8.2　考虑如图 8.16 所示的直流电机拖动系统，试研究外环 PI 控制器对系统阶跃响应的影响。

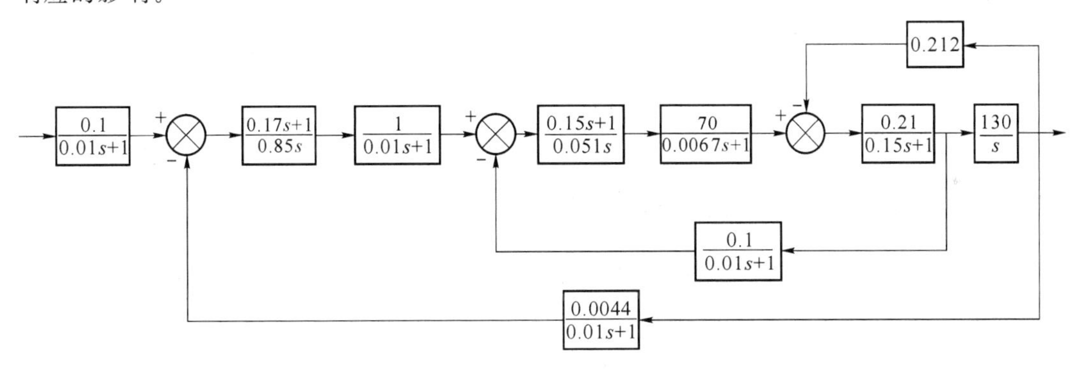

图 8.16　直流电机拖动系统

构建系统的 Simulink 模型，如图 8.17 所示。

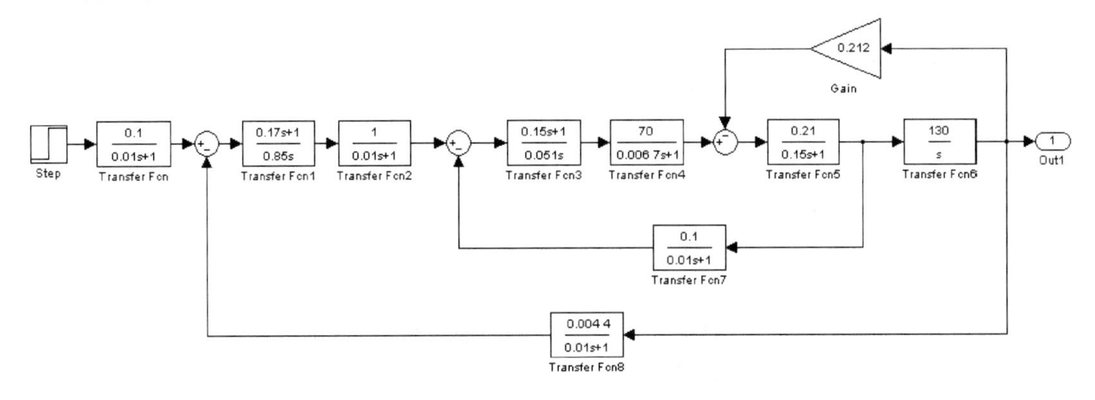

图 8.17　直流电机拖动系统的 Simulink 模型

启动仿真后,可以立即得出仿真结果,该结果将自动返回 MATLAB 工作空间中,其中时间变量名默认为 tout,输出信号的变量名默认为 yout。在 MATLAB 指令窗中键入

```
>> plot(tout,yout,'k');grid;
```

得到如图 8.18(a)所示的阶跃响应曲线。显然,该曲线不是很理想,超调量较大。为此,可以将外环的 PI 控制器参数调整为$\frac{as+1}{0.85s}$,并分别选择 $a=0.17,0.5,1,1.5$,则可以得到如图 8.18(b)所示的仿真结果。可以看出,如果选择 PI 控制器为$\frac{1.5s+1}{0.85s}$,就能够得到较为满意的控制效果。

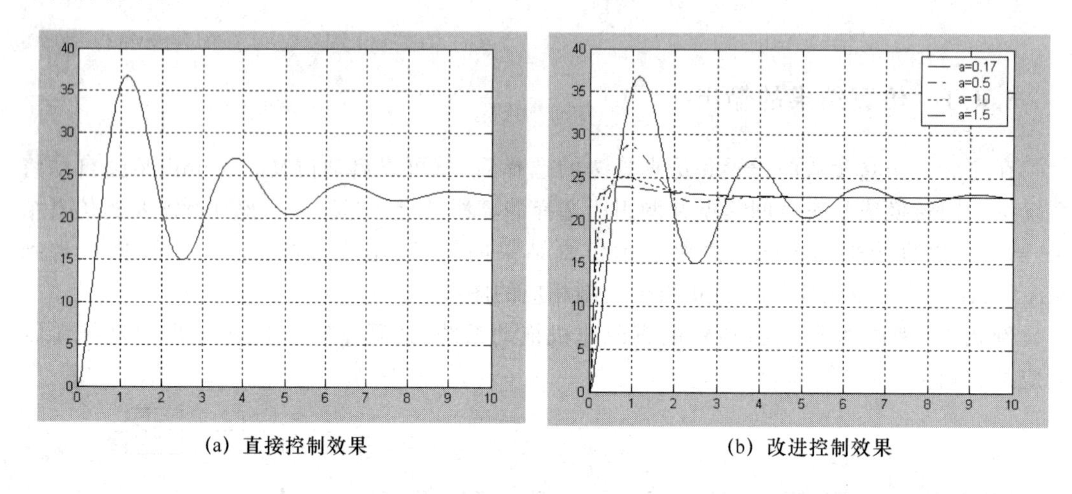

(a) 直接控制效果　　(b) 改进控制效果

图 8.18　直流电机拖动系统的阶跃响应

8.4.2　微分方程的 Simulink 仿真

Simulink 除了能将用系统结构图描述的数学模型进行构模仿真外,也可以把微分方程模型采用图形表示。

例 8.3　考虑著名的 Van de Pol 方程

$$\ddot{y}+(y^2-1)\dot{y}+y=0$$
$$y(0)=0,\dot{y}(0)=0.25$$

试绘制其相轨迹($0\leqslant t\leqslant 20$)。

选择状态变量

$$x_1=y$$
$$x_2=\dot{y}$$

则有如下非线性状态方程及初始条件:

$$\begin{cases}\dot{x}_1=x_2 & x_1(0)=0\\ \dot{x}_2=-(x_1^2-1)x_2-x_1 & x_2(0)=0.25\end{cases}$$

第 1 个方程可以看成是将 x_2 信号作为一个积分器的输入端,积分器的输出将成为 x_1 信号。同样,x_2 信号本身也可以看成是一个积分器的输出,而积分器的输入端信号应该为$-x_2(x_1^2-1)-x_1$。于是,利用 Simulink 提供的各种模块可以得到如图 8.19 所示的仿真结构。

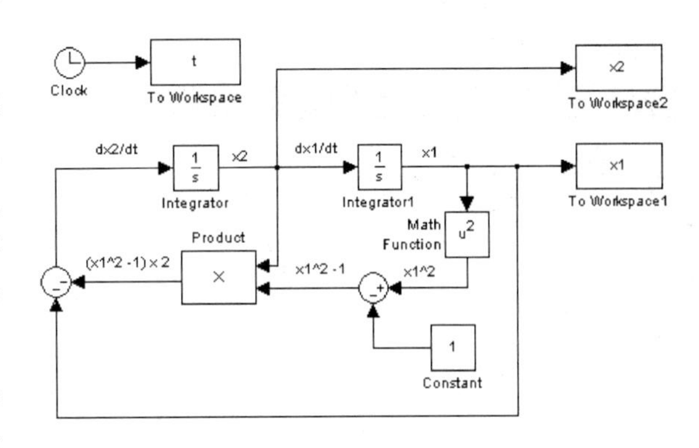

图 8.19　Van der Pol 方程的 Simulink 模型

可以看出，在 Simulink 模型中，除了有各个模块及其连接之外，还给出了各个信号的文字描述。在 Simulink 模型中加入文字描述的方式很简单，在想加文字说明的位置双击鼠标，则将出现字符插入的标示，这时可以将任意的字符串写到该位置。文字描述写到模型中后，可以用鼠标单击并拖到指定位置。

此外，Simulink 模型中有些模块需要将输入端和输出端（通常用于反馈路径）调换一下方向。为此，可以用鼠标单击需要调换方向的模块选中它，则选中的模块的四个角出现小方框黑点，表明它处于选中的状态。然后打开 Simulink 的 Rotate & Flip 菜单（如图 8.20 所示），选择其中的翻转子菜单（Flip Block）即可。

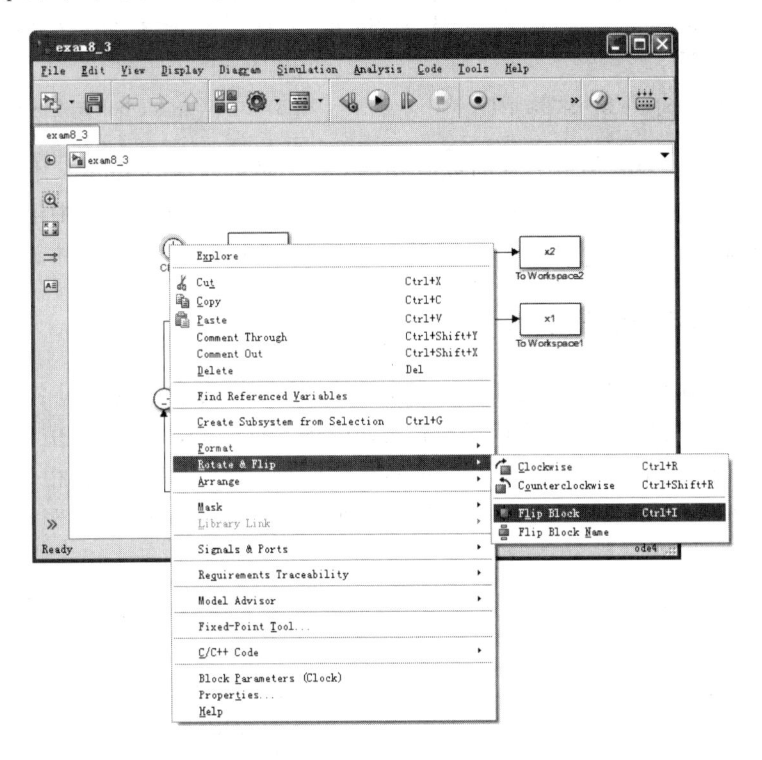

图 8.20　Format 菜单

为了编程工作的需要，本例的仿真结果数据将输出到 MATLAB 工作空间中，故使用了三个 To Workspace 模块。需要注意的是：在该模块的参数设置中，必须在 Save format 栏选择 Array，如图 8.21 所示。

在图 8.14 中的 Stop time 栏中填入仿真结束时间：20，并选择定步长的 ode4 算法（步长＝0.01）。启动仿真后，仿真结果将赋给 MATLAB 工作空间中的变量 t、x1 和 x2。在 MATLAB 指令窗中键入

```
>> plot(x1,x2,'k');grid;
```

得到相轨迹,如图 8.22 所示。

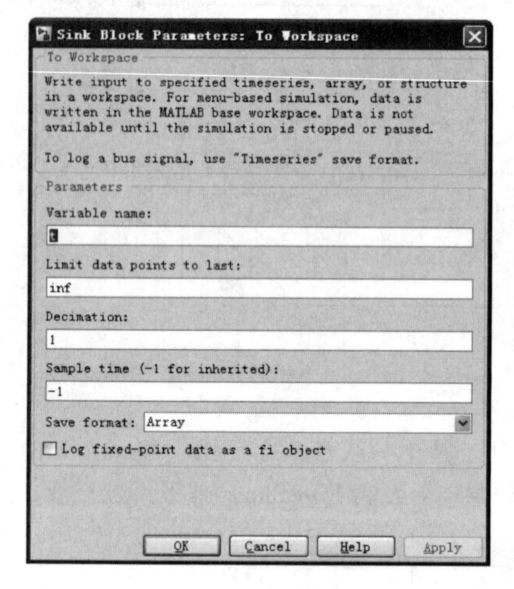

图 8.21 To Workspace 模块的对话框

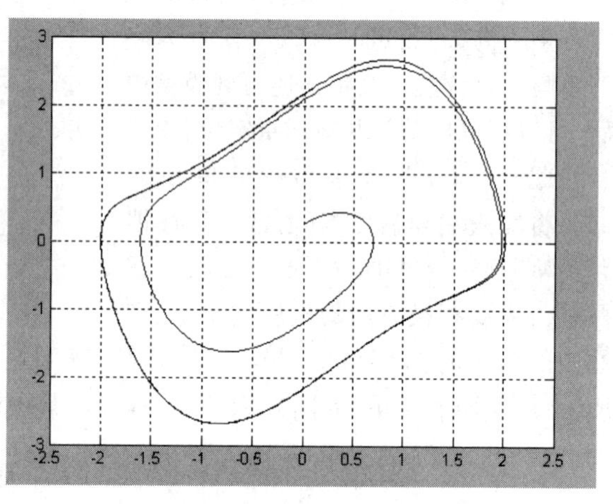

图 8.22 Van der pol 方程的相轨迹

从这个例子可以看出,微分方程的数值运算实际上是可以由 Simulink 用图示的方法完成的。因而可以将这样的思想应用于更复杂系统的建模。在本例的仿真中还涉及两个积分器的初始值,它们可以在积分(Integrator)模块的参数 Initial condition 框中设置。

8.4.3 仿真结构的参数化

Simulink 模型中的参数可以是实际数值,也可以是用字母表示的变量名。用字母表示的变量可以在 MATLAB 的工作空间中赋值,或用 M 文件赋值,然后进行仿真计算。

例 8.4 含有磁滞回环非线性环节的控制系统如图 8.23(a)所示,其中,磁滞回环非线性环节的特性如图 8.23(b)所示。试研究该非线性环节对系统性能的影响($0 \leqslant t \leqslant 3$ s, $r(t)=2 \cdot 1(t)$)。

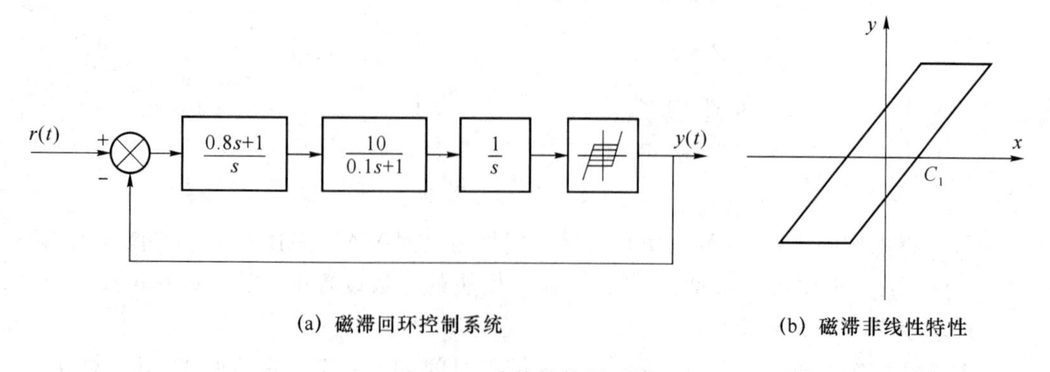

图 8.23 非线性控制系统

构建系统的 Simulink 模型，如图 8.24 所示。为了便于研究问题，将 Backlash 模块的参数 deadband width 栏设置为 C_1。

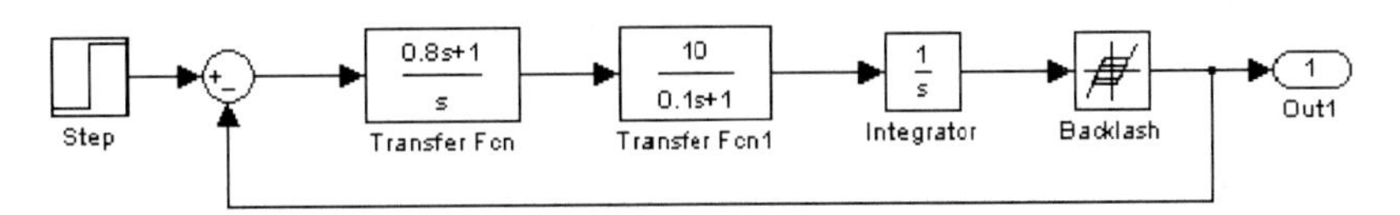

图 8.24　磁滞回环控制系统的 Simulink 模型

在 MATLAB 指令窗中依次运行 C_1 的不同值($C_1=0.5,1,2$)的指令后启动仿真，并在仿真结束后在 MATLAB 指令窗中键入

```
>> plot(tout,yout,'k');
```

得到如图 8.25 所示的仿真曲线。显然，不同磁滞宽度的阶跃响应曲线的形状不相同。需要注意的是，为了将不同 C_1 值对应的阶跃响应曲线绘制在同一坐标轴下，在第一次绘制图形后，应该在 MATLAB 指令窗中运行指令

```
>> hold on
```

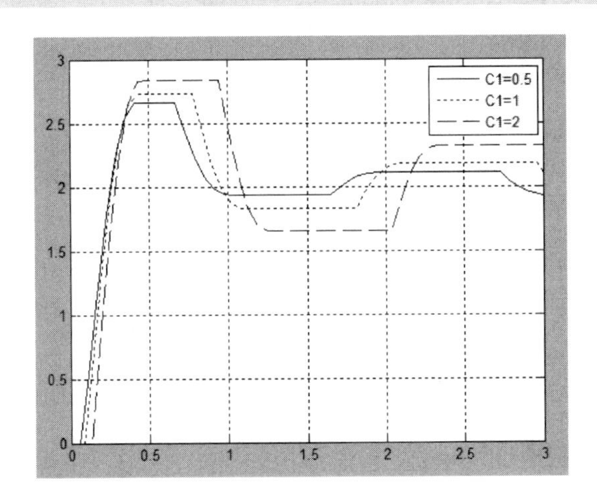

图 8.25　磁滞回环控制系统的阶跃响应

8.4.4　与 M 函数文件的组合仿真

如果 Simulink 模型中存在复杂的非线性环节或复杂的逻辑运算，而在 MATLAB 提供的所有工具箱中都找不到相应的模块，读者可以自己编制一个 M 函数文件，嵌入 Simulink 模型中。

例 8.5　某非线性系统如图 8.26 所示，试求 $r(t)=2\cdot 1(t)$ 时系统的动态响应。

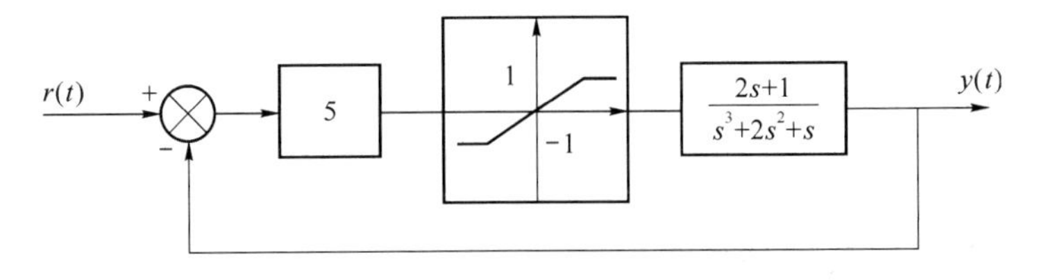

图 8.26　饱和非线性系统

构建系统的 Simulink 模型,如图 8.27 所示。为了研究问题的方便,不采用 Discontinuities 子库中的 Saturation 模块,而选择 User-Defined Functions 子库中的 Interpreted MATLAB Fcn 模块,并将参数 MATLAB Function 栏设置为 saturation_zone。

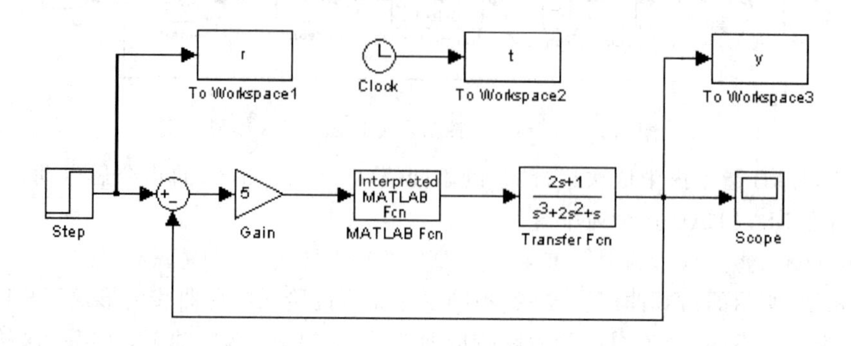

图 8.27　带有 M 函数的非线性系统的 Simulink 模型

然后编制 M 函数文件 Saturation_zone.m,内容如下:

```
% saturation_zone function
function[uo] = saturation_zone (ui)
if  ui> = 1
        uo = 1;
elseif  ui< = -1
        uo = -1;
else
        uo = ui;
end
```

启动仿真后,得到如图 8.28 所示仿真结果。

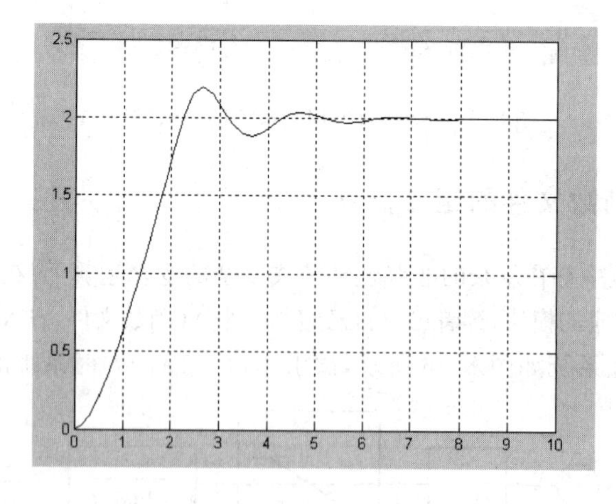

图 8.28　饱和非线性系统的阶跃响应

8.4.5　采样控制系统的仿真

采样控制系统是用数字计算机或数字控制器作为系统的控制器,对连续的被控对象进行控制的一种动态系统。典型的采样控制系统如图 8.29 所示。

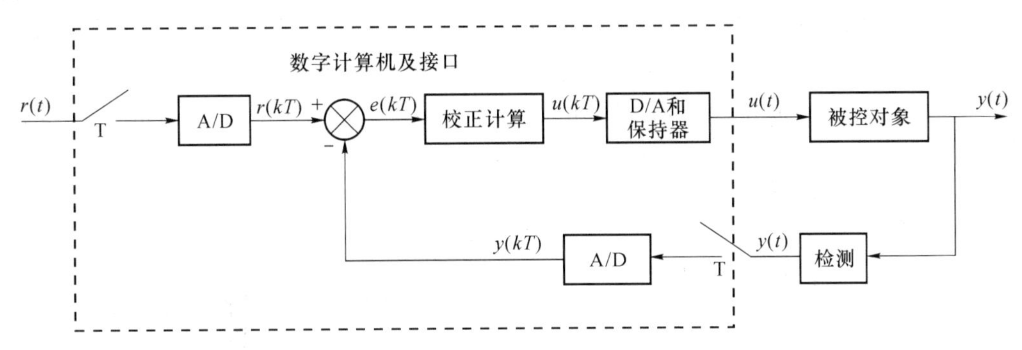

图 8.29　采样控制系统结构框图

被控对象通常为连续时间系统，而数字计算机是离散时间系统，其只能处理数字信号，故在被控对象和计算机之间应有 A/D 和 D/A 转换的接口。图 8.29 中，输入模拟给定 $r(t)$ 经采样器 T(离散化)和 A/D 转换器(数字量化)得到离散的数字给定 $r(kT)$，而被控量 $y(t)$ 经采样器和 A/D 转换器后得到离散的数字反馈 $y(kT)$；然后用 $r(kT)$ 减 $y(kT)$ 即得离散的误差数字信号 $e(kT)=r(kT)-y(kT)$；而离散误差信号 $e(kT)$ 经某种校正运算(控制律)后形成离散的数字控制信号 $u(kT)$，$u(kT)$ 再经 D/A 转换器和保持器转换为连续的模拟控制量 $u(t)$ 并作用于被控对象。

由此可见，计算机控制系统(采样控制系统)是既有连续信号又有离散信号的混合系统，系统按采样周期 T 重复工作，只有在采样时刻，数字控制器才有输出，完成一次控制作用。

尽管图 8.29 中的 A/D 转换、校正运算、D/A 转换实际上是串行工作的而并非同步并行，但随着微处理器的运算速度不断提高，一般可以近似地认为采样开关的工作是同步的，数字控制器对控制信号的处理是瞬时完成的。若忽略量化误差，图 8.29 可等效为图 8.30 (设检测环节的传递函数为 1)。

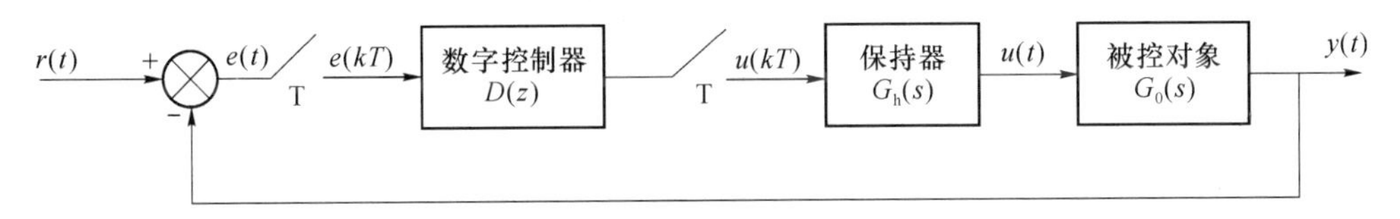

图 8.30　采样控制系统简示

例 8.6　应用 Simulink 求解图 8.31 所示采样系统的单位阶跃响应。

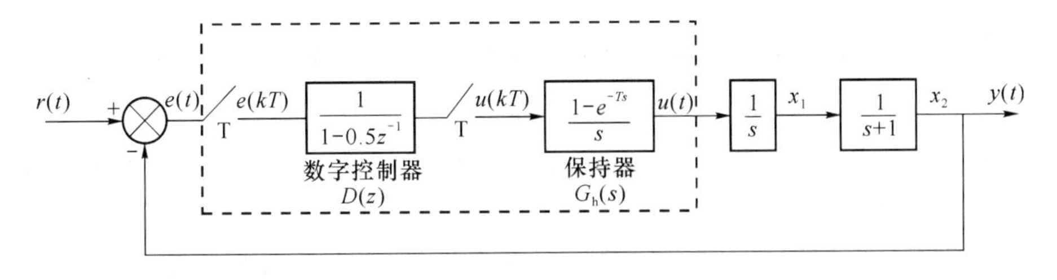

图 8.31　采样控制系统结构图(采样周期为 $T=0.1$ s)

图 8.32 为基于 Simulink 建立的图 8.31 所示采样系统的动态仿真模型。其中，Simulink 会自动在 Discrete Transfer Fcn 模块中加入两个采样开关和一个零阶保持器，形成如

图 8.31 虚线框中的结构,同时可以设定采样周期,简化了采样系统仿真模型的建立。双击仿真模型窗口中的 Discrete Transfer Fcn 模块,打开图 8.33 所示的参数设置对话框。在 Numerator coeffcient 框中填入[1 0];在 Denominator coeffcient 框中填入[1 -0.5];因为采样周期为 $T=0.1$ s,故在 Sample time 框中填入 0.1,按上述设置参数后,单击"OK"按钮,即得图 8.32 中的 Discrete Transfer Fcn 模块。

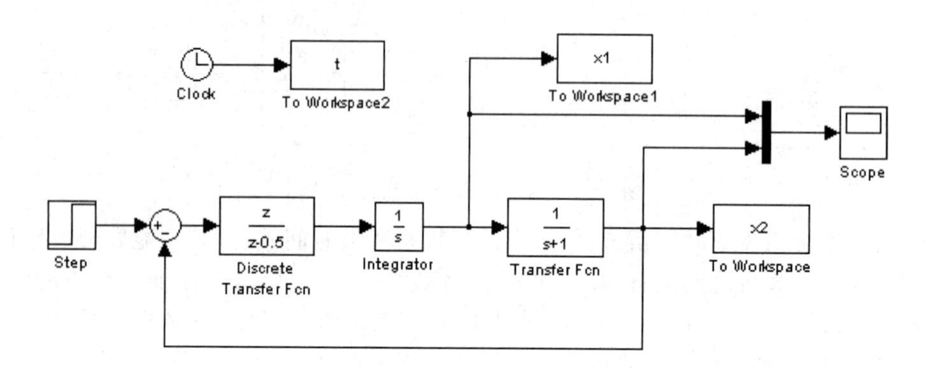

图 8.32 采样系统(图 8.31)的 Simulink 模型

Function Block Parameters: Discrete Transfer Fcn

Discrete Transfer Fcn

Implement a z-transform transfer function. Specify the numerator and denominator coefficients in descending powers of z. The order of the denominator must be greater than or equal to the order of the numerator.

Main | Data Types | State Attributes

Data

	Source	Value
Numerator:	Dialog	[1 0]
Denominator:	Dialog	[1 -0.5]
Initial states:	Dialog	0

External reset: None

Input processing: Elements as channels (sample based)

☐ Optimize by skipping divide by leading denominator coefficient (a0)

Sample time (-1 for inherited): 0.1

OK | Cancel | Help | Apply

图 8.33 Discrete Transfer Fcn 模块参数设置对话框

在建立图 8.32 所示 Simulink 模型的基础上,采用默认的变步长 ode45 算法进行仿真。仿真结束后,双击 Scope 模块,可得 $x_1(t)$和 $x_2(t)$的阶跃响应曲线。也可在仿真时间结束后,执行下列指令,得到图 8.34 所示状态 $x_1(t)$和 $x_2(t)$的单位阶跃响应曲线。

```
>> plot(t,x1,':k',t,x2,'*k');
>> legend('x1','x2');
>> grid;
>> xlabel('time(sec)'),ylabel('x1,x2');
```

以上以单回路采样系统为例阐述了采样控制系统仿真的基本方法。对复杂的控制系统而言，常常包含多个回路，由于其各回路的频宽不同即快慢有异，应针对各回路的快慢情况选择不同的采样周期以提高各回路工作的有效性和合理性，以保证多回路采样控制系统具有优良性能。例如，微机控制的双闭环直流电机调速系统，因电流环的快速性要高于转速环，因此系统设计时，电流采样频率要高于转速采样频率。Discrete Transfer Fcn 模块可以设定采样周期，这使得多速率采样控制系统仿真模型的建立较为简单。

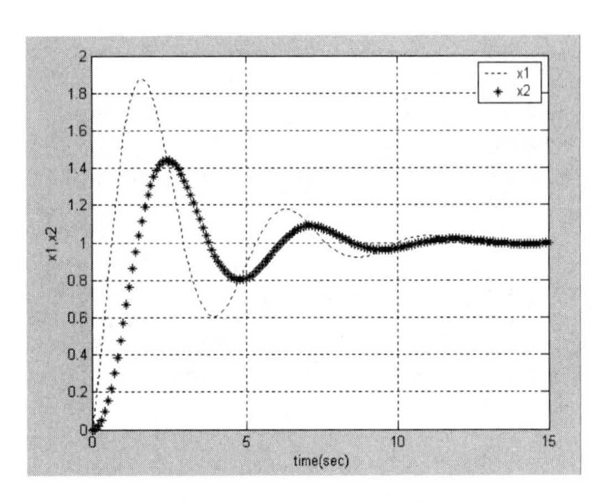

图 8.34 $x_1(t)$和 $x_2(t)$的单位阶跃响应

例 8.7 某两速率两回路数字调速系统结构如图 8.35 所示，其中 $r(t)=1(t)$，$T_1=0.09$ s，$T_2=0.01$ s，$G_{h_1}(s)=\dfrac{1-e^{-T_1 s}}{s}$，$G_{h_2}(s)=\dfrac{1-e^{-T_2 s}}{s}$。试确定零初始条件下的系统状态响应和控制器输出。

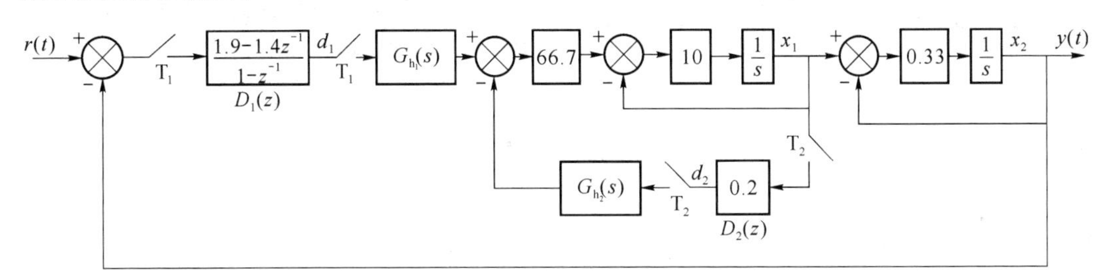

图 8.35 两速率数字调速系统

基于 Simulink 建立的系统动态仿真模型如图 8.36 所示。其中，Discrete Transfer Fcn1 模块采样周期设置为 0.09 s；Discrete Transfer Fcn2 模块采样周期设置为 0.01 s。仍采用默认的变步长 ode45 算法进行仿真，仿真结果如图 8.37 所示。

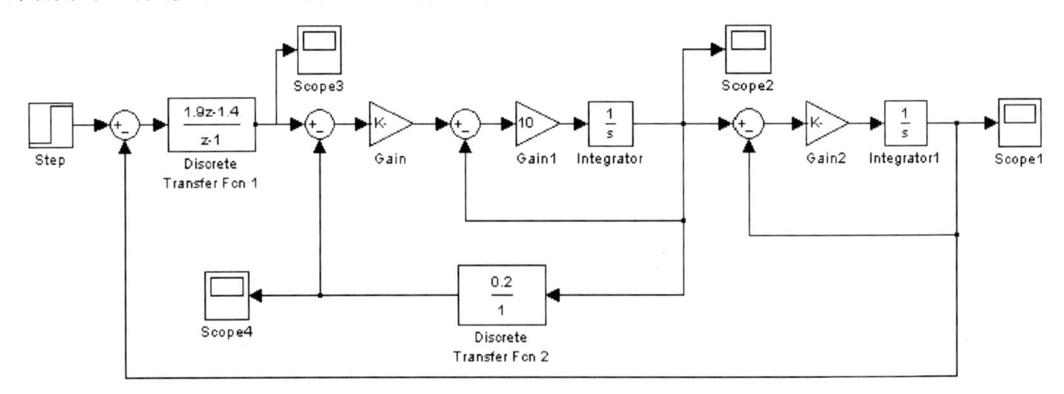

图 8.36 两速率数字调速系统的 Simulink 模型

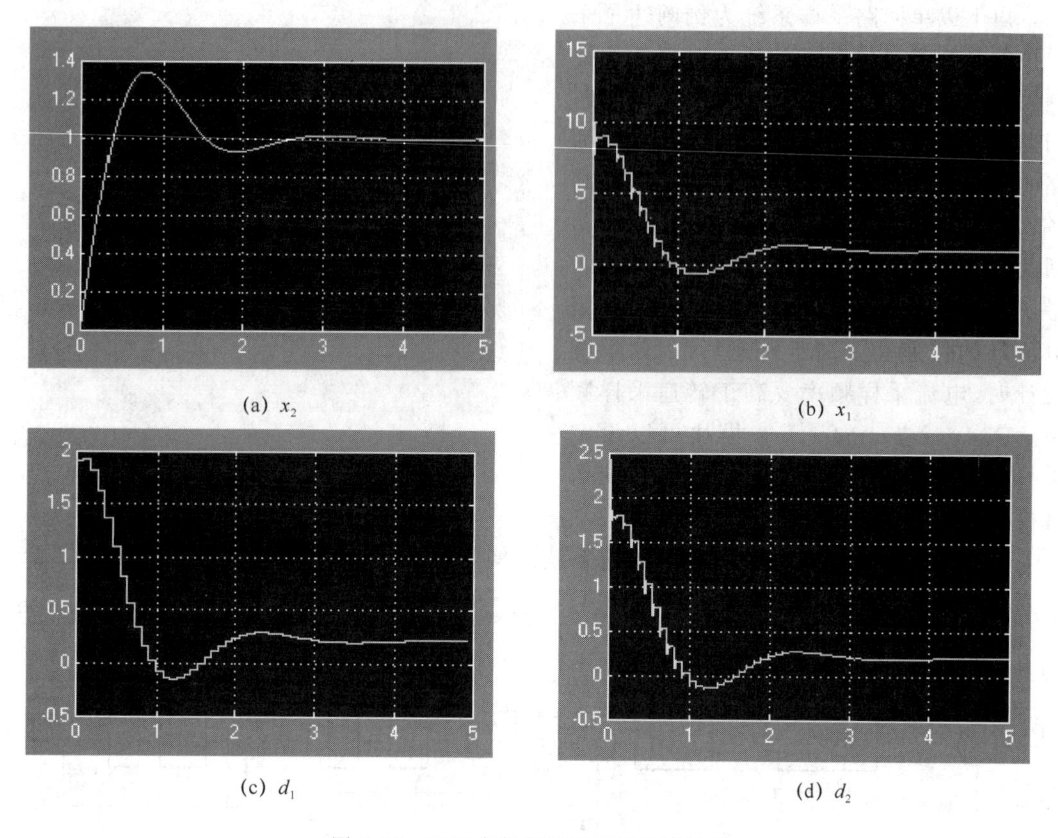

(a) x_2　　(b) x_1

(c) d_1　　(d) d_2

图 8.37　两速率数字调速系统仿真结果

8.5　用 MATLAB 指令运行 Simulink 模型

在很多情况下,需要在 MATLAB 指令窗中或在 M 文件中运行由 Simulink 建立的模型。这无疑会大大地方便模型的分析和仿真,也进一步丰富了仿真分析的内容。例如,可以研究不同参数、输入及初始条件等的影响。

MATLAB 中的 sim 指令提供了这种功能,其最常用的格式为:

```
sim('modelname')
```

【说明】

- modelname 是被运行的 Simulink 模型名(不含扩展名.mdl)。该模型文件必须在 MATLAB 搜索路径上。
- 为了能有效地在 M 文件和 Simulink 模型之间传递数据信息,Simulink 模型中相关模块应实行参数化,并选择必要的输出模块,以便将仿真结果自动返回 MATLAB 工作空间中。

例 8.8　考虑例 8.4 所示的含有磁滞回环非线性环节的控制系统,假设按图 8.24 构建的系统 Simulink 模型名为 exam8_4.mdl。

编写 M 脚本文件 exam8_8.m 如下：

```
% exam8_8
clear
C1 = 0.5;sim('exam8_4');plot(tout,yout,'k'),hold on
C1 = 1;sim('exam8_4');plot(tout,yout,'k:')
C1 = 2;sim('exam8_4');plot(tout,yout,'k--')
legend('C1 = 0.5','C1 = 1','C1 = 2')
grid
```

运行 exam8_8.m 后，得到如图 8.38 所示的三条阶跃响应曲线。

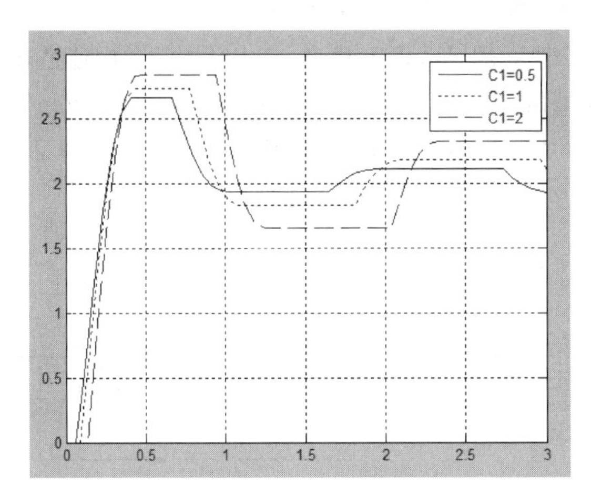

图 8.38　磁滞回环控制系统的阶跃响应

将图 8.38 与图 8.25 对比可知，仿真结果是相同的。

8.6　子系统及封装技术

如果被研究系统的结构比较复杂，层次较多，那么直接用基本模块构成的 Simulink 模型就比较庞大，模型中的信息的主要流向就不容易辨认。此时，如果把整个模型按实现的功能划分为子系统(Subsystem)模块，则系统的结构和层次将会简洁而清楚。

8.6.1　创建子系统

子系统类似于计算机程序设计语言中的子函数，应用它可以使得 Simulink 模型按功能模块化，可读性更强，信息的流向更清楚，更容易对模型进行调试和维护。创建子系统的方法有两种：在 Simulink 模型中创建子系统和在已有子系统基础上创建。

1. 在 Simulink 模型中创建子系统

如果要在一个已有的 Simulink 模型中创建一个子系统，可以按照以下步骤进行。

① 先打开该 Simulink 模型。

② 在该模型窗中，用鼠标拖一个虚线框将需要建立子系统的部分框起来。然后，单击

“Diagram”图标,并选择菜单项“Subsystem and Model Reference:Create Subsystem from Selection”。这时,原来虚线框中的所有模块就会被一个“Subsystem”模块取代。该名字是MATLAB 默认的,以后建立的子系统则在名称后面加上数字。

③ 可能在创建子系统后,原来的信号线比较混乱,需要重新调整一下。同时,可以将默认的子系统名“Subsystem”按照自己的意愿进行修改,以便查看。

④ 新建子系统的输入和输出端口名称默认为“In1”和“Out1”,也可以按照自己的意愿进行修改。

⑤ 将“打包”后的 Simulink 模型用另外的文件名存盘。这一措施几乎是必需的,因为Simulink 模型一旦被“打包”后,就不再可能被“解包复原”了。

例 8.9 考虑例 8.2 建立的 Simulink 模型,将内环中的前向通道环节创建为一个子系统。

在“exam8_2”的模型窗中,将“Transfer Fcn3”和“Transfer Fcn4”模块用鼠标拖出的虚线框框住。单击“Diagram”图标,并选择菜单项“Subsystem and Model Reference:Create Subsystem from Selection”,则子系统如图 8.39 所示。

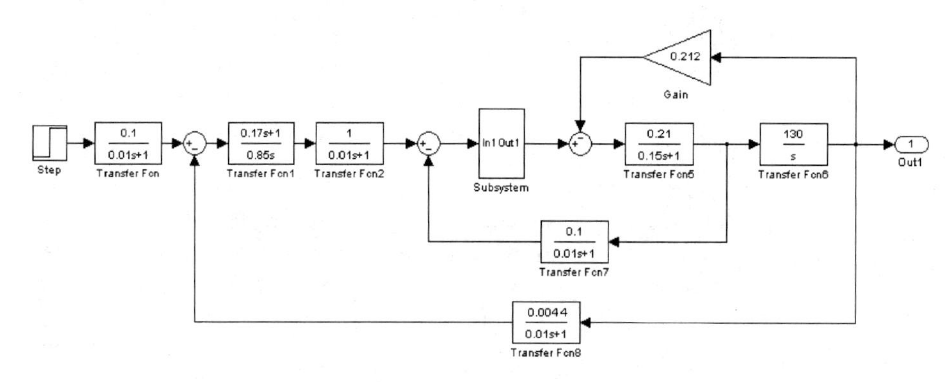

图 8.39 子系统的创建

双击子系统,则会出现“Subsystem”的模型窗,如图 8.40 所示。可以看到子系统模型中除了有用鼠标框住的两个模块外,还自动增加了一个输入模块“In1”和一个输出模块“Out1”。

将“打包”后的 Simulink 模型另存为“exam8_9.mdl”,并在该 Simulink 模型窗开始仿真,所得结果和原来相同。

2. 在已有的子系统基础上创建

如果要在已有的子系统基础上创建一个子系统,可以按照以下步骤进行。

① 将已有的 Simulink 模型复制到新窗口。

② 双击打开子系统模型窗,重新放置模块,建立连接和输入输出端口。

③ 将子系统与其他模块连接。

④ 修改子系统名和其他参数。

⑤ 将修改完的 Simulink 模型另外存盘。

例 8.10 在例 8.9 子系统的基础上,增加单位反馈环节形成闭环,并创建为一个新子系统。

将图 8.39 中的所有对象复制到新的空白模型窗中。双击打开子系统“Subsystem”,则出现如图 8.40 所示的子系统模型窗。添加模块构成反馈环形成闭环系统,如图 8.41 所示。然后,将修改后的 Simulink 模型另存为“exam8_10.mdl”。

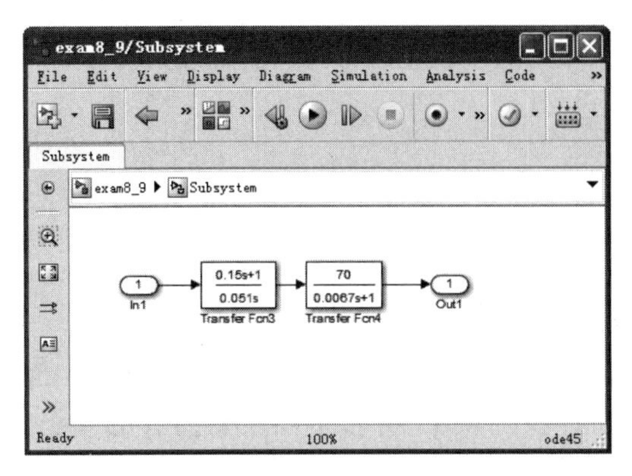

图 8.40　子系统模型窗

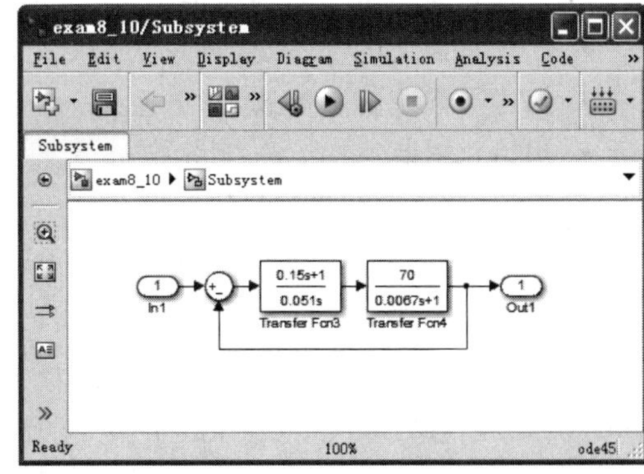

图 8.41　子系统模块窗

8.6.2　子系统的封装

在设置子系统中各个模块参数时，需要打开该子系统并对其中的每个模块分别进行设置。由于没有独立的操作界面，子系统的应用受到了限制。为了解决此问题，Simulink 提供了封装技术，为具有一个以上的子系统定制对话框和图标，使其具有良好的用户界面。采用封装技术，可以将 Simulink 子系统封装成一个模块，并且可以像使用 Simulink 内部模块一样使用它。这样可以将子系统内部结构隐藏起来，只用一个参数设置框来完成所需参数的输入。

1. 封装子系统的步骤

通常封装一个子系统的步骤如下。

① 单击选择需要封装的子系统名。

② 右击并选择菜单项“Mask：Create Mask”，就打开如图 8.42 所示的封装编辑器(Mask Editor)对话框。

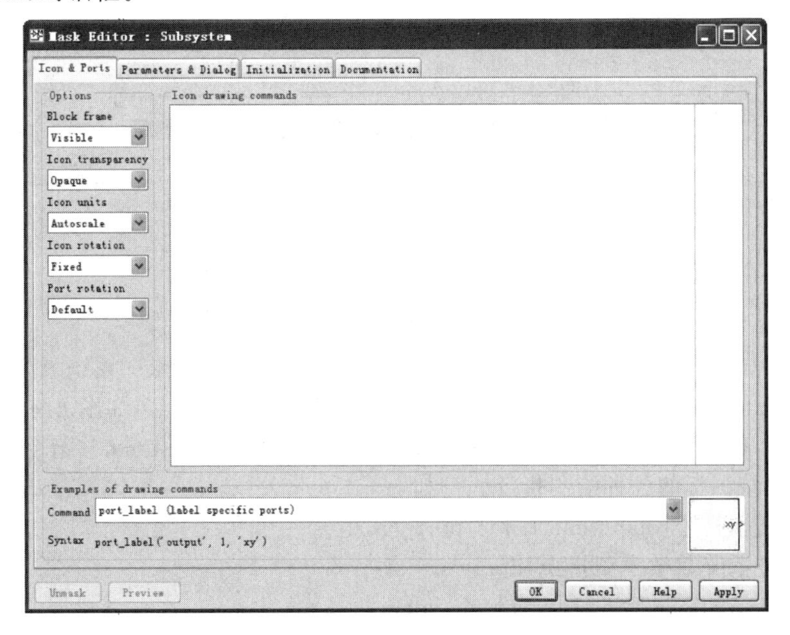

图 8.42　封装编辑器对话框

③ 设置封装编辑器的各项标签页,实现如下功能:

- 创建自定义的子系统图标;
- 创建子系统的参数选项;
- 初始化封装后的子系统参数;
- 为子系统创建在线使用文档说明。

④ 单击“Apply”(应用)按钮,或者单击“OK”(确定)按钮并退出封装编辑器。

2. 封装编辑器

由图 8.42 可知,封装编辑器对话框包括“Icon & Ports”“Parameters & Dialog”“Initialization”和“Documentation”四个选项。在这些选项中,有若干项重要内容必须由用户自己填写。下面逐一介绍这四个选项的功能及使用方法。

(1) Icon & Ports(图标)

封装编辑器对话框的 Icon & Ports 选项如图 8.43 所示,它用于创建包括描述文本、数学模型、图像及图形在内的封装子系统模块的图标。

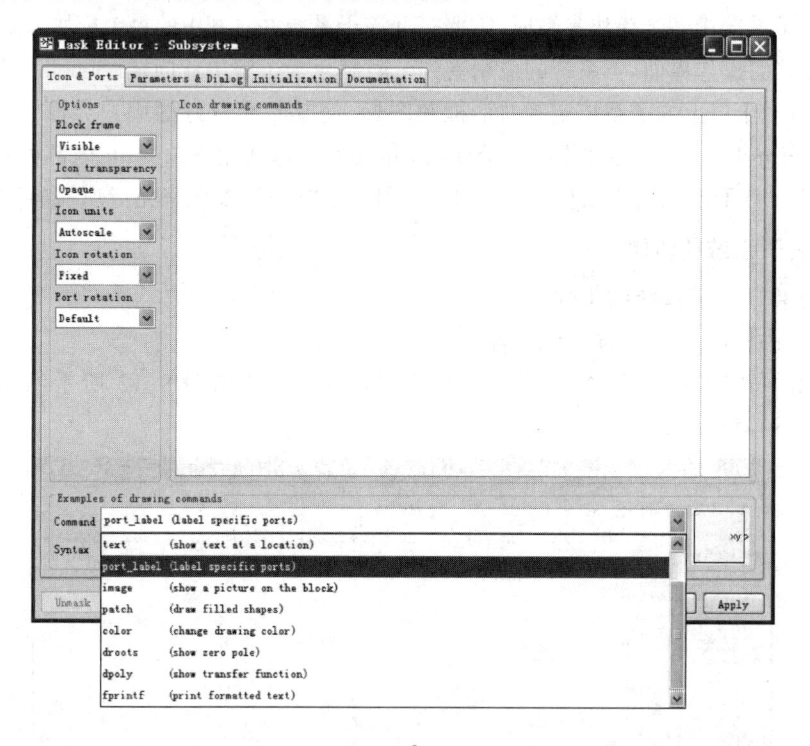

图 8.43 Icon & Ports 选项

① Icon Drawing commands(绘制指令)框。该框用来输入创建封装子系统图标的绘制指令。

② Examples of drawing commands(绘制指令举例)的下拉菜单如图 8.43 所示。该区域给出了 Icon Drawing commands 的用法及语法举例。其中,Command(指令)选项列出了创建封装子系统图标的各种绘制指令。例如:

- 显示文本指令:disp、text、frintf、port_label。
- 显示子系统数学模型指令:dpoly、droots。
- 显示图像和图形指令:plot、patch、image。

③ Icon options(图标选项)有四个控制选项,用来设置封装子系统的外观。

- Block Frame(边框):“Visible”(可见,默认)用来显示封装子系统模块的外框线;“Invisible”(不可见)用来隐藏外框线。
- Icon Transparency(透明):“Opaque”(不透明,默认)用来隐藏封装子系统模块的输入、输出端口说明;“Transparent”(透明)用来显示封装子系统模块的输入、输出端口说明。
- Units(绘图单位):用于画图时的坐标系选项。“Autoscale”(自动定标,默认)根据绘制点确定坐标系,坐标中最小 x 和最大 y 分别在图标的左下角和右上角,即使图标恰好充满整个模块;“Normalized”(归一化)规定左上角坐标为(0,0),右下角为(1,1);“Pixed”(像素)以像素为单位绘制图形。
- Icon Rotation(旋转):如果选择“Fixed”(固定,默认),则当旋转封装子系统模块时,所创建的图标不旋转;如果选择“Rotates”(旋转),则当旋转封装子系统模块时,所创建的图标也旋转。
- Port Rotation(旋转):与 Icon Rotation(旋转)类似。

(2) Parameters & Dialog(参数和对话)

Parameters & Dialog 选项用于输入变量名称和相应的提示,如图 8.44 所示。该选项中包括如下几种设置。

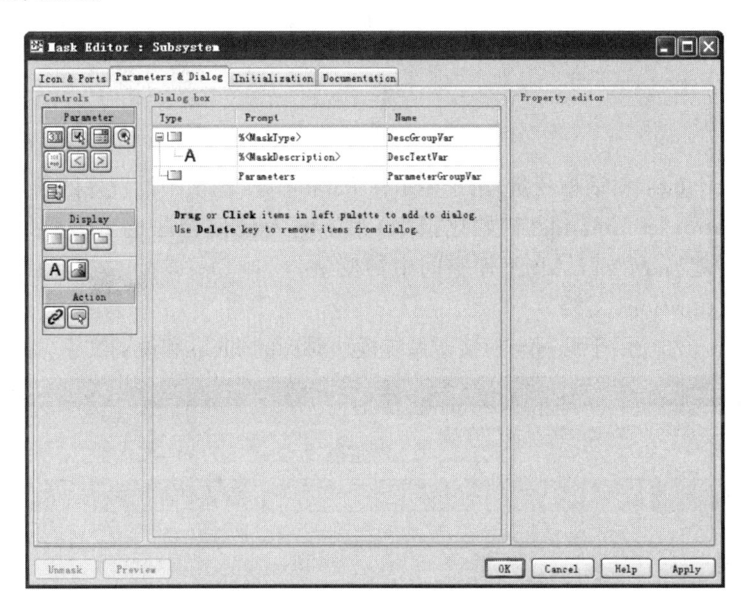

图 8.44　Parameters & Dialog 选项

① Controls(控制)用于增添各种类型的参数以及显示等功能。

② Dialog Box(对话框参数)用于选择和改变封装子系统模块的性质。

- Prompt(提示):输入变量的含义,其内容会在输入提示中显示。
- Name(名称):输入变量的名称(变量名必须与子系统模块已设置的变量名一致)。
- Type(类型):选择变量设置类型,“Edit”(编辑,默认)提供一个编辑框;“Checkbox”(复选框)提供一个复选框;“Popup”(弹出式菜单)提供一个弹出式菜单。

③ Options for selected parameters(已选择参数选项)用于已选择参数的附加选项。

- Pops(菜单):当“Type”选择“Popup”时,用于输入下拉菜单项。
- Callback(回调函数):用于输入回调函数。

(3) Initialization(初始化)

Initialization 选项允许用户输入 MATLAB 指令完成此项工作初始化封装子系统模块，如图 8.45 所示。

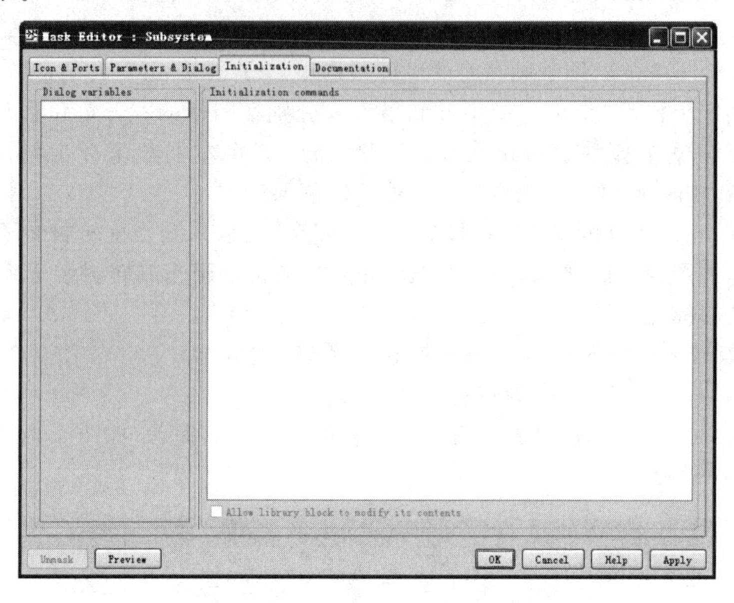

图 8.45 Initialization 选项

① Dialog variables(对话框变量)用于显示在 Parameters 选项中设置好的子系统封装参数。

② Initialization commands(初始化指令)用于输入任何合法的 MATLAB 表达式。但初始化指令中不能有 MATLAB 工作空间中的变量。

(4) Documentation(文档)

Documentation 选项用于编写与封装子系统模块对应的 Help 和说明文字,如图 8.46 所示。

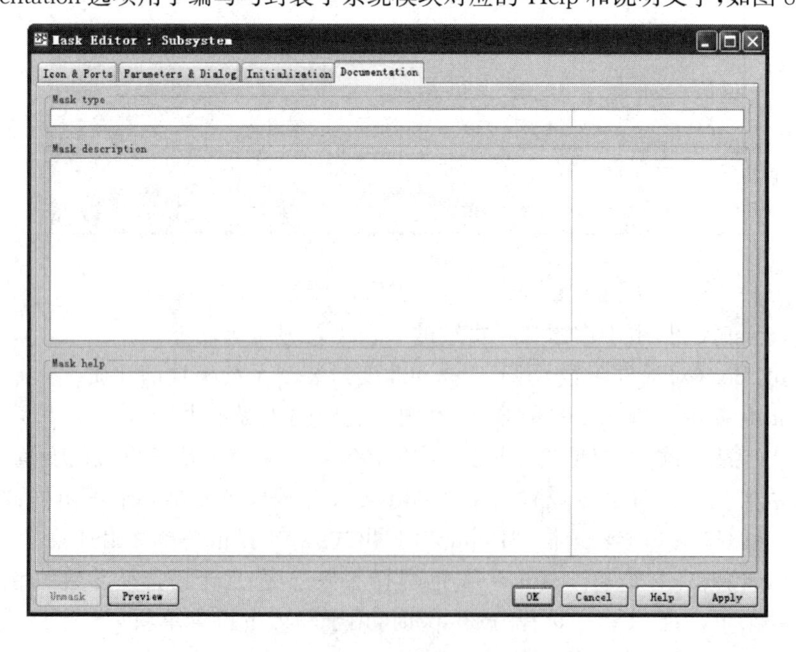

图 8.46 Documentation 选项

① Mask type(封装类型)用于设置封装子系统模块显示的封装类型。

② Mask Description(封装描述)用于输入描述文本。

③ Mask help(封装帮助)用于输入帮助文本,为当在所显示的封装子系统模块参数设置对话框中单击“Help”按钮时出现的文本。

3. 查看封装和解封装

对于一个已经封装了的子系统,如果想要查看其封装前的具体内容,可以先选中该子系统模块,然后选择菜单项“Edit:Look Under Mask”。

对于一个已经封装了的子系统,如果想要取消封装,可以先选中该子系统模块,打开封装编辑器对话框(如图 8.42 所示),单击其中的“Unmask”按钮即可。

例 8.11　创建一个二阶系统,将其闭环系统进行封装,并将阻尼系数 ζ 和无阻尼振荡频率 ω_n 作为输入参数。

① 创建二阶系统的 Simulink 模型,并将系统的阻尼系数 ζ 和无阻尼振荡频率 ω_n 分别用变量 zeta 和 wn 表示,如图 8.47 所示。

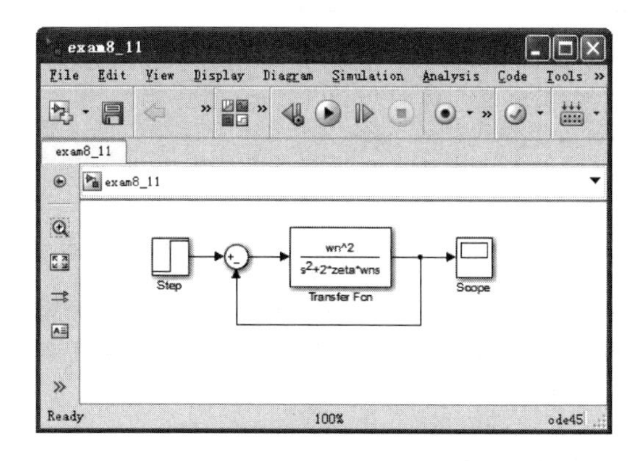

图 8.47　二阶系统的 Simulink 模型

② 用虚线框框住反馈环,单击“Diagram”图标,并选择菜单项“Subsystem and Model Reference:Create Subsystem from Selection”,则产生子系统,如图 8.48 所示(文件名为 exam8_11_1)。

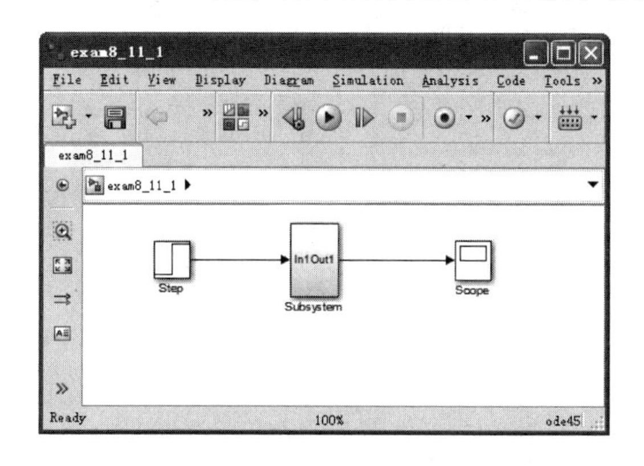

图 8.48　子系统的 Simulink 模型

③ 选中待封装的子系统,右击并选择菜单项“Mask:Create Mask”,就打开封装编辑器对话框(如图 8.42 所示)。

在 Icon 选项中的 Icon Drawing commands(绘制指令)框写入指令

```
disp('Second-order System')
```

则子系统的图标变成居中显示的文字“Second-order System”,如图 8.49 所示。

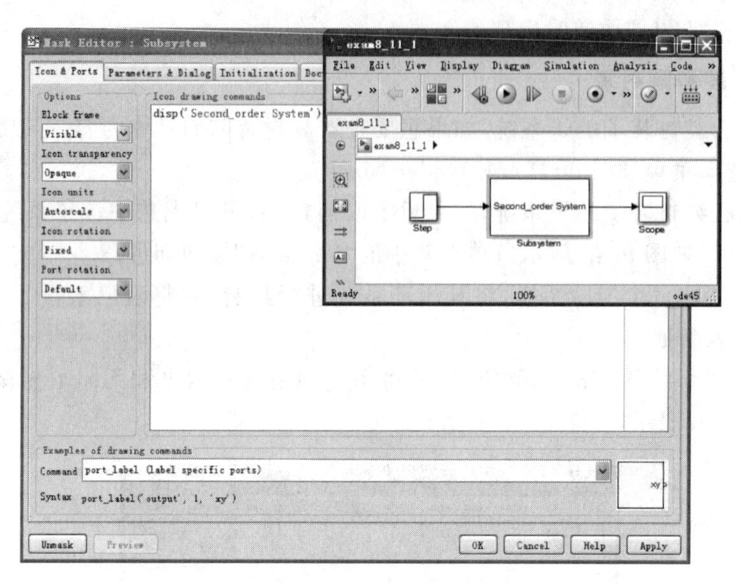

图 8.49　更改图标

在 Parameters & Dialog 选项中,单击图标和,添加两个输入参数;设置“Prompt”分别为“Damping coefficient”和“Non-damped oscillation frequency”;设置“Type”分别为“popup”和“edit”,对应的“Variable”分别为“zeta”和“wn”;设置“Popup”为“0,0.1,0.2,0.3,0.5,0.707,1,2”,如图 8.50 所示。

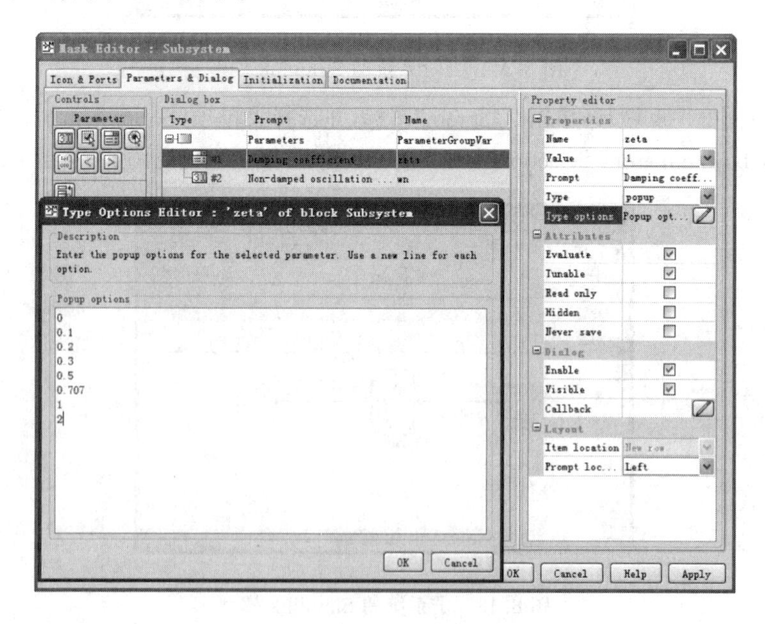

图 8.50　Parameters 选项

在 Initialization 选项中，输入初始化参数，如图 8.51 所示。

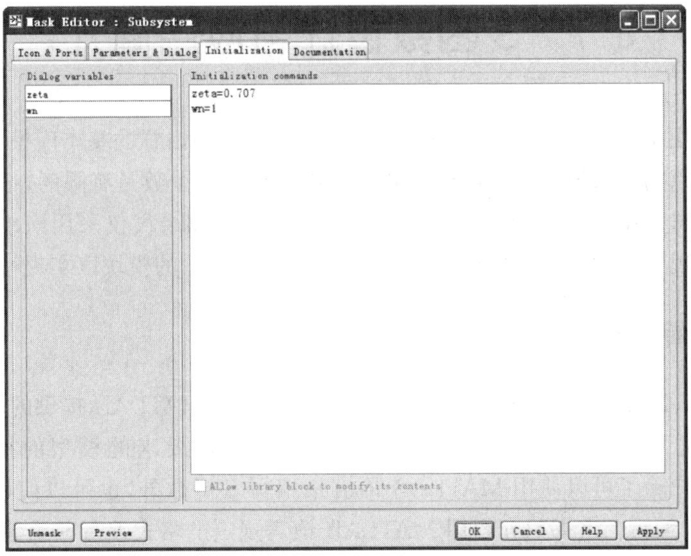

图 8.51　Initialization 选项

在 Documentation 选项中，输入提示和帮助信息，如图 8.52 所示。

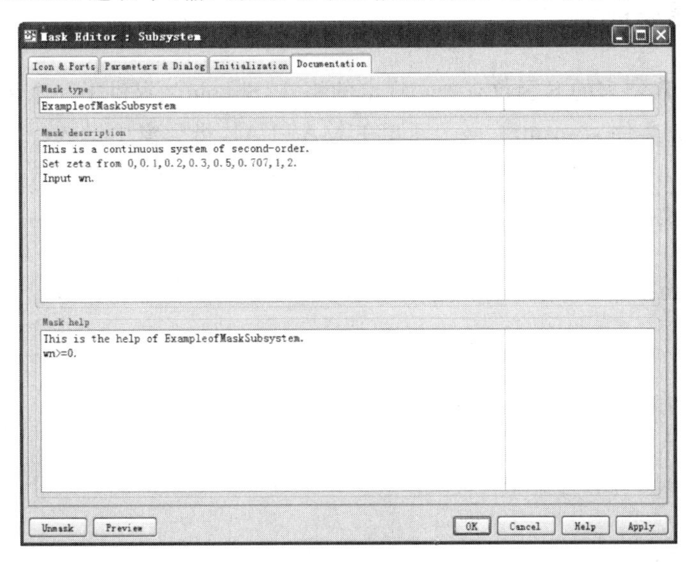

图 8.52　Documentation 选项

封装后的子系统与其他模块一样，有自己的图标(如图 8.49 所示)，有自己的参数设置对话框，如图 8.53 所示；还有自己的工作空间，并独立于 MATLAB 的工作空间和其他模块空间。

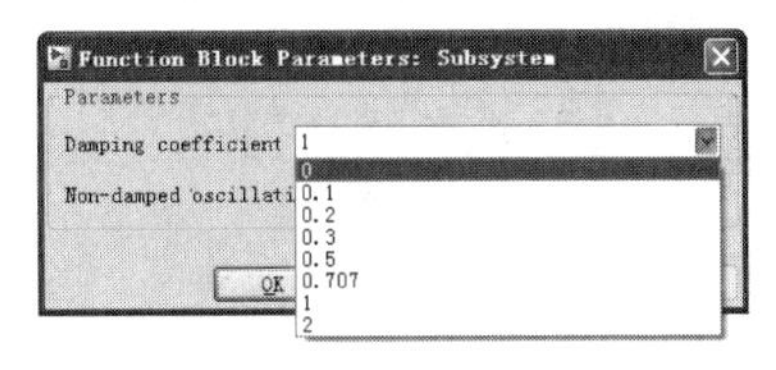

图 8.53　“封装子系统模块参数输入”对话框

8.7 S 函数设计与应用简介

从前面的介绍中可以看出,MATLAB 为用户提供了许多内置的基本库模块。通过这些基本模块的连接可以构成系统模型。由于内置的基本库模块的个数是有限的,很多情况下(尤其在特殊应用中),需要用到一些特殊模块。这些模块的功能如果仅仅采用简单 M 函数文件的编程往往很难实现。此时,用户可以通过编写 S 函数构造自己的模块以实现特殊的功能需求。

8.7.1 S 函数的介绍

S 函数就是 S-Function,是 System-Function 的简称。当 MATLAB 提供的模块不能完全满足用户需求时,就可以通过 S 函数的编写来实现用户自己要求的模型的接口和功能。在 MATLAB 中,用户除了可以使用 MATLAB 语言来编写 S 函数外,也可以使用 C、C++、Ada 和 Fortran 等语言编写。本书只介绍用 MATLAB 语言规定的格式编写 S 函数。

当 S 函数编写完成后,用户可以像使用与 MATLAB 提供的模块的同样方式,将其添加到自己的 Simulink 模型中,实现仿真需求。也可以对自定义的 S 函数模块进行适当封装。

8.7.2 S 函数的编写

编写 MATLAB 语言的 S 函数有一套规定的格式,Simulink 提供了一个用 M 函数文件编写的 S 函数的模板文件 sfuntmpl.m。只要在 MATLAB 指令窗中键入>> edit sfuntmpl,就可以打开 sfuntmpl.m 文件,并可以根据用户的需求从此模块出发构造自己的 S 函数。sfuntmpl.m 模板文件的代码如下:

```
%主函数
function [sys,x0,str,ts] = sfuntmpl(t,x,u,flag)
switch flag,
  case 0,
    [sys,x0,str,ts] = mdlInitializeSizes;
  case 1,
    sys = mdlDerivatives(t,x,u);
  case 2,
    sys = mdlUpdate(t,x,u);
  case 3,
    sys = mdlOutputs(t,x,u);
  case 4,
    sys = mdlGetTimeOfNextVarHit(t,x,u);
  case 9,
    sys = mdlTerminate(t,x,u);
  otherwise
    error(['Unhandled flag = ',num2str(flag)]);
```

```
end    % 主函数结束,下面是各个子函数

%初始化子函数:提供状态量、输入量、输出量、采样时间的个数和初始状态的值
function [sys,x0,str,ts] = mdlInitializeSizes
sizes = simsizes;
sizes.NumContStates   = 0;
sizes.NumDiscStates   = 0;
sizes.NumOutputs      = 0;
sizes.NumInputs       = 0;
sizes.DirFeedthrough = 1;
sizes.NumSampleTimes = 1;   % at least one sample time is needed
sys = simsizes(sizes);
x0  = [];
str = [];
ts  = [0 0];

% 更新模块子函数:用于连续模块状态更新,该子函数可选择性使用
function sys = mdlDerivatives(t,x,u)
sys = [];
%状态子函数:用于离散模块状态更新,该子函数可选择性使用
function sys = mdlUpdate(t,x,u)
sys = [];

%计算模块输出子函数:计算模块输出
function sys = mdlOutputs(t,x,u)
sys = [];

%计算下一个采样时间子函数:只有变采样时间系统才调用此子函数
function sys = mdlGetTimeOfNextVarHit(t,x,u)
sampleTime = 1;
sys = t + sampleTime;

%结束仿真子函数:用户需在此输入结束仿真时所需要的必要工作
%一般情况下,最好不要改动,使用模板默认程序
function sys = mdlTerminate(t,x,u)
sys = [];
```

【说明】

- sfuntmpl.m模板文件中包含1个主函数和6个子函数,用户在使用模板构造自己的S函数时,除了主函数不可缺省外,其余子函数可以根据需求适当取舍。
- 主函数的调用格式为:

```
function [sys,x0,str,ts] = sfuntmpl(t,x,u,flag)
```

函数名sfuntmpl是模板文件名,用户在“裁剪”生成自己的S函数时,应当重新起

名;**输出宗量名称、数目和排列次序,用户切勿改动**;输入宗量的个数不得小于 4,且**切勿改动前四个宗量的名称和排列次序**;用户可以根据需要,将任意数目的宗量依次添加在第 5、第 6 等宗量位置。

• 建议读者在编写 S 函数时,认真阅读 sfuntmpl. m 模板文件中的帮助文字。

8.7.3 S 函数的应用

本节将用一个简单的实例介绍应用 S 函数实现用户自定义模块。

例 8.12 使用 S 函数实现 $y=n*x+m$,并将其嵌入 Simulink 模型中得出仿真结果。

(1) 根据题意编写自己的 S 函数

在 MATLAB 指令窗中键入>> edit sfuntmpl,打开 sfuntmpl. m 模板文件。编写 sf_line. m 文件如下:

```
%主函数
function [sys,x0,str,ts] = sf_line (t,x,u,flag,n,m)  % 新函数文件名 sf_line
switch flag,
  case 0,
    [sys,x0,str,ts] = mdlInitializeSizes(n,m);      % 调用初始化子函数
  case 3,
    sys = mdlOutputs(t,x,u,n,m);                    % 调用计算模块输出子函数
  case {1,2,4,9},
    sys = [];
  otherwise
    error(['Unhandled flag = ',num2str(flag)]);
end

%初始化修改子函数
function [sys,x0,str,ts] = mdlInitializeSizes(n,m)
sizes = simsizes;                       % 固定格式,切勿修改
sizes.NumContStates   = 0;              % 连续状态的个数,本例为 0
sizes.NumDiscStates   = 0;              % 离散状态的个数,本例为 0
sizes.NumOutputs      = 1;              % 模块的输出个数,本例为 1
sizes.NumInputs = 1;                    % 模块的输入个数,本例为 1
sizes.DirFeedthrough = 1;               % 模块的前向通道数目,本例为 1
sizes.NumSampleTimes = 1;               % 模块的采样时间数目,本例为 1
sys = simsizes(sizes);                  % 固定格式,切勿修改
x0  = [];                               % 模块初始状态为"空"
str = [];                               % 固定格式,切勿修改
ts  = [-1 0];                           % 模块的采样时间继承前面模块的设置

%修改模块输出子函数
function sys = mdlOutputs(t,x,u,n,m)
sys = n*u+m;                            % 输出 = n*u+m
```

(2) 建立 Simulink 模型

将用户自定义函数子模块库(User-Defined Functions)中的 S-Function 模块以及 Sine Wave 模块和 Scope 模块拖入空白模型窗口,并按照图 8.54 所示对所有模块进行连接。

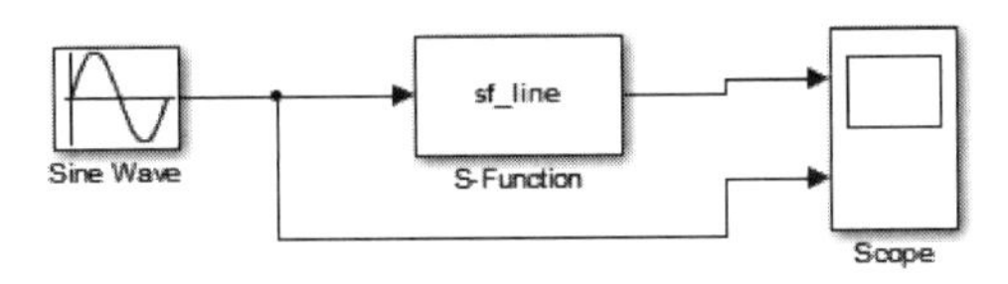

图 8.54　例 8.12 的 Simulink 模型(exam8_12.mdl)

(3) 设置相关参数

双击 S-Function 模块,打开如图 8.55 所示的参数设置对话框,并将 S-function name 栏设置为 sf_line,S-function parameters 栏设置为 n 和 m。

双击 Scope 模块,打开如图 8.56 所示的空白输出窗口,单击图标,并将 Number of axes 栏设置为 2。

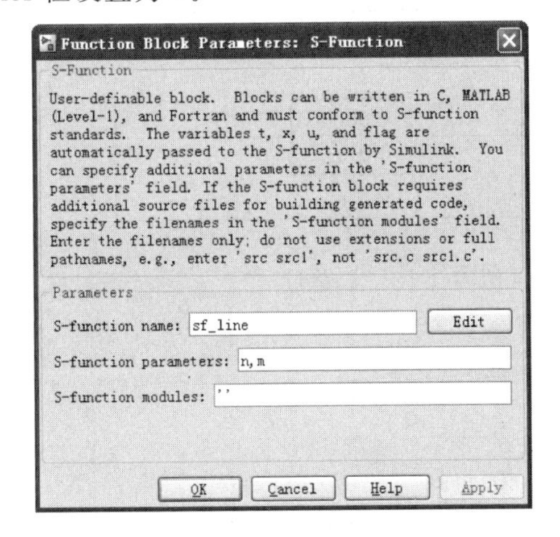

图 8.55　S-Function 模块相关参数设置

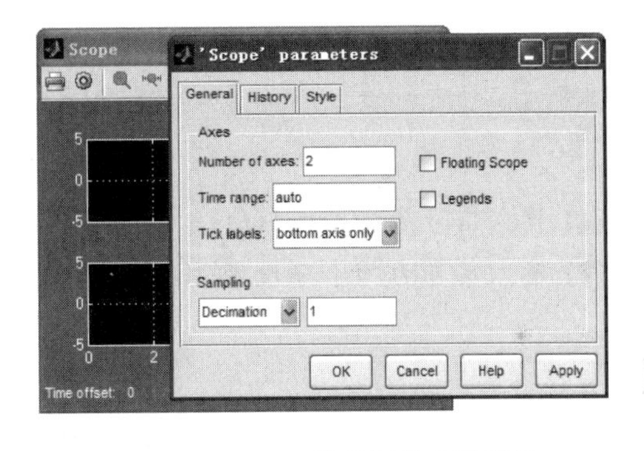

图 8.56　Scope 模块相关参数设置

(4) 启动仿真,得到结果

在 MATLAB 指令窗中键入

```
>> clear
>> n = 3; m = 1;
```

并启动仿真后,得到如图 8.57 所示的仿真结果。

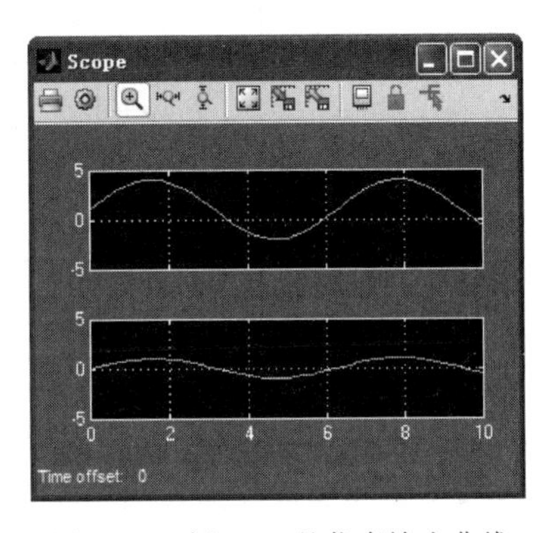

图 8.57　例 8.12 的仿真输出曲线

习　　题

8.1　某随动系统的微分方程为:

$$0.075\frac{\mathrm{d}^3\varphi}{\mathrm{d}t^3}+0.75\frac{\mathrm{d}^2\varphi}{\mathrm{d}t^2}+\frac{\mathrm{d}\varphi}{\mathrm{d}t}+K\varphi=K\psi$$

已知:$\varphi(0)=\dot{\varphi}(0)=\ddot{\varphi}(0)=0,\psi(t)=1(t)$。试分别就 $K=2.5,5.0,12.5$ 三种情况对系统进行仿真,考察 $\varphi(t)$ 的动态性能。

8.2 已知系统模型

$$\begin{cases}\dot{x}_1 = x_2 + pu \\ \dot{x}_2 = -x_1 - 2x_2 + pu\end{cases}, \quad x_1(0) = x_2(0) = 0$$

当 $p=1,2,10$ 时,对以下几种情况进行仿真,并比较不同输入幅值下的系统输出响应。

(1) $u(t)=1$;

(2) $u(t)=t$;

(3) $u(t)=\sin(t)$;

(4) $u(t)=1+\sin(t)$,

(5) $u(t)=1+t+\sin(t)$。

8.3 对如图 8.58 所示的系统进行仿真。

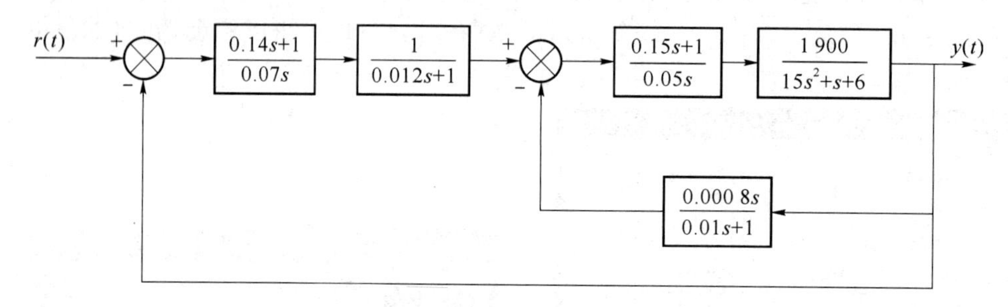

图 8.58 习题 8.3 附图

(1) 输入信号为 $r(t)=1(t)$;

(2) 输入信号为如下分段函数:

$$r(t)=\begin{cases}2t & t\leqslant 0.5\ \text{s} \\ 1(t) & t>0.5\ \text{s}\end{cases}$$

8.4 液压调速系统结构如图 8.59 所示,在稳定的情况下在Ⅴ环节前加上 $f=-1$ 的阶跃扰动,试求系统在该扰动作用下Ⅳ环节和Ⅴ环节的动态过程。

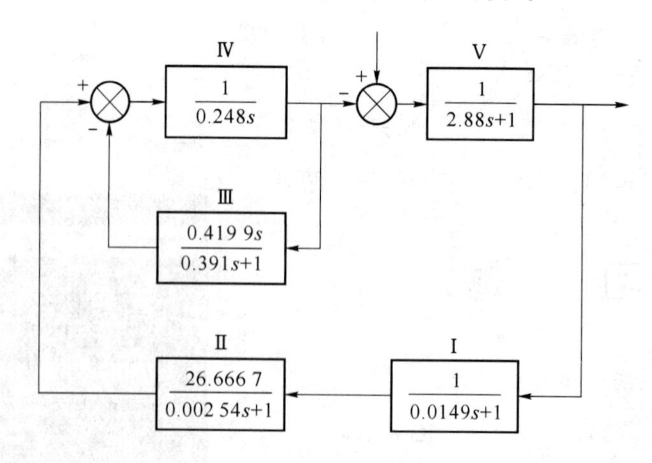

图 8.59 习题 8.4 附图

8.5 某控制系统如图 8.60 所示,选择增益 K 的值,使系统阶跃响应的超调量小于

20%，且调节时间小于 5 s。

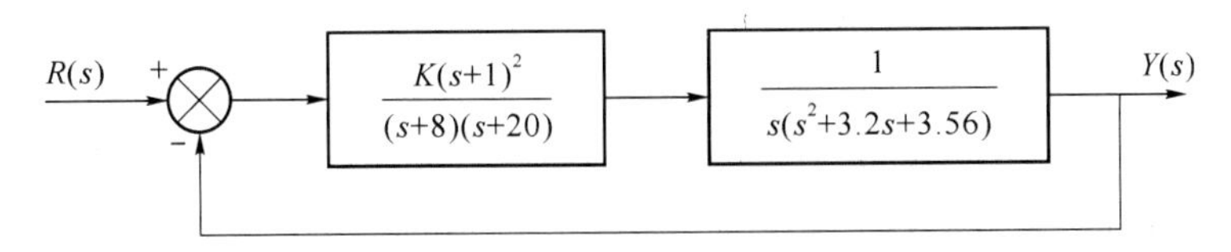

图 8.60　习题 8.5 附图

8.6　直升机的高度控制系统如图 8.61 所示，试用仿真方法对系统性能进行研究。

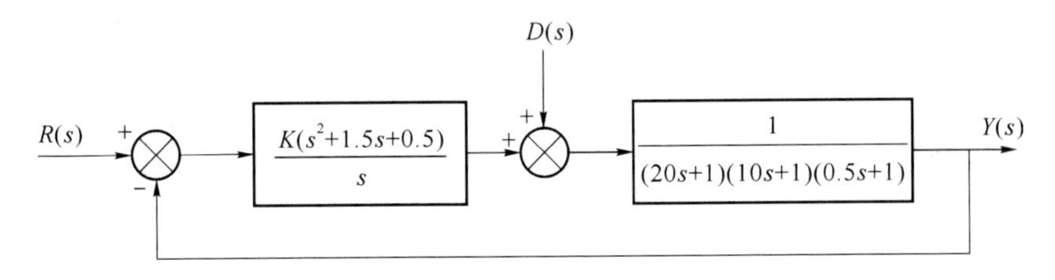

图 8.61　习题 8.6 附图

(1) 确定使系统稳定的 K 的取值范围；

(2) 当 $K=280$ 时，求系统对单位阶跃输入 $r(t)$ 的实际输出 $y(t)$；

(3) 当 $K=280$，$r(t)=0$ 时，求系统对单位阶跃干扰 $d(t)$ 的输出 $y(t)$；

(4) 若在 $R(s)$ 和第 1 个求和点之间增加一个前置滤波器

$$G_{\mathrm{p}}(s)=\frac{0.5}{s^2+1.5s+0.5}$$

重新完成(2)、(3)。

8.7　潜艇潜水深度控制系统的简化结构如图 8.62 所示，求系统在阶跃作用下的动态响应，并观察当舵机的 K 增大时系统动态性能有何改变？

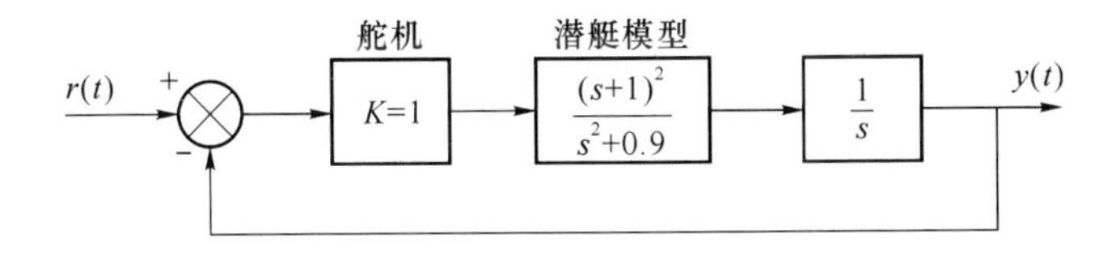

图 8.62　习题 8.7 附图

8.8　非线性控制系统如图 8.63 所示，求系统在有饱和非线性和无饱和非线性两种情况下的动态响应，分析饱和非线性对系统动态性能的影响。

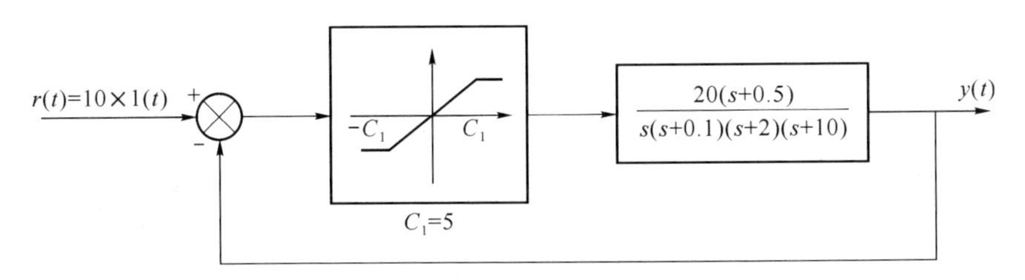

图 8.63　习题 8.8 附图

8.9 将上题中的饱和非线性换成失灵区非线性，取 $C_1=0.5,1$，比较失灵区非线性对系统动态性能的影响。

8.10 位置仪表伺服系统如图 8.64 所示。

(1) 当 $K=4,C_1=0.05$ 时，考察系统对单位阶跃输入的响应；

(2) 在比较元件后串联一个超前校正网络

$$G_c(s)=\frac{1+\alpha Ts}{1+Ts},\alpha=4$$

试比较 $T=0.2,0.3,0.5$ 三种情况下系统的阶跃响应(计算步长为 0.01)。

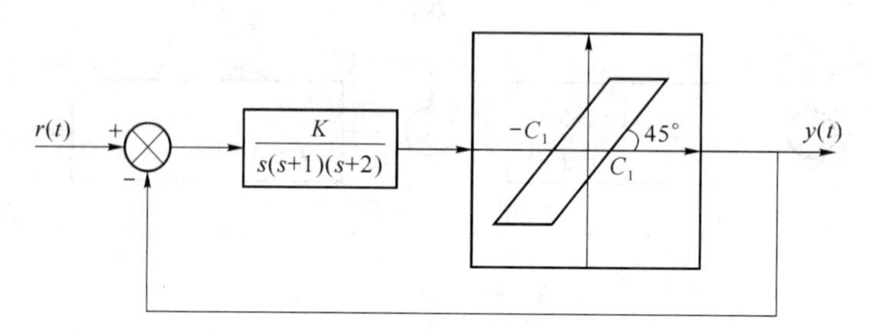

图 8.64 习题 8.10 附图

8.11 非线性控制系统如图 8.65 所示。按照控制理论分析，在 $r(t)=1(t)$ 时系统将产生振幅为 0.6、振荡频率为 0.8 的自激振荡。试用仿真方法验证此结果。

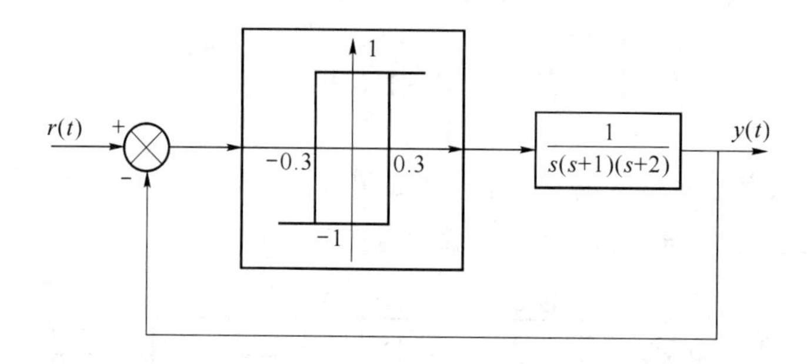

图 8.65 习题 8.11 附图

8.12 漫游车转向控制系统如图 8.66 所示，试用仿真的方法选择参数 K 和 a，使得系统稳定，并使系统对斜坡输入的稳态误差小于或等于输入信号幅值的 24%。

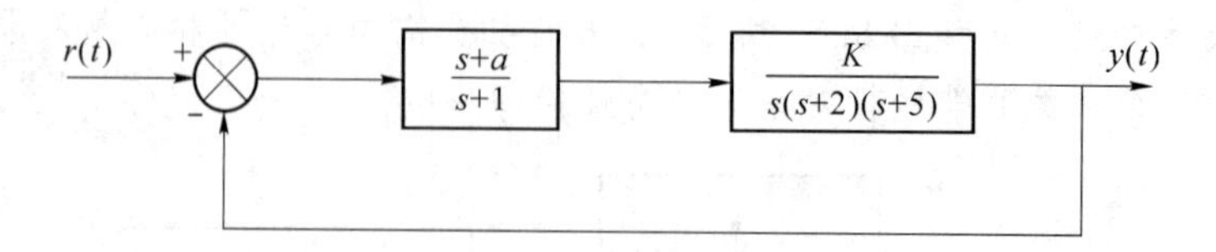

图 8.66 习题 8.12 附图

8.13 某数字控制系统如图 8.67 所示。其中，被控对象 $G_0(s)=\frac{1}{s(s+1)}$，$G_h(s)=\frac{1-e^{-Ts}}{s}$ 为零阶保持器，采样周期 $T=0.2$ s。试应用 Simulink 求数字控制器为下列两种情况时，系统输出的单位阶跃响应：

(1) $D(z)=\dfrac{2.72-z^{-1}}{1+0.717z^{-1}}$

(2) $D(z)=\dfrac{1.582-0.582z^{-1}}{1+0.418z^{-1}}$

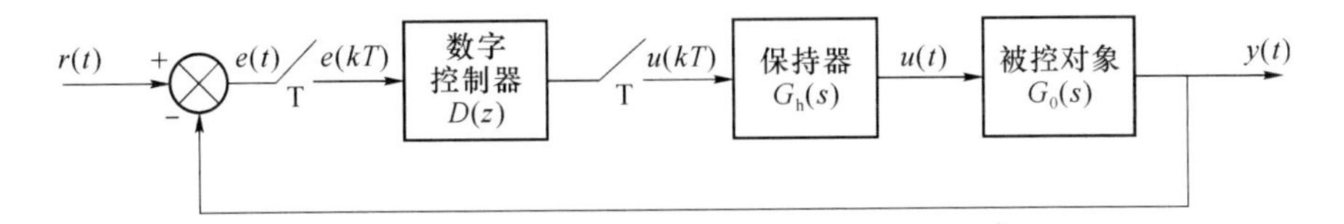

图 8.67　习题 8.13 附图

8.14　某数字控制系统如图 8.68 所示。其中，$T_1=1$，$T_2=4$，采样周期 $T=0.1$ s，数字控制器为数字 PI 调节器，即

$$D(z)=K_p+\frac{K_i}{1-z^{-1}}$$

式中，比例系数 $K_p=15$，积分系数 $K_i=0.2$，设初始状态 $x_1(0)=x_2(0)=0$，试求在单位阶跃输入信号 $r(t)=1(t)$ 作用下的状态响应。

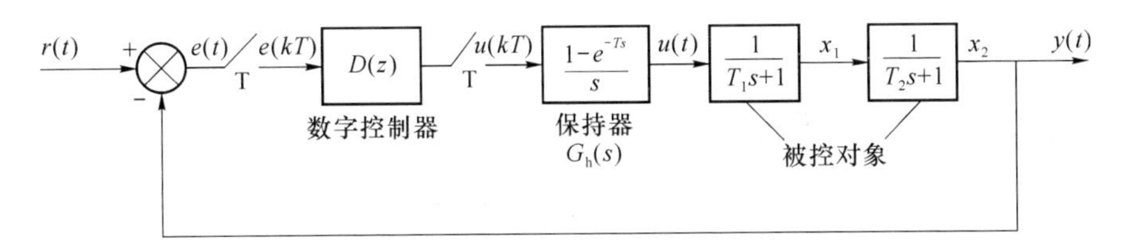

图 8.68　习题 8.14 附图

8.15　上题(8.14 题)中若将数字 PI 调节器改为数字 PID 调节器，即

$$D(z)=K_p+\frac{K_i}{1-z^{-1}}+K_d(1-z^{-1})$$

式中，比例系数即 $K_p=15$，积分系数 $K_i=0.2$，微分系数 $K_d=40$。仍设初始状态 $x_1(0)=x_2(0)=0$，试求在单位阶跃输入信号 $r(t)=1(t)$ 作用下的状态响应，并与 8.14 题的结果比较，由此关于微分调节的作用可得出何结论？

8.16　设被控对象为具有纯滞后特性的典型二阶控制对象

$$G_0(s)=\frac{e^{-0.4s}}{(s+1)(4s+1)}$$

若加入模拟 PID 控制

$$D(s)=15+\frac{1}{s}+8s$$

构成连续闭环控制系统如图 8.69(a)所示，试求系统输出的单位阶跃响应。

今若采用计算机控制，采用数字 PID 控制

$$D(z)=K_p+\frac{K_i}{1-z^{-1}}+K_d(1-z^{-1})$$

构成计算控制系统如图 8.69(b)所示，其中，T 为采样周期，$K_p=15$，$K_i=T$，$K_d=8/T$，试分

别在采样周期 $T=0.1, 0.05, 0.01$ 三种情况下求该采样系统输出的单位阶跃响应，并与连续控制系统的响应比较。

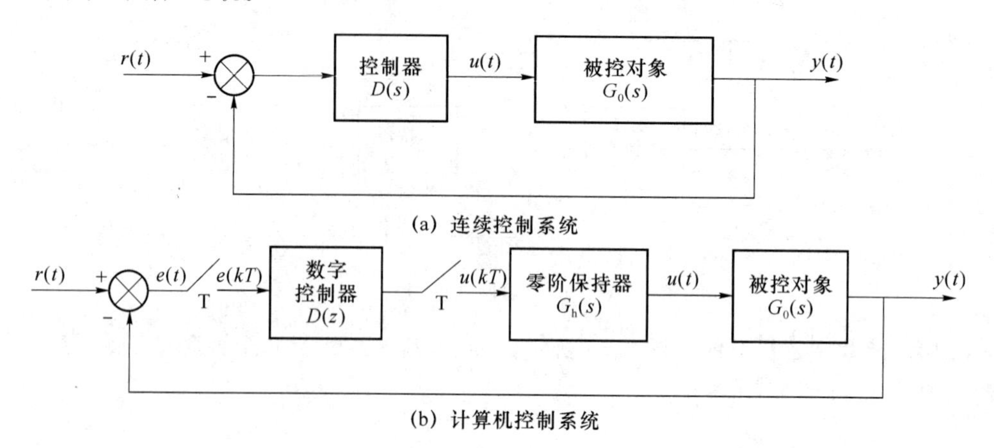

图 8.69 习题 8.16 附图

8.17 某数字控制系统如图 8.70 所示，采样周期取 $T=0.1$。试用 Simulink 建立系统仿真模型，通过系统的单位阶跃响应仿真分析数字 PID 控制中比例控制、微分控制、积分控制的作用。

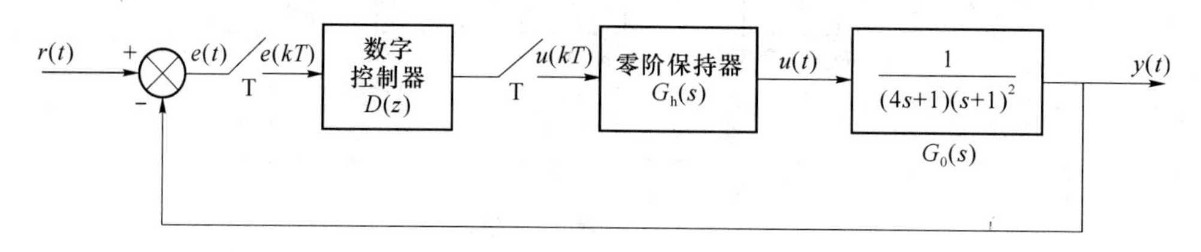

图 8.70 计算机控制系统

8.18 对于图 8.38 所示两速率数字调速系统，当采样周期 $T_1=0.09$ s 不变时，试应用 Simulink 仿真下列两种情况下系统的单位阶跃响应：

(1) $T_2=0.005$ s；

(2) $T_2=0.05$ s。

8.19 封装一个子系统，完成方程 $y(t)=ae^{-bt}\sin(\omega t)$ 的计算功能，其中 t 为输入，y 为输出。要求通过对话框输入参数 a、b、ω 的值。

8.20 将例 8.12 中的函数改为 $y=n*\cos(t)+m$（其中，n 和 m 均为任意输入参数）。试使用 S 函数实现该功能，并将其嵌入 Simulink 模型中得出仿真结果。

第 9 章　MATLAB 在工程中的应用

由于 MATLAB 的使用非常方便，并且提供了数值计算、图形绘制、数据处理、图像处理等方面的强大功能，因此许多工程领域专家在 MATLAB 的基础上为他们擅长的领域写了一些专用的应用程序集，称之为工具箱(Toolbox)。

本章简要介绍 MATLAB 在自动控制、电路分析和信号处理中的应用。考虑到控制系统工具箱(Control System Toolbox)是众多工具箱中最为流行，使用最为广泛，并且具有一定的普遍意义，本章以介绍 MATLAB 在自动控制中的应用为主，并对 MATLAB 在电路分析和信号处理中的应用作简要介绍。

9.1　MATLAB 在自动控制中的应用

MATLAB 中含有丰富的专门用于控制系统分析与设计的函数，可以实现对线性系统的建模、时域或频域分析与设计，利用的是控制系统工具箱中的各种算法程序，而这些算法程序大部分都是 M 函数文件，可以直接调用。

9.1.1　控制系统数学模型及转换的 MATLAB 实现

控制系统的数学模型通常是指动态数学模型。自动控制系统中最基本也是最重要的数学模型是微分方程，它反映了部件或系统的动态运行规律。应用拉普拉斯变换将线性微分方程化为的传递函数，以及基于传递函数的图形化形式——系统结构图，都是自动控制系统的数学模型。

MATLAB 处理的是数组对象，而其控制系统工具箱处理的系统是线性时不变(LTI)系统。在 MATLAB 中，可以用 4 种数学模型表示自动控制系统，其中前 3 种是用数学表达式描述。每种数学模型都有连续时间系统和离散时间系统两个类别。MATLAB 中的 Simulink 结构图是第 4 种数学模型。

在解决实际问题时，常常需要对控制系统的数学模型进行转换。MATLAB 中的控制系统工具箱提供了一个对不同控制系统的模型进行转换的函数集，使用起来极为方便。

1. 控制系统数学模型的 MATLAB 实现

LTI 对象可以是连续时间系统，也可以是离散时间系统。

连续时间系统一般是由微分方程来描述的。而线性系统又是以线性微分方程来描述的。假设系统的输入、输出信号分别为 $u(t)$ 和 $y(t)$，则系统的微分方程可写成

$$a_1\frac{d^n y(t)}{dt^n}+a_2\frac{d^{n-1}y(t)}{dt^{n-1}}+\cdots+a_n\frac{dy(t)}{dt}+a_{n+1}y(t)$$
$$=b_1\frac{d^m u(t)}{dt^m}+b_2\frac{d^{m-1}u(t)}{dt^{m-1}}+\cdots+b_m\frac{du(t)}{dt}+b_{m+1}u(t) \tag{9.1}$$

其中,$a_i(i=1,2,\cdots,n+1)$和$b_i(i=1,2,\cdots,m+1)$为常数。

对应的传递函数定义为:在零初始条件下,系统输出量的拉普拉斯变换$Y(s)$与输入量的拉普拉斯变换$U(s)$之比

$$G(s)=\frac{Y(s)}{U(s)}=\frac{b_1 s^m+b_2 s^{m-1}+\cdots+b_m s+b_{m+1}}{a_1 s^n+a_2 s^{n-1}+\cdots+a_n s+a_{n+1}}=\frac{\text{num}(s)}{\text{den}(s)} \tag{9.2}$$

对于离散时间系统,常常以定常系数线性差分方程来描述。单输入单输出(SISO)的LTI系统的差分方程为:

$$a_1 y(k+n)+a_2 y(k+n-1)+\cdots+a_n y(k+1)+a_{n+1}y(k)$$
$$=b_1 u(k+m)+b_2 u(k+m-1)+\cdots+b_m u(k+1)+b_{m+1}u(k) \tag{9.3}$$

其中,$a_i(i=1,2,\cdots,n+1)$和$b_i(i=1,2,\cdots,m+1)$为常数。

对应的脉冲传递函数为

$$H(z)=\frac{Y(z)}{U(z)}=\frac{b_1 z^m+b_2 z^{m-1}+\cdots+b_m z+b_{m+1}}{a_1 z^n+a_2 z^{n-1}+\cdots+a_n z+a_{n+1}}=\frac{\text{num}(z)}{\text{den}(z)} \tag{9.4}$$

无论是连续时间系统还是离散时间系统,传递函数的分子、分母多项式均按s或z的降幂排列。在MATLAB中,都可以直接用分子、分母多项式系数构成的两个向量num和den表示系统,即

$$\begin{cases}\text{num}=[\text{b1},\text{b2},\cdots,\text{bm},\text{bm}+1]\\ \text{den}=[\text{a1},\text{a2},\cdots,\text{an},\text{an}+1]\end{cases} \tag{9.5}$$

在MATLAB中,分别用一维"行"数组(向量)表示完分子、分母多项式系数后,再利用控制系统工具箱的函数tf就可以用一个变量表示传递函数模型。tf函数的调用格式为:

```
num = [b1,b2,…,bm,bm+1];den = [a1,a2, …,an,an+1];
sys = tf(num,den)
sys = tf(num,den, T)
```

【说明】

- 第1种格式中,输出宗量sys为连续系统的传递函数模型;输入宗量num和den分别为系统的分子与分母多项式系数向量。
- 第2种格式中,输出宗量sys为离散系统的脉冲传递函数模型;输入宗量num和den含义同上;T为采样周期,当T=-1或T=[]时,系统的采样周期未定义。
- 需要注意的是:当多项式的某项系数为0时,千万不能忽略不写。如果忽略,多项式将降阶。
- 对于已知的传递函数模型,其分子与分母多项式系数向量可以分别用指令sys.num{1}和sys.den{1}求出。

如果连续系统的传递函数用系统零点、极点和增益来表示,称为系统的零极点增益模型,即有

$$G(s)=\frac{Y(s)}{U(s)}=k\frac{(s+z_1)(s+z_2)\cdots(s+z_m)}{(s+p_1)(s+p_1)\cdots(s+p_n)} \tag{9.6}$$

其中，k 为系统增益；$z_1, z_2, \cdots, z_m$ 为系统零点；$p_1, p_2, \cdots, p_n$ 为系统极点(下同)。

离散系统的脉冲传递函数也可用系统零点、极点和增益来表示，有

$$H(z)=\frac{Y(z)}{U(z)}=k\,\frac{(z+z_1)(z+z_2)\cdots(z+z_m)}{(z+p_1)(z+p_2)\cdots(z+p_n)} \tag{9.7}$$

在 MATLAB 中，连续和离散系统都可以直接用向量 z、p 和 k 构成的向量组来表示，即有

$$\begin{cases} \mathrm{z}=[\mathrm{z1};\mathrm{z2};\cdots;\mathrm{zm}] \\ \mathrm{p}=[\mathrm{p1};\mathrm{p2};\cdots;\mathrm{pn}] \\ \mathrm{k}=[\mathrm{k}] \end{cases} \tag{9.8}$$

然后，用函数 zpk 来建立控制系统的零极点增益模型。zpk 函数的调用格式为：

```
sys = zpk(z, p, k)
sys = zpk(z, p, k, T)
```

【说明】

- 第1种格式中，输出宗量 sys 为连续系统的零极点增益模型；输入宗量 z、p 和 k 分别为系统的零点、极点和增益。
- 第2种格式中，输出宗量 sys 为离散系统的零极点增益模型；输入宗量 z、p 和 k 含义同上；T 为采样周期，当 T＝－1 或 T＝[]时，系统的采样周期未定义。
- 对于已知的零极点增益模型，其零点与极点系数向量及增益可以分别用指令 sys.z{1}，sys.p{1}和 sys.k 求出。

离散系统的脉冲传递函数模型还有一种表示为 z^{-1} 的形式(即 DSP 形式)，转换为 DSP 形式脉冲传递函数的函数为 filt，调用格式为：

```
sys = filt(num,den)
sys = filt(num,den, T)
```

【说明】

- 第1种格式用来建立一个采样周期未指定的 DSP 形式脉冲传递函数。
- 第2种格式用来建立一个采样周期指定为 T 的 DSP 形式脉冲传递函数。

连续 LTI 系统的状态空间模型为

$$\begin{cases} \dot{\boldsymbol{x}}(t)=\boldsymbol{A}\boldsymbol{x}(t)+\boldsymbol{B}\boldsymbol{u}(t) \\ \boldsymbol{y}(t)=\boldsymbol{C}\boldsymbol{x}(t)+\boldsymbol{D}\boldsymbol{u}(t) \end{cases} \tag{9.9}$$

其中，$\boldsymbol{u}(t)$是系统控制输入向量；$\boldsymbol{x}(t)$是系统状态向量；$\boldsymbol{y}(t)$是系统输出向量；$\boldsymbol{A}$ 为系统矩阵(或称状态矩阵)；$\boldsymbol{B}$ 为控制矩阵(或称输入矩阵)；$\boldsymbol{C}$ 为输出矩阵(或称观测矩阵)；$\boldsymbol{D}$ 为输入输出矩阵(或称直接传输矩阵)。

离散系统的状态空间模型为

$$\begin{cases} \boldsymbol{x}(k+1)=\boldsymbol{A}\boldsymbol{x}(k)+\boldsymbol{B}\boldsymbol{u}(k) \\ \boldsymbol{y}(k)=\boldsymbol{C}\boldsymbol{x}(k)+\boldsymbol{D}\boldsymbol{u}(k) \end{cases} \tag{9.10}$$

其中，$\boldsymbol{u}(k)$、$\boldsymbol{x}(k)$和 $\boldsymbol{y}(k)$分别是离散系统的控制输入向量、系统状态向量和系统输出向量；$\boldsymbol{A}$、$\boldsymbol{B}$、$\boldsymbol{C}$ 和 $\boldsymbol{D}$ 的含义同上；k 表示采样点。

连续和离散系统都可以直接用二维数组(即矩阵)组($\boldsymbol{A}$,$\boldsymbol{B}$,$\boldsymbol{C}$,$\boldsymbol{D}$)来表示系统的状态空间模型。

在 MATLAB 中，用函数 ss 来建立控制系统的状态空间模型。ss 函数的调用格式为：

```
sys = ss(A, B, C, D)
sys =  ss(A, B, C, D, T)
```

【说明】

- 第 1 种格式中,输出宗量 sys 为连续系统的状态空间模型。
- 第 2 种格式中,输出宗量 sys 为离散系统的状态空间模型;T 为采样周期,当 T=−1 或 T=[]时,系统的采样周期未定义。
- 对于已知的状态空间模型,其参数矩阵 A、B、C 和 D 可以分别用指令 sys. a、sys. b、sys. c 和 sys. d 求出。

例 9.1 将传递函数模型

$$G(s)=\frac{12s^3+24s^2+12s+20}{2s^4+4s^3+6s^2+2s+2}$$

输入 MATLAB 工作空间。

编写 M 脚本文件 exam9_1. m 如下:

```
% exam9_1
clear
num = [12, 24, 12, 20];den = [2, 4, 6, 2, 2];
sys = tf(num,den)                          % 获得系统的数学模型
```

运行 exam9_1. m 后,得到如下结果:

```
sys =
     12 s^3 + 24 s^2 + 12 s + 20
   ---------------------------
  2 s^4 + 4 s^3 + 6 s^2 + 2 s + 2
```

【说明】

- 运行该程序后,在 MATLAB 的工作空间中可以看到一个变量 sys,其值为一个 1×1 的tf。

例 9.2 已知二阶离散系统 z 变换传递函数为

$$H(z)=\frac{1.6z^2-5.8z+3.9}{z^2-0.7z+2.4}$$

试求采样周期 T=0. 1 s 时系统脉冲传递函数的 DSP 形式。

编写 M 脚本文件 exam9_2. m 如下:

```
% exam9_2
clear
num = [1.6, - 5.8, 3.9];den = [1, - 0.7, 2.4];
sys = tf(num,den,0.1)
sys1 = filt(num,den,0.1)
```

运行 exam9_2. m 后,得到如下结果:

```
sys =
   1.6 z^2 - 5.8 z + 3.9
   -----------
     z^2 - 0.7 z + 2.4
```

```
Sample time: 0.1 seconds
Discrete-time transfer function.
sys1 =
  1.6 - 5.8z^-1 + 3.9z^-2
  ---------------
  1 - 0.7z^-1 + 2.4z^-2
Sample time:0.1 seconds
Discrete-time transfer function.
```

需要指出的是，对于已知的传递函数，其分子与分母多项式系数向量可以分别用指令 sys. num{1}和 sys. den{1}求出。这些指令对于程序设计是非常有用的。

例 9.3　将零极点增益模型

$$G(s)=6\frac{(s+5)(s+2+j2)(s+2-j2)}{(s+4)(s+3)(s+2)(s+1)}$$

输入 MATLAB 工作空间。

编写 M 脚本文件 exam9_3. m 如下：

```
% exam9_3
clear
p = [-1; -2; -3; -4];                        % 注意应使用列向量
z = [-5; -2 + 2i; -2 - 2i];
sys = zpk(z,p,6)
```

运行 exam9_3. m 后，得到如下结果：

```
sys =
  6(s + 5) (s^2 + 4s + 8)
  -------------
  (s + 1) (s + 2) (s + 3) (s + 4)
Continuous-time zero/pole/gain model.
```

【说明】

- 在 MATLAB 的零极点增益模型显示中，如果有复数零极点存在，则用二阶多项式来表示两个因式，而不直接展开成一阶复数因式。

同样，对于已知的传递函数，其零点与极点系数向量及增益可以分别用指令 sys. z{1}、sys. p{1}和 sys. k 求出。

不一定非要有用数学表达式描述的数学模型才能对系统进行研究。MATLAB 中特有的另外一种数学模型就是 Simulink 模型窗（叫作“untitled”窗）里的动态结构图。只要在 Simulink 工作窗里，按其规则（参见第 8 章）画出动态结构图，就是对系统建立了数学模型。再按规则将结构图的参数用实际系统的数据进行设置，就可以直接、方便地对系统进行各种仿真。

2. LTI 对象模型之间的相互转换

LTI 对象模型之间的相互转换是指连续时间系统（或离散时间系统）的传递函数模型、零极点增益模型和状态空间模型之间的相互转换。直接应用函数 tf、zpk 和 ss 即可以完成。需要指出的是，此类转换从理论上讲是不存在转换误差的。

例 9.4 已知系统的状态空间模型

$$\begin{cases}\dot{\boldsymbol{x}}(t)=\begin{pmatrix}0.3 & 0.1 & 0.05\\1 & 0.1 & 0\\1.5 & 8.9 & 0.05\end{pmatrix}\boldsymbol{x}(t)+\begin{pmatrix}2\\0\\4\end{pmatrix}u(t)\\\boldsymbol{y}(t)=(1 \quad 2 \quad 3)\boldsymbol{x}(t)\end{cases}$$

求其等效的传递函数模型和零极点增益模型。

编写 M 脚本文件 exam9_4. m 如下：

```
% exam9_4
clear
A=[0.3, 0.1, 0.05; 1, 0.1, 0; 1.5, 8.9, 0.05];
B=[2; 0; 4]; C=[1, 2, 3]; D=0;
sys_ss=ss(A,B,C,D);
sys_tf=tf(sys_ss)
sys_zpk=zpk(sys_tf)
```

运行 exam9_4. m 后，得到如下结果：

```
sys_tf =
       14 s^2 + 8.1 s + 51.85
   -----------------
  s^3 - 0.45 s^2 - 0.125 s - 0.434
Continuous-time transfer function.
sys_zpk =
      14 (s^2 + 0.5786s + 3.704)
   -----------------
  (s - 1.005) (s^2 + 0.5545s + 0.432)
Continuous-time zero/pole/gain model.
```

即传递函数模型为

$$G(s)=\frac{14s^2+8.1s+51.85}{s^3-0.45s^2-0.125s-0.434}=\frac{14(s^2+0.578\,6s+3.704)}{(s-1.005)(s^2+0.554\,5s+0.432)}$$

3. 连续模型与离散模型之间的相互转换

除了可以实现 LTI 对象各种数学模型之间的相互转换外，控制系统工具箱还提供实现连续时间系统和离散时间系统之间相互转换的函数。这些函数对于传递函数模型、零极点增益模型和状态空间模型均适用。需要指出的是，此类转换从理论上讲是存在转换误差的。

如果有连续时间系统模型 sysc，将其转换为离散时间系统模型的指令格式为：

```
sysd = c2d(sysc, T,'method')
```

【说明】

- 输出宗量 sysd 为转换后离散时间模型对象；输入宗量 sysc 为连续时间模型对象；T 为采样周期，单位为 s；method 用来指定离散化采用的方法(缺省时，method=zoh)：

  zoh　　　　　　采用零阶保持器

  foh　　　　　　采用一阶保持器

imp　　　　　　采用脉冲响应不变法
tustin　　　　　采用双线性变换法（Tustin 法）
prewarp　　　　采用改进的 Tustin 法
matched　　　　采用 SISO 系统的零极点根匹配法

如果有离散时间系统模型 sysd，将其转换为连续时间系统模型的指令格式为：

```
sysc = d2c(sysd,'method')
```

【说明】

- 输出宗量 sysc 为转换后连续时间模型对象；输入宗量 sysd 为离散时间模型对象；method 用来指定离散化采用的方法（缺省时，method＝zoh）：
  zoh　　　　　　采用零阶保持器
  tustin　　　　　采用双线性变换法（Tustin 法）
  prewarp　　　　采用改进的 Tustin 法
  matched　　　　采用 SISO 系统的零极点根匹配法
- 在该函数调用中无须再申明采样周期信息，因为该信息已包含在离散模型 sysd 中。

例 9.5　已知连续系统的传递函数模型为

$$G(s)=\frac{1}{s^2+3s+2}$$

试分别对系统采用零阶保持器和双线性变换法求其离散化状态空间模型（设采样周期 $T=1$ s）。

编写 M 脚本文件 exam9_5.m 如下：

```
% exam9_5
clear
num = [1];den = [1,3,2];sys_continuous = tf(num,den);
t = 1;disp('Discrete System -- using c2d with zoh')
sys_discrete_zoh = c2d(sys_continuous,t); % 将连续传递函数转换成脉冲传递函数(zoh)
sys_zoh = ss(sys_discrete_zoh)           % 将脉冲传递函数转换成状态空间模型
disp('Discrete System -- using c2d withtustin')
sys_discrete_tustin = c2d(sys_continuous,t,'tustin'); % 采用双线性变换法
sys_tustin = ss(sys_discrete_tustin)
```

运行 exam9_5.m 后，得到如下结果：

```
Discrete System--using c2d with zoh
sys_zoh =
a =
            x1        x2
   x1   0.5032   - 0.1991
   x2     0.25         0
b =
        u1
   x1   0.5
   x2     0
c =
          x1         x2
   y1  0.3996      0.588
```

```
d =
        u1
   y1    0
Sample time:1 seconds
Discrete-time state-space model.
Discrete System--using c2d withTustin
sys_tustin =
a =
            x1         x2
   x1  0.3333        0
   x2  1        0
b =
        u1
   x1  0.5
   x2    0
c =
             x1        x2
   y1  0.3889  0.1667
d =
             u1
   y1  0.08333
Sample time:1 seconds
Discrete-time state-space model.
```

由以上数据可得采用零阶保持器和双线性变换法的离散化状态空间模型分别为

$$\begin{cases}\begin{pmatrix}x_1(k+1)\\x_2(k+1)\end{pmatrix}=\begin{pmatrix}0.5032 & -0.1991\\0.25 & 0\end{pmatrix}\begin{pmatrix}x_1(k)\\x_2(k)\end{pmatrix}+\begin{pmatrix}0.5\\0\end{pmatrix}u(k)\\ y(k)=(0.3996 \quad 0.588)x(k)\end{cases}$$

$$\begin{cases}\begin{pmatrix}x_1(k+1)\\x_2(k+1)\end{pmatrix}=\begin{pmatrix}0.3333 & 0\\1 & 0\end{pmatrix}\begin{pmatrix}x_1(k)\\x_2(k)\end{pmatrix}+\begin{pmatrix}0.5\\0\end{pmatrix}u(k)\\ y(k)=(0.3889 \quad 0.1667)x(k)+0.08333u(k)\end{cases}$$

4. 环节方框图模型的化简

自动控制系统是由被控对象与控制装置组成的，即系统有多个环节，每个环节又是由多个元件构成的。环节在 MATLAB 中又叫作模块。自动控制的对象可以是一个元件、一个环节，也可以是一个模块、一个装置，甚至是一个系统。这要根据讨论问题的实际情况来确定。系统方框图的化简也适用于环节的、模块的、装置的方框图模型的化简。

多个环节相串联的连接形式是控制系统中最基本的组成结构形式之一。环节串联是指一个环节的输出为相邻的下一个环节的输入，其余依此类推(图 9.1 为两个环节串联)。将串联的多个环节的传递函数方框依次串联画出即成为系统方框图模型。控制系统的环节串联及其化简就是模块方框图模型的串联及其化简。

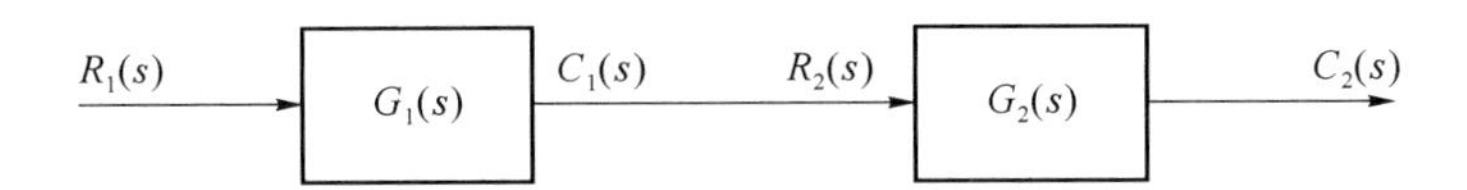

图 9.1　两个环节串联

当 n 个模块方框图模型 sys1，sys2，…，sys$n$ 串联连接时，其等效的方框图模型为：sys＝sys1 * sys2 * … * sys$n$。

多个环节相并联的连接形式也是控制系统中最基本的组成结构形式之一。环节并联是指多个环节的输入信号相同，所有环节输出的代数和为其总输出。两个环节的并联如图 9.2 所示。

当 n 个模块方框图模型 sys1，sys2，…，sys$n$ 并联连接时，其等效的方框图模型为：sys＝sys1±sys2±…±sys$n$。

控制系统的反馈闭环控制在实际工程中极为常见。两个环节的反馈连接如图 9.3 所示。

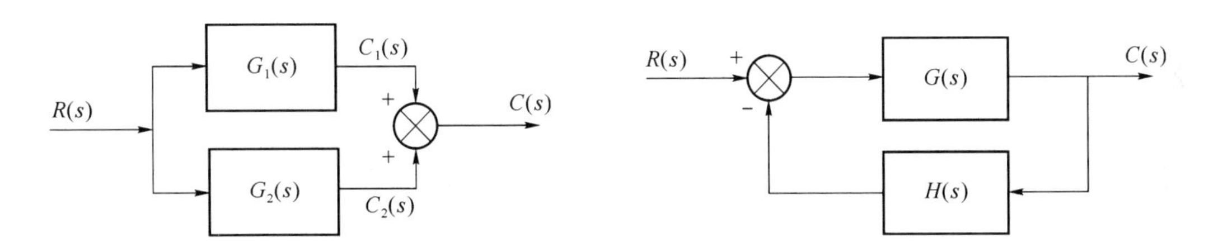

图 9.2　两个环节并联　　　　图 9.3　反馈连接结构

MATLAB 中的函数 feedback 可以将两个环节反馈连接后求其等效传递函数。feedback 函数的调用格式为：

```
sys = feedback(sys1,sys2,sign)
```

【说明】

- feedback 函数将两个环节按反馈方式连接起来；sys1 即为图 9.3 中的 $G(s)$；sys2 即为图 9.3 中的 $H(s)$（单位反馈时，sys2＝1，且不能省略）；sign 是反馈极性（缺省时，默认为负反馈，即 sign＝－1）。

例 9.6　图 9.4 是晶闸管—直流电机转速负反馈单闭环调速系统的系统方框图，求系统的闭环传递函数。

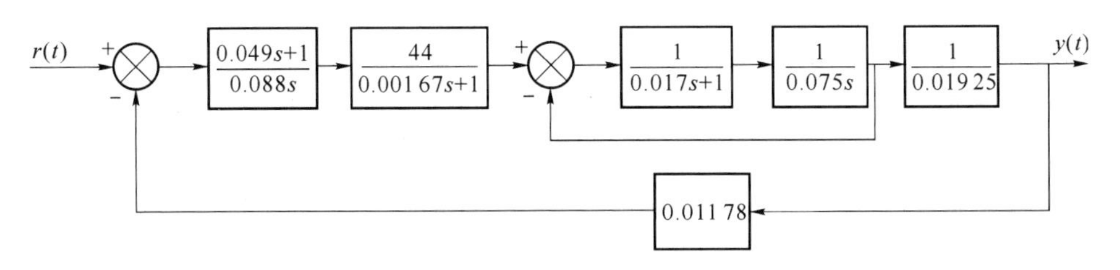

图 9.4　直流单闭环调速系统

编写 M 脚本文件 exam9_6.m 如下：

```
% exam9_6
clear
n1 = [1]; d1 = [0.017,1]; s1 = tf(n1,d1);
n2 = [1]; d2 = [0.075,0]; s2 = tf(n2,d2);
s = s1 * s2;
sys1 = feedback(s,1);                    % 求小闭环的传递函数
n3 = [0.049,1]; d3 = [0.088,0]; s3 = tf(n3,d3);
n4 = [44]; d4 = [0.00167,1]; s4 = tf(n4,d4);
n5 = 1; d5 = 0.01925; s5 = tf(n5,d5); % 比例环节也必须写成分子、分母多项式形式
n6 = 0.01178; d6 = 1; s6 = tf(n6,d6);
sysq = sys1 * s3 * s4 * s5;
sys = feedback(sysq,s6)
```

运行 exam9_6.m 后,得到如下结果:

```
sys =
                        2.156 s + 44
  ----------------------------------------
  3.607e-09 s^4 + 2.372e-06 s^3 + 0.0001299 s^2 + 0.02709 s + 0.5183
Continuous-time transfer function.
```

即系统的闭环传递函数为

$$\Phi(s)=\frac{2.156s+44}{3.607\times10^{-9}s^4+2.372\times10^{-6}s^3+0.000\,129\,9s^2+0.027\,09s+0.518\,3}$$

5. 利用 Simulink 模型求取系统的数学模型

将 Simulink 模型和编程相结合,可以直接求出整个系统的数学模型。限于篇幅,仅举一例。

例 9.7 对于图 9.4 晶闸管—直流电机转速负反馈单闭环调速系统的系统方框图,利用 Simulink 模型求其闭环传递函数。

(1) 建模的基本思路

本例的系统数学模型是通过形象直观的框图和各环节的传递函数给出的。这特别便于用 Simulink 的传递函数模块建模。

(2) 构造"用于系统传递函数计算"的 Simulink 模型

根据题给框图和各环节的具体传递函数构造 Simulink 模型(exam9_7_mdl.mdl),如图 9.5 所示。

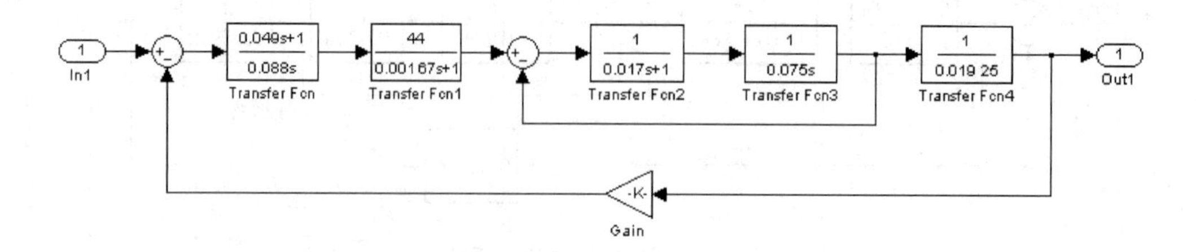

图 9.5 用于系统传递函数计算的 Simulink 模型(exam9_7_mdl.mdl)

(3) 系统传递函数的获取

编写 M 脚本文件 exam9_7.m 如下:

```
% exam9_7
clear
[A,B,C,D] = linmod2('exam9_7_mdl');  % 从 Simulink 模型得到系统的状态空间模型
sys_tf = tf(ss(A,B,C,D))              % 将状态空间模型转化为传递函数模型
```

运行 exam9_7. m 后，得到如下结果：

```
sys_tf =
                  5.977e08 s + 1.22e10
   ------------------------------
  s^4 + 657.6 s^3 + 3.601e04 s^2 + 7.511e06 s + 1.437e08
Continuous-time transfer function.
```

【说明】

- 函数 linmod2 用于获取系统的线性化模型。
- 本例获得的传递函数模型不一定是状态空间模型的最小实现。如果要得到最小实现的传递函数模型，则最后一条指令应改为：sys_tf=tf(minreal(ss(A,B,C,D)))。其中，函数 minreal 用于去除多余的状态变量。
- 本例所得结果与例 9.6 所得的计算结果在形式上不一样。这是因为 MATLAB 自动对分母多项式的最高项系数进行了“标幺化”处理。事实上，如果将例 9.6 所得的计算结果的各项系数同时除以 3.607e－9，则与本例结果完全相同。

9.1.2　控制系统时域响应的 MATLAB 实现

从理论上讲，控制系统时域响应是应该采用求出其解析解的方法获取的。但在实际应用中，并非所有时候都希望一定能得出系统的解析解。大多数情况下，得到系统的时域响应曲线就可以了。在这些情况下，可以借助于求微分方程数值解的技术来求取系统响应的数值解，并用曲线表示结果。

控制系统时域响应的 MATLAB 数值解方法有两种：一种是在 MATLAB 的函数方式下进行；另一种是利用 Simulink 动态结构图进行时域仿真(参见第 8 章)。

1. 线性系统的阶跃响应和脉冲响应

利用 MATLAB 所提供的求取系统的单位阶跃响应函数 step 和 dstep，单位脉冲响应函数 impulse 和 dimpulse，可以求出其对应的响应。

step 函数的调用格式为：

```
step(sys)
step(sys,t)
[y,t] = step(sys)
[y,t,x] = step(sys)
```

【说明】

- LTI 对象的 sys 可以是由函数 tf、zpk 和 ss 中任何一个建立的系统模型。
- 第 1 种格式为无输出宗量的格式，函数在当前图形窗口中直接绘制出系统的单位阶跃响应曲线。
- 第 2 种格式用于计算系统的单位阶跃响应并绘制出对应的曲线，其中 t 可以指定为一

个仿真终止时间,此时 t 为一标量;也可以设置为一个时间向量(例如,用 t=0:dt:Tfinal 命令)。若是离散系统时间间隔 dt 必须与采样周期匹配;函数中的 t 也可以没有。

- 第 3 种格式为带有输出宗量引用的函数,可以计算系统单位阶跃响应的输出数据,而不绘制曲线。输出宗量 y 为系统的输出响应向量,t 为取积分值的时间向量。
- 第 4 种格式为带有输出宗量引用的函数,可以计算系统单位阶跃响应的输出数据,而不绘制曲线。输出宗量 y 为系统的输出响应向量,t 为取积分值的时间向量,x 为系统的状态轨迹数据。需要注意的是:输出宗量[y,t,x]三个元素的顺序不能错。这种格式通常用于以函数 ss 建立的系统模型。
- 如果想同时绘制出多个系统的阶跃响应曲线,则可以仿照 plot 指令给出系统阶跃响应指令,例如,step(sys1,'-',sys2,'-.',sys3,':r')。
- 上述 4 种格式离散系统阶跃响应函数 dstep 同样适用。
- 单位脉冲响应函数 impulse 和 dimpulse 的调用格式相同。

例 9.8 单位反馈系统前向通道的传递函数为

$$G(s)=\frac{80}{s^2+2s}$$

试作出其单位阶跃响应曲线。

编写 M 脚本文件 exam9_8.m 如下:

```
% exam9_8
clear
sys_tf = tf(80,[1,2,0]);closys = feedback(sys_tf ,1);
step(closys)
```

运行 exam9_8.m 后,得到如图 9.6(a)所示的单位阶跃响应曲线。

在自动绘制的系统阶跃响应曲线上,若单击曲线上的某点,可以显示出该点对应的时间信息和相应的幅值信息,如图 9.6(b)所示。通过这样的方法就可以很容易地分析系统阶跃响应的情况。

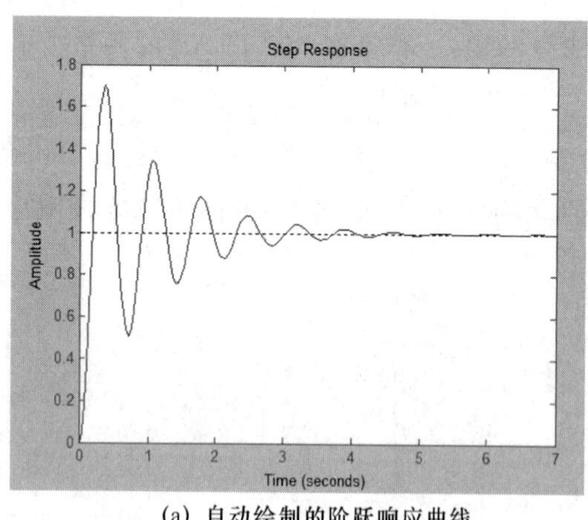

(a) 自动绘制的阶跃响应曲线

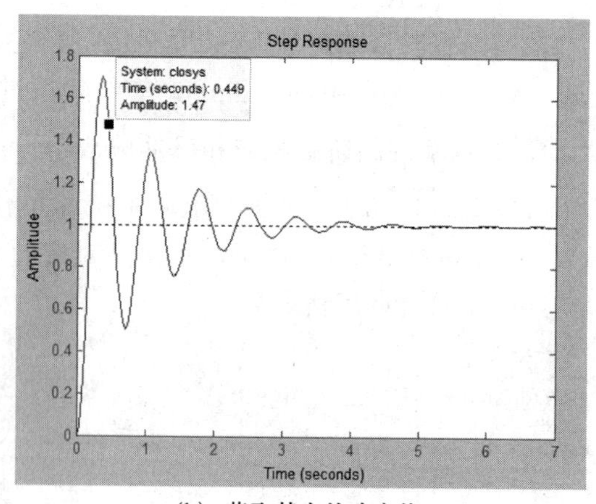

(b) 获取某点的响应值

图 9.6 系统的单位阶跃响应曲线

线性系统的阶跃响应通常采用一些定量的性能指标来描述,如系统的超调量、上升时间、调节时间等。在 MATLAB 自动绘制的阶跃响应曲线中,如果想要得出这些性能指标,只需在得到的图上右击鼠标,则将得出如图 9.7(a)所示的菜单。单击 Characteristics(特征)项,从中选取合适的分析内容,就可以得出系统的阶跃响应指标,如图 9.7(b)所示。若想获得某个性能指标的具体值,单击曲线上的对应点即可。

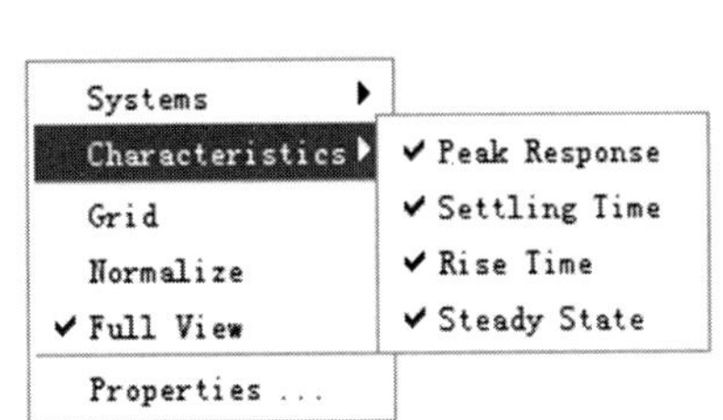

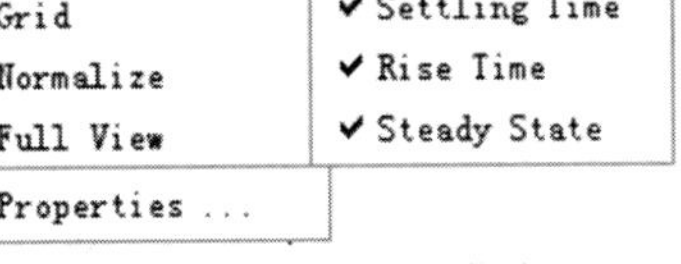

(a) 系统阶跃响应的快捷菜单

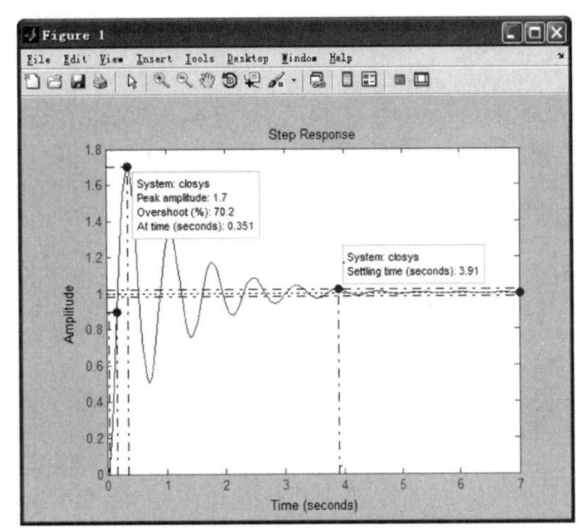

(b) 阶跃响应的性能指标显示

图 9.7　阶跃响应的性能指标显示

【说明】

- 在 MATLTB 中,Setting Time(调节时间)默认的误差限为±2%;Rise Time(上升时间)为从稳态值的 10%上升到稳态值的 90%所需的时间。
- 如果需要修改上述默认设置,可以在得到的图上右击鼠标,并在图 9.7(a)所示的菜单中选择 Properties 项,然后在弹出的界面中选择 Options 项进行修改。

2. 线性系统的零输入响应

零输入响应是系统初始状态引发的动态过程。此时,系统无输入信号作用,响应只与系统的初始状态、结构及参数有关。

零输入响应函数 initial 的调用格式为:

```
initial (sys,x0)
initial (sys,x0,t)
[y,t] = initial (sys,x0)
[y,t,x] = initial (sys,x0)
```

【说明】

- x0 为初始状态;sys 必须是状态空间模型;其余均与 step 函数完全一致。
- 离散时间系统零输入响应函数 dinitial 调用格式基本相同。

例 9.9　系统模型如图 9.4 所示,绘制初始状态为 $\boldsymbol{x}_0=(1\quad 0\quad 0\quad 0)^{\mathrm{T}}$ 时的零输入响应曲线。

编写 M 脚本文件 exam9_9.m 如下:

```
% exam9_9
clear
[A,B,C,D] = linmod2('exam9_7_mdl');
x0 = [1,0,0,0]';
initial(ss(A,B,C,D),x0)
grid
```

运行 exam9_9.m 后,得到如图 9.8 所示的零输入响应曲线。

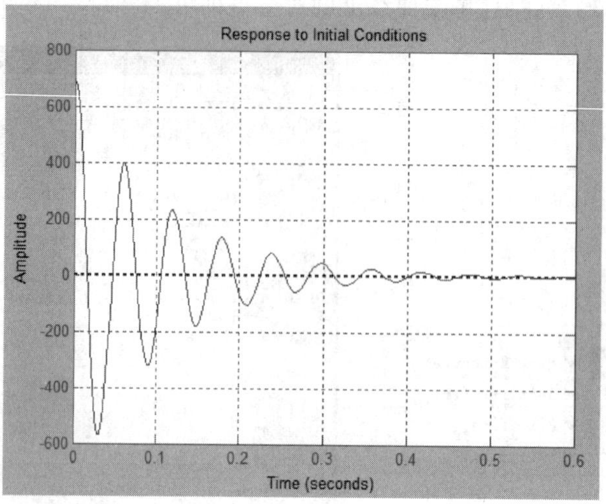

图 9.8　闭环系统的零输入响应曲线

3. 任意输入下系统的响应

如果输入信号由其他数学模型描述,或输入信号的数学模型未知,则需要借助于函数 lsim 和 dlsim 来绘制系统的时域响应曲线。lsim 函数的调用格式与 step 等函数的调用格式相类似。所不同的是,需要提供有关输入信号的函数值。

lsim 函数的调用格式为:

```
lsim (sys,u,t)
lsim (sys,u,t, x0)
[y]= lsim (sys,u,t)
[y,t,x]= lsim(sys,u,t,x0)
```

【说明】

- u 和 t 用于描述输入信号,u 中的点对应于各个时间点处的输入信号值。
- 离散时间系统任意输入响应函数 dlsim 的调用格式基本相同。

例 9.10　某二阶系统的数学模型为

$$H(z)=\frac{2z^2-6.8z+3.6}{3z^2-4.3z+1.75}$$

试绘制系统对 99 点随机噪声的响应曲线。

编写 M 脚本文件 exam9_10.m 如下:

```
% exam9_10
clear
num=[2,-6.8,3.6]; den=[3,-4.3,1.75];
u=rand(99,1);
dlsim(num,den,u);                          % 在 dlsim 函数中直接使用系统模型参数
title('随机噪声响应')
xlabel('时间'); ylabel('振幅'); grid
```

运行 exam9_10.m 后,得到如图 9.9 所示的响应曲线。

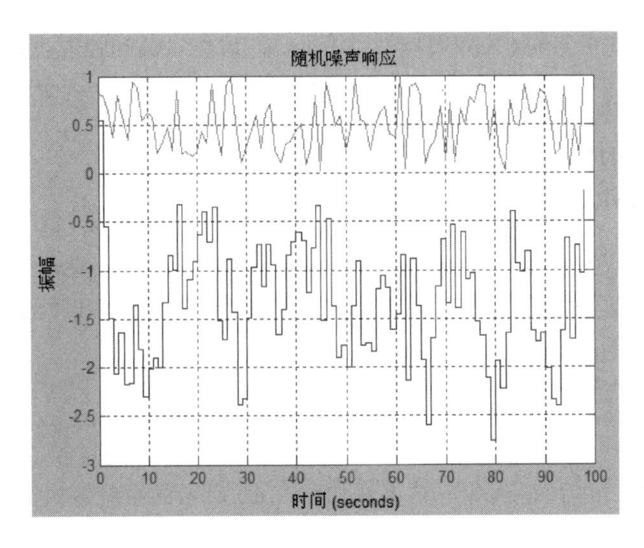

图 9.9　系统对随机信号的响应曲线

【说明】

- 在图 9.9 中，上方的浅色曲线为系统输入信号，下方的深色曲线为系统响应。

9.1.3　控制系统稳定性分析的 MATLAB 实现

在自动控制系统特性分析中，系统的稳定性是最重要的指标。如果系统稳定，则可以进一步分析系统的其他性能；反之，系统不能直接应用，需要引入控制器来使得系统稳定。对系统稳定性的分析通常是通过代数稳定性判据、根轨迹图和频率特性图来进行的。对于后两种方法，MATLAB 提供便捷的作图和分析结果；对于第一种方法，MATLAB 则是通过求出系统特征值的数值解而完全取代了传统的代数稳定性判据。

1. 线性系统特征根的求取

在控制理论发展的初期，由于没有直接可用的计算机软件能求取高阶多项式的根，所以无法用求根的方法直接判断系统的稳定性。因此出现了各种各样的间接方法，如著名的 Routh 判据、Hurwitz 判据和 Jury 判据等。对于线性系统，既然 MATLAB 可以通过数值计算的方法直接求取系统特征根，判定是否系统稳定就没有必要再使用间接方法了。

MATLAB 中与求取系统特征根相关的常用函数的调用格式为：

```
p = eig(sys)
pzmap(sys)
pole(sys)
zero(sys)
```

【说明】

- LTI 对象的 sys 可以是由函数 tf、zpk 和 ss 中任何一个建立的系统模型，且无论系统是连续的还是离散的。
- 第 1 种格式返回系统的全部特征根。
- 第 2 种格式用图形的方式绘制出系统所有零极点在 s 平面上的位置。
- 第 3 种格式求出系统的所有极点。
- 第 4 种格式求出系统的所有零点。

例 9.11 假设离散系统(采样周期 $T=0.1$ s)的被控对象和控制器的模型分别为

$$H(z)=\frac{6z^2-0.6z-0.12}{z^4-z^3+0.25z^2+0.25z-0.125},\quad G_c(z)=0.3\frac{z-0.6}{z+0.8}$$

试分析单位反馈下闭环系统的稳定性。

编写 M 脚本文件 exam9_11.m 如下:

```
% exam9_11
clear
num1 = [6, - 0.6, - 0.12]; den1 = [1, - 1,0.25,0.25, - 0.125]; h = tf(num1,den1,0.1);
num2 = [0.3, - 0.3 * 0.6]; den2 = [1,0.8]; g = tf(num2,den2,0.1);
sys = h * g;closys = feedback(sys,1);
abs(eig(closys)′)                                  % 求出系统特征值的模
pzmap(closys)
```

运行 exam9_11.m 后,得到如下结果和如图 9.10 所示的系统零极点的位置。

```
ans =
    1.1644    1.1644    0.5536    0.3232    0.3232
```

由于前两个特征根的模均大于 1,所以判定该闭环系统是不稳定的。这一点从图 9.10 也可看出(系统存在单位圆外的极点)。

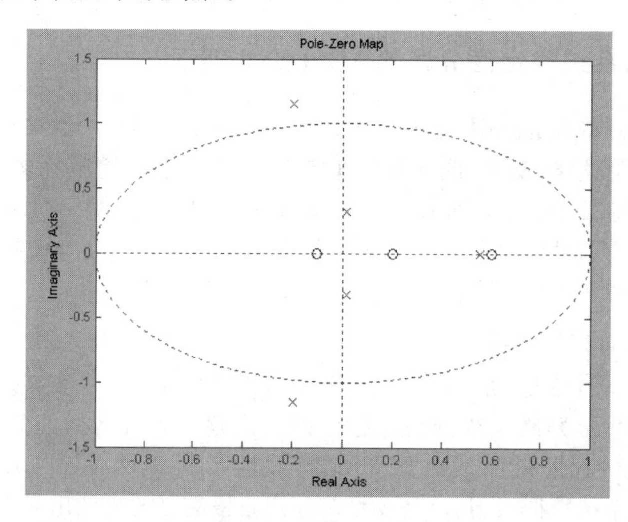

图 9.10 离散闭环系统零极点位置

2. 根轨迹分析的 MATLAB 实现

系统的根轨迹分析和设计技术是自动控制理论中的一种很重要的方法。根轨迹起源于对系统稳定性的研究,是一种比较实用的方法。

根轨迹绘制的基本思路是:假设单变量系统的开环传递函数为 $G(s)$,且设控制器为增益 K,整个控制系统是由单位负反馈构成的闭环系统 $\Phi(s)=KG(s)/(1+KG(s))$,闭环系统的特征根可以由下列方程求出:

$$1+KG(s)=0 \tag{9.11}$$

从而化为多项式方程求根的问题。对于指定的 K 值,可以求出闭环系统的一组特征根。改变 K 的值可能得出另外的一组根。对 K 的不同取值,可以绘制出每个特征根变化的曲线,即系统的根轨迹。

MATLAB 中提供了函数 rlocus，可以直接用于系统的根轨迹绘制。rlocus 函数的调用方法也是很直观的，类似于 step 函数，常用的调用格式为：

```
rlocus(sys)
rlocus (sys,k)
[r,k] = rlocus (sys)
```

【说明】

- 第 1 种格式无输出宗量，自动绘制根轨迹曲线。
- 第 2 种格式是根据给定的增益向量绘制根轨迹曲线。
- 第 3 种格式输出增益和对应的闭环特征根。
- 可以同时绘制出若干个系统的根轨迹。例如，rlocus (sys1，'-'，sys2，'-. '，sys3，':r ')。
- 上述 3 种格式对连续系统和离散系统均适用。

绘制出系统的根轨迹曲线后，利用 grid 指令将在根轨迹曲线上叠印出等阻尼线和等自然频率线，根据等阻尼线可以进行基于根轨迹的系统设计。

例 9.12　假设系统的开环传递函数为

$$G(s)=\frac{s^2+4s+8}{s^5+18s^4+120.5s^3+357.5s^2+478.5s+306}$$

试绘制系统的根轨迹曲线，并判断系统的稳定性与增益的关系。

编写 M 脚本文件 exam9_12. m 如下：

```
% exam9_12
clear
num = [1,4,8]; den = [1,18,120.5,357.5,478.5,306];
sys = tf(num,den);
rlocus(sys)
```

运行 exam9_12. m 后，得到如图 9.11(a)所示的系统根轨迹。

单击根轨迹上的点，可以显示出该点处的增益值和其他相关信息。从图 9.11(a)可以看出，该系统是条件稳定的。单击根轨迹与虚轴相交的点，可以得出该点处增益的临界值为 775，如图 9.11(b)所示。可见，若系统的增益 $K>775$，闭环系统不稳定。

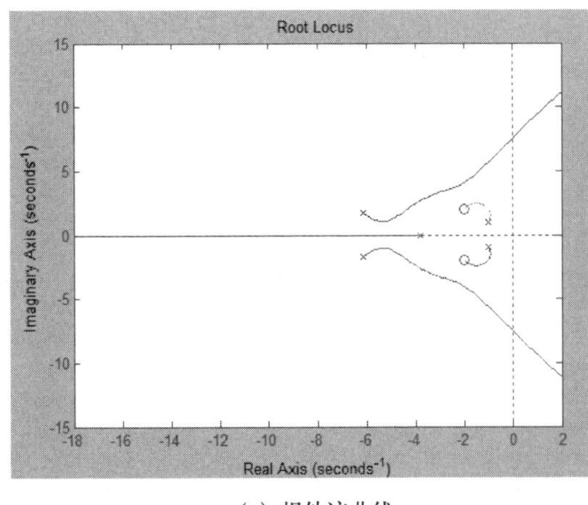

(a) 根轨迹曲线

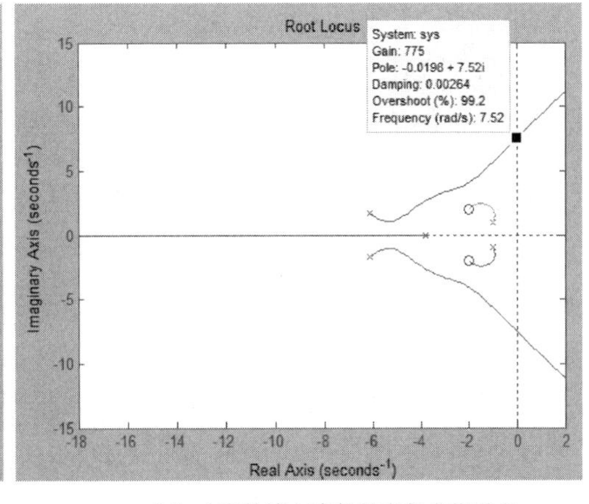

(b) 由根轨迹与虚轴的交得出临界点

图 9.11　控制系统根轨迹分析

前面介绍的根轨迹绘制都是负反馈系统的根轨迹,而使用指令 rlocus(-sys)可以直接绘制出正反馈系统的根轨迹曲线(即所谓"广义根轨迹")。

3. 频域分析的 MATLAB 实现

频域分析法是自动控制中应用的又一种数学工具——利用频率特性来研究系统稳定性、快速性及稳态精度的方法。这种方法不必直接求解系统的微分方程,而是间接地运用系统开环频率特性曲线,分析闭环系统的响应,因此它是一种图解方法。

频域分析中主要用到两种曲线(或叫图):Nyquist 图和 Bode 图。它们就是频域分析的两种工具。Nyquist 图主要用于频域稳定性分析;Bode 图可以用于分析系统的幅值稳定裕度、相位稳定裕度、截止频率、-180°穿越频率、带宽、扰动抑止及其稳定性等,因而在频域分析中有着重要的地位。

MATLAB 控制系统工具箱中提供了函数 nyquist,可以直接绘制系统的 Nyquist 图。该函数常用的调用格式为:

```
nyquist(sys)
nyquist(sys, w)
[re,im,w] = nyquist(sys)
```

【说明】

- LTI 对象的 sys 可以是由函数 tf、zpk、ss 中任何一个建立的系统模型,且无论系统是连续的还是离散的。
- 第 1 种格式无输出宗量,而自动绘制 Nyquist 曲线(默认的频率 ω 的范围为 $0\to+\infty$,并且利用对称性画出了 ω 从 $-\infty\to0$ 曲线的镜像)。
- 第 2 种格式是根据给定的频率点绘制 Nyquist 曲线。如果要定义频率范围,w 必须是[wmin, wmax]格式;如果定义的是频率点,则必须是由所需要频率点频率构成的向量。
- 第 3 种格式计算系统在频率 w 处的频率响应输出数据,而不绘制曲线。输出宗量 re 为频率响应的实部;im 为频率响应的虚部;w 是频率点。
- 可以同时绘制出若干个系统的 Nyquist 曲线。例如,nyquist (sys1, '-',sys2, '-. ', sys3, ':r ')。绘制出系统的 Nyquist 曲线后,利用 grid 指令将在 Nyquist 图上叠印出等 M 圆。

例 9.13 假设系统的开环传递函数为

$$G(s)=\frac{2.7778(s^2+0.192s+1.92)}{s(s+1)^2(s^2+0.384s+2.56)}$$

试绘制其 Nyquist 图,并判断闭环系统的稳定性。

编写 M 脚本文件 exam9_13. m 如下:

```
% exam9_13
clear
n1 = 2.7778; d1 = [1,0]; s1 = tf(n1,d1);
n2 = [1]; d2 = [1,2,1]; s2 = tf(n2,d2);
n3 = [1,0.192,1.92]; d3 = [1,0.384,2.56]; s3 = tf(n3,d3);
sys = s1 * s2 * s3;
nyquist(sys)
axis([-2.5,0,-1.5,1.5]);     % 为观察(-1,j0)点附近 Nyquist 曲线走向,调整坐标范围
grid
```

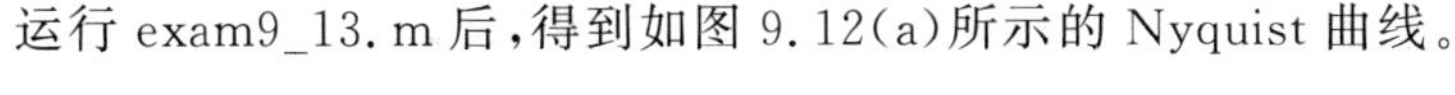

运行 exam9_13.m 后，得到如图 9.12(a)所示的 Nyquist 曲线。

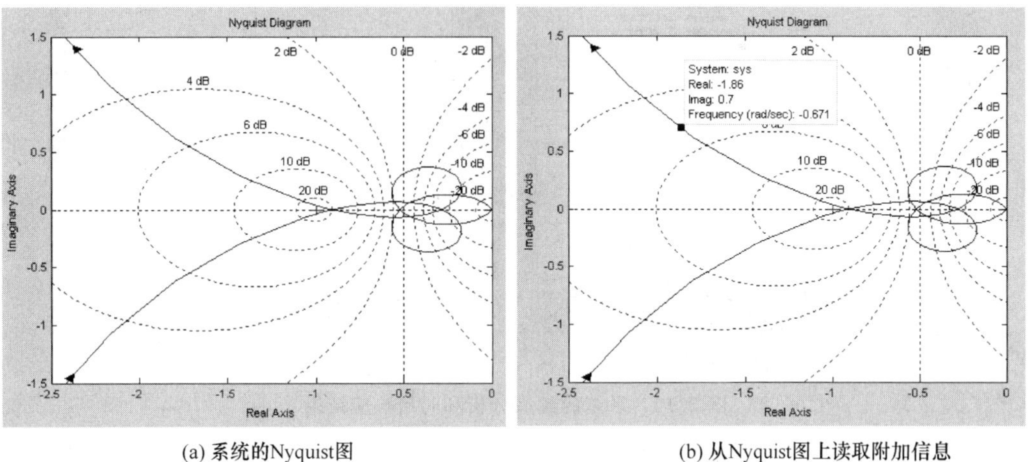

(a) 系统的Nyquist图　　(b) 从Nyquist图上读取附加信息

图 9.12　系统的频率响应分析结果

单击 Nyquist 曲线上的点，则可以显示出在该点处频率、实部和虚部等信息，如图 9.12(b)所示。这种获得附加信息的方法对后面介绍的函数 bode 和 margin 同样适用。

从得到的 Nyquist 图可以看出，尽管曲线的走向比较复杂，但整个 Nyquist 图并不包围(−1,j0)点；同时，由于开环系统不含有不稳定的极点，所以根据控制理论中的 Nyquist 判据可以断定：闭环系统是稳定的。

MATLAB 控制系统工具箱中提供的函数 bode 可以直接绘制系统的 Bode 图。该函数常用的调用格式为：

```
bode(sys)
bode(sys, w)
[mag, phase, w] = bode(sys)
```

【说明】

- 该函数的使用类似于函数 nyquist。
- 第 3 种格式的输出宗量 mag 为频率响应的幅值 $A(\omega)$；phase 为频率响应的相位 $\varphi(\omega)$；w 是频率点。

例 9.14　续例 9.13，试绘制系统的 Bode 图，并判断闭环系统的稳定性。

编写 M 脚本文件 exam9_14.m 如下：

```
% exam9_14
clear
n1 = 2.7778; d1 = [1,0]; s1 = tf(n1,d1);
n2 = [1]; d2 = [1,2,1]; s2 = tf(n2,d2);
n3 = [1,0.192,1.92]; d3 = [1,0.384,2.56]; s3 = tf(n3,d3);
sys = s1 * s2 * s3;
bode(sys,{0.1,10})                          % 绘制 ω 从 0.1→10 的 Bode 图
grid
```

运行 exam9_14.m 后，得到如图 9.13(a)所示的 Bode 图。

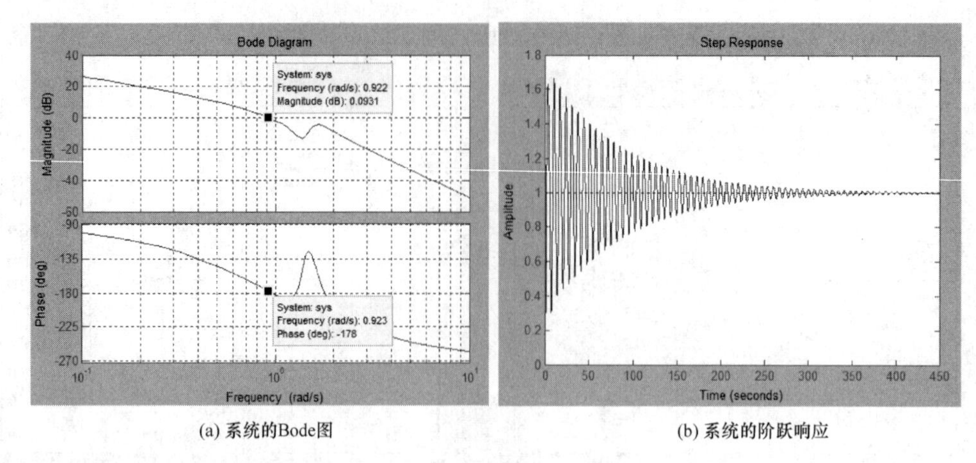

(a) 系统的Bode图　　　　(b) 系统的阶跃响应

图 9.13　系统的频域分析和时域响应结果

单击 Bode 图上对数频率特性曲线在 0 dB 处的点,并查出对应频率点处的相位值(约为 −178°)。可见,闭环系统是稳定的,但由于稳定裕度太小,其阶跃响应的振荡是很强的。事实上,在 MATLAB 的指令窗键入

```
>> step(feedback(sys,1))
```

得到如图 9.13(b)所示的系统阶跃响应曲线。

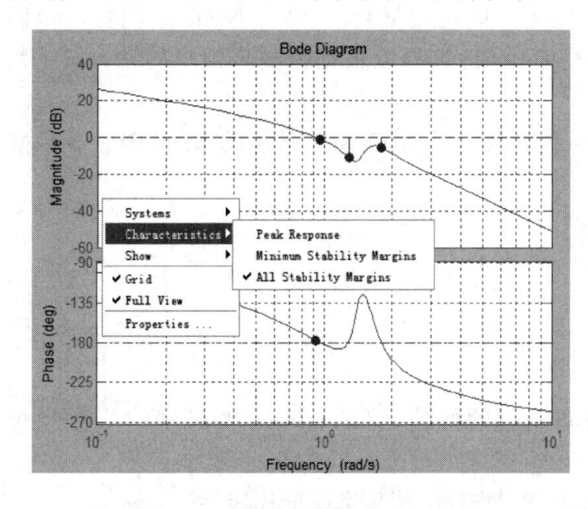

图 9.14　系统的频率响应分析结果

在得到的 Bode 图上右击鼠标,则将得到如图 9.14 中所示的菜单。选择其中的 Characteristics 项,从中选取合适的分析内容(例如,稳定性),则得到如图 9.14 所示的 Bode 图。这个功能对函数 nyquist 也适用。

从例 9.14 可以看出,系统的稳定性固然重要,但它不是唯一刻画系统性能的准则。因为有的系统即使稳定,但其瞬态性能表现为很强的振荡性,也是没有实用价值的。基于频域分析的稳定裕度是衡量系统稳定情况的有效的定量指标。

MATLAB 控制系统工具箱中提供了函数 margin,可以直接用于系统的幅值和相位稳定裕度的求取。该函数常用的调用格式为:

```
margin(sys)
[gm,Pm,wg,wc] = margin(sys)
```

【说明】

- 第 1 种格式无输出宗量,自动绘制系统的 Bode 图,并在图上标出系统的对数幅值稳定裕度值 Gm、相位稳定裕度值 Pm、−180°穿越频率和截止频率。若某个稳定裕度为无穷大,则显示 Inf(下同)。
- 第 2 种格式不绘制系统的 Bode 图,输出宗量为系统的幅值稳定裕度值 gm、相位稳定裕度值 Pm、截止频率和−180°穿越频率。

• 幅值稳定裕度值 gm 与对数幅值稳定裕度 Gm 之间的关系为 Gm=20 * lg(gm)。

例 9.15　续例 9.14,试确定系统的稳定裕度。

编写 M 脚本文件 exam9_15.m 如下:

```
% exam9_15
clear
n1 = 2.7778; d1 = [1,0]; s1 = tf(n1,d1);
n2 = [1]; d2 = [1,2,1]; s2 = tf(n2,d2);
n3 = [1,0.192,1.92]; d3 = [1,0.384,2.56]; s3 = tf(n3,d3);
sys = s1 * s2 * s3;
[gm,Pm,wg,wc] = margin(sys)
margin(sys)
```

运行 exam9_15.m 后,得到如下结果和图 9.15 所示的 Bode 图。

```
gm =
   1.1050
Pm =
   2.0985
wg =
   0.9621
wc =
   0.9261
```

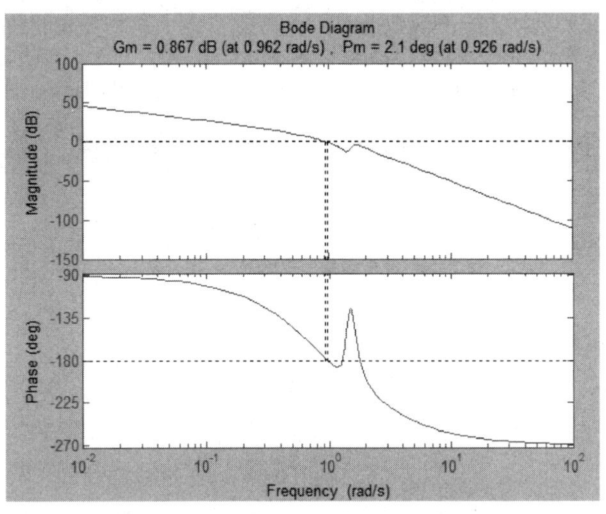

图 9.15　系统的稳定裕度分析结果

系统的幅值稳定裕度为 1.105 0(对应的对数幅值稳定裕度为 20lg 1.105 0=0.866 9 dB),频率(即−180°穿越频率)为 0.962 1 rad/s,相位稳定裕度为 2.098 5°,频率(即截止频率)为 0.926 1 rad/s。由于稳定裕度较小,闭环系统的阶跃响应将有强振荡。

9.1.4　经典控制的 MATLAB 辅助设计简介

在经典控制理论中,所谓系统设计,就是在给定的性能指标条件下,对于给定的对象模型,确定一个能够完成给定任务的控制器(常称为校正器或者补偿器),即确定控制器的结构和参数。控制系统的设计又叫作控制系统的校正或者控制系统的校正设计。

控制系统的校正设计的方法很多,利用 MATLAB 的控制系统工具箱中的众多函数,可以大大地减少计算和绘制图形的工作量,达到事半功倍的效果。这里仅给出一例。

例 9.16 已知单位反馈系统的被控对象为

$$G_0(s)=\frac{K_0}{s(0.1s+1)(0.2s+1)}$$

试设计串联校正器,使得:① 在单位斜坡信号 $r(t)=t$ 的作用下,系统的速度误差系数 $K_v \geqslant 30\ s^{-1}$;② 系统校正后的截止频率 $\omega_c \geqslant 2.3$ rad/s;③系统校正后的相位稳定裕度 $P_m > 40°$。

采用 Bode 图设计方法介绍如下。

(1) 确定 K_0

根据控制理论,给定被控对象为 I 型系统,单位斜坡响应的速度误差系数 $K_v = K = K_0 \geqslant 30\ s^{-1}$,其中 K_0 是系统的开环增益。取 $K_0 = 30\ s^{-1}$,则被控对象的传递函数为

$$G_0(s)=\frac{30}{s(0.1s+1)(0.2s+1)}$$

(2) 作原系统的 Bode 图和阶跃响应曲线,检查是否满足要求

编写 M 脚本文件 exam9_16_1.m 如下:

```
% exam9_16_1
clear
k0 = 30; z = []; p = [0; - 10; - 5]; sys0 = zpk(z,p,k0 * 10 * 5);
figure(1); margin(sys0),grid              % 函数 figure 用来创建图形窗口
figure(2); step(feedback(sys0,1)), grid
```

运行 exam9_16_1.m 后,得到如图 9.16 所示未校正系统的 Bode 图和阶跃响应曲线。

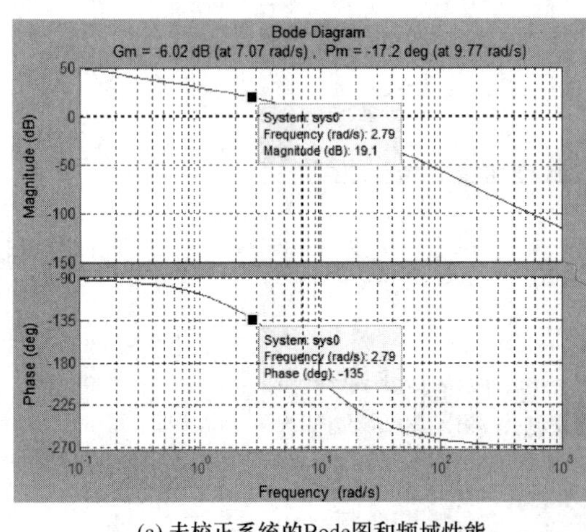

(a) 未校正系统的Bode图和频域性能

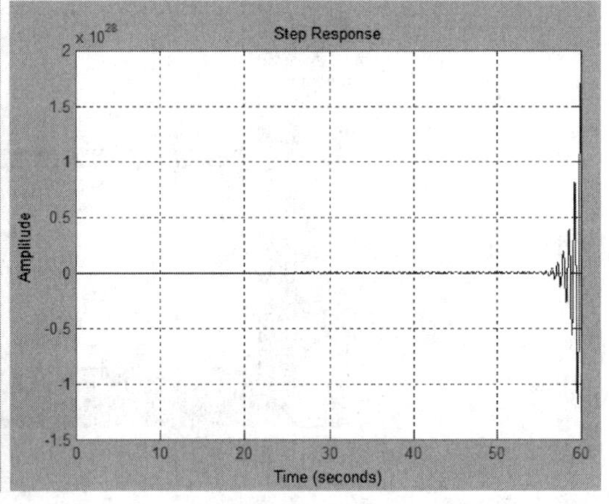

(b) 未校正系统的单位阶跃响应

图 9.16 未校正系统的频域性能和时域响应

根据计算可知未校正系统的频域性能指标为:

对数幅值稳定裕度	$G_{m0} = -6.02$ dB
相位稳定裕度	$P_{m0} = -17.2°$
$-180°$穿越频率	$\omega_{g0} = 7.07$ rad/s
截止频率	$\omega_{c0} = 9.77$ rad/s

由计算所得数据知,对数幅值稳定裕度和相位稳定裕度均为负值,这样的系统根本无法

工作。这一点也可从如图 9.16(b)所示发散振荡的阶跃响应曲线看出，系统必须进行校正。

(3) 求校正器的传递函数

由于给定的开环截止频率 $\omega_c \geqslant 2.3$ rad/s，远小于 $\omega_{c0}=9.77$ rad/s，可以通过压缩频带宽度来改善相位裕度，因此采用串联滞后校正是合理的。令校正器的传递函数为

$$G_c(s)=\frac{1+Ts}{1+\beta Ts}$$

显然，应有 $\beta>1$。

① 确定新的开环截止频率 ω_c

希望的相位稳定裕度 $P_m>40°$，所以根据滞后校正的设计方法，应有

$$P_m+(2°\sim5°)=\pi+\varphi(\omega)\big|_{\omega=\omega_c}$$

其中，$(2°\sim5°)$是附加相位补偿角。取其等于 5°，则有

$$40°+5°=\pi+\varphi(\omega_c)$$

于是，有

$$\varphi(\omega_c)=-135°$$

从图 9.16(a)的对数相频特性图上可以取得对应于−135°的 ω 为 2.79 rad/s，即有

$$\omega_c=2.79\ \text{rad/s}$$

② 计算高频衰减率 β

从图 9.16(a)的对数幅频特性图上可以取得对应于 $\omega_c=2.77$ rad/s 的 L 为 19.1 dB，于是，有

$$L(2.79)=20\lg\beta=19.1$$

从而

$$\beta=9.12$$

③ 计算两个转折频率 ω_1 和 ω_2

$$\omega_2=\frac{1}{T}=(\frac{1}{5}\sim\frac{1}{10})\omega_c=\frac{2.79}{10}=0.279(\text{取}\frac{1}{10})$$

$$\omega_1=\frac{1}{\beta T}=\frac{1}{\beta}\omega_2=0.0304$$

所以，校正器的传递函数为

$$G_c(s)=\frac{1+3.6s}{1+32.9s}$$

校正后的开环传递函数为

$$G(s)=G_c(s)\cdot G_0(s)=\frac{30(3.6s+1)}{s(0.1s+1)(0.2s+1)(32.9s+1)}$$

(4) 校验系统校正后的频域性能是否满足要求

编写 M 脚本文件 exam9_16_2.m 如下：

```
% exam9_16_2
clear,clc
k0 = 30; z = []; p = [0, - 10, - 5]; sys0 = zpk(z,p,k0 * 10 * 5);
n = [3.6,1]; d = [32.9,1]; sys1 = tf(n,d);
sys = tf(sys0) * sys1;
figure(1); margin(sys);hold on
figure(2); step(feedback(sys,1)), grid
```

运行 exam9_16_2.m 后,得到如图 9.17 所示校正后系统的 Bode 图和阶跃响应曲线。

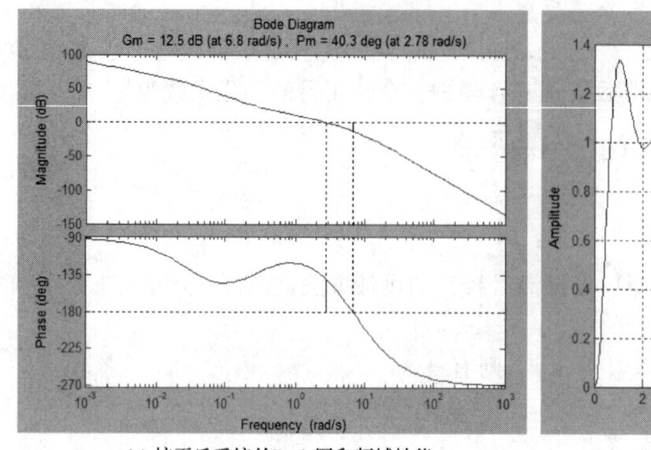

(a) 校正后系统的Bode图和频域性能

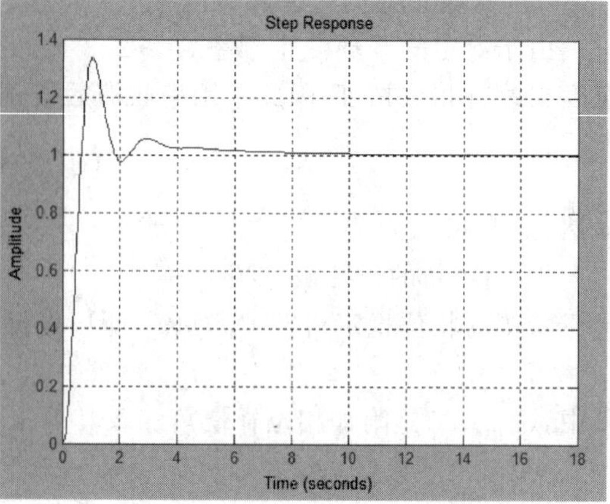

(b) 校正后系统的单位阶跃响应

图 9.17 校正后系统的频域性能和时域响应

根据计算可知校正后系统的频率性能指标为:

对数幅值稳定裕度	$G_m=12.5$ dB
相位稳定裕度	$P_m=40.3°$
$-180°$穿越频率	$\omega_g=6.8$ rad/s
截止频率	$\omega_c=2.78$ rad/s

显然,系统校正后的相位稳定裕度和截止频率均满足给定要求。

9.1.5 现代控制的 MATLAB 辅助设计简介

系统的状态空间理论是在 1960 年前后发展起来的。基于状态空间模型的控制理论称为现代控制理论。现代控制理论的基本设计方法是状态反馈控制器设计,包括状态反馈增益矩阵的设计和状态观测器增益矩阵的设计,如图 9.18 所示。

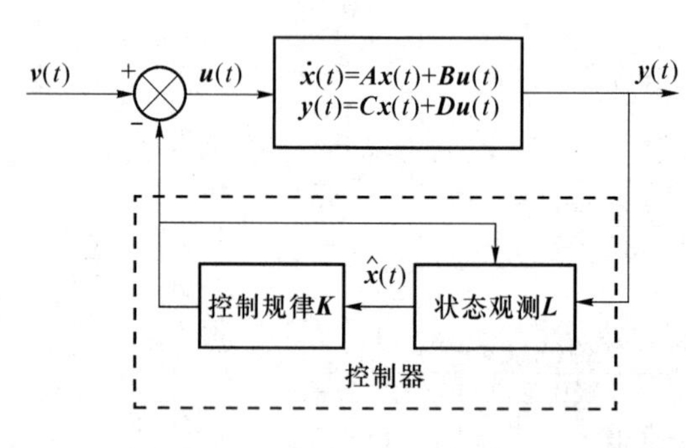

图 9.18 状态反馈控制器

开环系统的状态空间模型为

$$\begin{cases}\dot{\boldsymbol{x}}(t)=\boldsymbol{A}\boldsymbol{x}(t)+\boldsymbol{B}\boldsymbol{u}(t)\\ \boldsymbol{y}(t)=\boldsymbol{C}\boldsymbol{x}(t)+\boldsymbol{D}\boldsymbol{u}(t)\end{cases} \tag{9.12}$$

由图 9.18,将 $\boldsymbol{u}(t)=\boldsymbol{v}(t)-\boldsymbol{K}\boldsymbol{x}(t)$ 代入式(9.12)中,则在状态反馈增益矩阵 $\boldsymbol{K}$ 下,闭环系统的状态空间模型可写为

$$\begin{cases}\dot{\boldsymbol{x}}(t)=(\boldsymbol{A}-\boldsymbol{B}\boldsymbol{K})\boldsymbol{x}(t)+\boldsymbol{B}\boldsymbol{v}(t)\\ \boldsymbol{y}(t)=(\boldsymbol{C}-\boldsymbol{D}\boldsymbol{K})\boldsymbol{x}(t)+\boldsymbol{D}\boldsymbol{v}(t)\end{cases} \tag{9.13}$$

如果开环系统完全可控,则选择合适的 $\boldsymbol{K}$ 矩阵,可以将闭环系统矩阵 $\boldsymbol{A}-\boldsymbol{B}\boldsymbol{K}$ 的特征值配置到任意地方(当然,还要满足共轭复数的约束)。

在极点配置过程中,假设了系统的所有状态都可被量测并用于反馈。然而在实际情况中，并非所有状态都可被直接量测，这就需要对不可直接量测的状态 $\hat{\boldsymbol{x}}(t)$进行估计。对不可量测的状态进行估计称为状态观测，观测状态变量的装置（或计算机程序）称为状态观测器。根据现代控制理论，状态观测器满足的误差状态方程为

$$\dot{\tilde{\boldsymbol{x}}}(t)=(\boldsymbol{A}-\boldsymbol{LC})\tilde{\boldsymbol{x}}(t) \tag{9.14}$$

其中，$\tilde{\boldsymbol{x}}(t)=\hat{\boldsymbol{x}}(t)-\boldsymbol{x}(t)$。只要开环系统是完全可观的，可以将矩阵 $\boldsymbol{A}-\boldsymbol{LC}$ 的特征值配置到任意地方，从而可以使观测出的状态 $\hat{\boldsymbol{x}}(t)$可以逼近原系统的状态 $\boldsymbol{x}(t)$（只要将该矩阵的特征值全部配置在左半 s 平面上）。

将式(9.12)代入式(9.14)，并将观测出的状态 $\hat{\boldsymbol{x}}(t)$作为输出反馈量 $\hat{\boldsymbol{y}}(t)$，则得观测器满足的状态空间模型为

$$\begin{cases}\dot{\hat{\boldsymbol{x}}}(t)=(\boldsymbol{A}-\boldsymbol{LC})\hat{\boldsymbol{x}}(t)+\boldsymbol{Bu}(t)+\boldsymbol{Ly}(t)\\ \hat{\boldsymbol{y}}(t)=\hat{\boldsymbol{x}}(t)\end{cases} \tag{9.15}$$

令

$$\hat{\boldsymbol{A}}=\boldsymbol{A}-\boldsymbol{LC},\hat{\boldsymbol{B}}=(\boldsymbol{B}\quad \boldsymbol{L}),\hat{\boldsymbol{C}}=\boldsymbol{I},\boldsymbol{D}=\boldsymbol{0},\hat{\boldsymbol{u}}(t)=[\boldsymbol{u}(t)\quad \hat{\boldsymbol{y}}(t)]^{\mathrm{T}}$$

则有

$$\begin{cases}\dot{\hat{\boldsymbol{x}}}(t)=\hat{\boldsymbol{A}}\hat{\boldsymbol{x}}(t)+\hat{\boldsymbol{B}}\hat{\boldsymbol{u}}(t)\\ \hat{\boldsymbol{y}}(t)=\hat{\boldsymbol{C}}\hat{\boldsymbol{x}}(t)+\hat{\boldsymbol{D}}\hat{\boldsymbol{u}}(t)\end{cases} \tag{9.16}$$

MATLAB 的控制系统工具箱提供了一系列函数，可用于状态反馈控制器的辅助设计。它们常用的调用格式为：

```
ctrb(sys)
obsv(sys)
K = place(A, B, p)
L = place(A′,C′, p)
```

【说明】

- 以上函数要求对象模型 sys 为状态空间模型。
- 第 1 种格式求出系统的可控性矩阵。
- 第 2 种格式求出系统的可观性矩阵。
- 第 3 种格式求出状态反馈增益矩阵。A 为系统的状态矩阵；B 为系统的输入矩阵；p 为指定的闭环系统极点；输出宗量 K 为状态反馈增益矩阵。
- 第 4 种格式求出状态观测器增益矩阵。A′为系统的状态矩阵 A 的转置；C′为系统的观测矩阵 C 的转置；p 为指定的闭环系统极点；输出宗量 L 为状态观测器增益矩阵。

例 9.17　已知某控制系统的开环传递函数为

$$G(s)=\frac{10}{(s+1)(s+2)(s+3)}$$

试判断系统的可控性并求状态反馈增益矩阵 $\boldsymbol{K}$，使得系统的闭环极点为：$\lambda_1=-10$，$\lambda_{2,3}=-2\pm \mathrm{j}2\sqrt{2}$。在系统的闭环极点不变的情况下，计算状态观测器增益矩阵 $\boldsymbol{L}$。以状态反馈和状态观测器构成闭环回路完成单位阶跃仿真。

(1) 判别系统的可控性并求出状态反馈增益矩阵 $\boldsymbol{K}$

编写 M 脚本文件 exam9_17_1.m 如下：

```
% exam9_17_1
clear
k = 10; z = []; p = [ - 1; - 2; - 3]; s = zpk(z,p,k);
sys = ss(s);
A = sys.a; B = sys.b; C = sys.c;                    % 求出所需的系统矩阵
[n,m] = size(A); Qc = ctrb(A,B);                     % 求出系统的可控性矩阵
if rank(Qc) = = n
  disp('系统是可控的。')
  disp('系统的可控性矩阵:')
  disp(Qc)
pp = [ - 10, - 2 + 2 * sqrt(2) * j, - 2 - 2 * sqrt(2) * j];
K = place(A,B,pp);                                   % 求出状态反馈增益矩阵
disp('状态反馈增益矩阵:')
disp(K)
else
  disp('系统是不可控的。')
end
```

运行 exam9_17_1.m 后，得到如下结果：

```
系统是可控的。
系统的可控性矩阵:
    0     0     4
    0     4   - 20
    4   - 12    36
状态反馈增益矩阵:
  20.2500    4.2500    2.0000
```

(2) 判别系统的可观性并求出状态观测器增益矩阵 $\boldsymbol{L}$

编写 M 脚本文件 exam9_17_2.m 如下：

```
% exam9_17_2
Qb = obsv(A,C);
if rank(Qb) = = n
  disp('系统是可观的。')
  disp('系统的可观性矩阵:')
  disp(Qb)
  L = place(A',C',pp);                         % 求出状态观测器增益矩阵
  disp('状态观测器增益矩阵(转置):')
  disp(L)
   %计算状态观测器的系数矩阵
  AA = A - L' * C
  BB = [B,L']
  CC = eye(3)
  DD = zeros(3,2)
else
  disp('系统是不可观的。')
end
```

运行 exam9_17_2.m 后，得到如下结果：

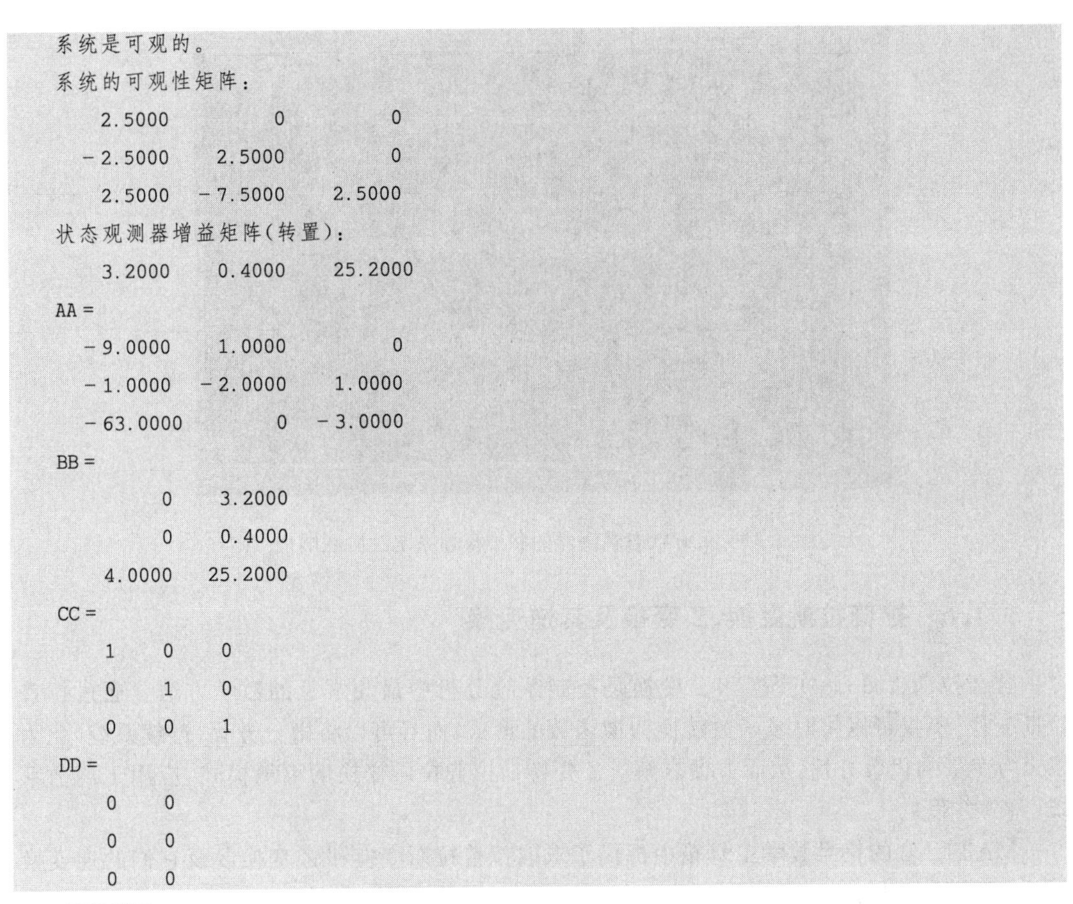

```
系统是可观的。
系统的可观性矩阵：
    2.5000         0         0
   -2.5000    2.5000         0
    2.5000   -7.5000    2.5000
状态观测器增益矩阵(转置)：
    3.2000    0.4000   25.2000
AA =
   -9.0000    1.0000         0
   -1.0000   -2.0000    1.0000
  -63.0000         0   -3.0000
BB =
         0    3.2000
         0    0.4000
    4.0000   25.2000
CC =
     1     0     0
     0     1     0
     0     0     1
DD =
     0     0
     0     0
     0     0
```

【说明】

- AA、BB、CC 和 DD 即分别为式(9.15)中 $\hat{\boldsymbol{A}}$、$\hat{\boldsymbol{B}}$、$\hat{\boldsymbol{C}}$ 和 $\hat{\boldsymbol{D}}$。

根据所得结果，构造 Simulink 模型如图 9.19 所示。

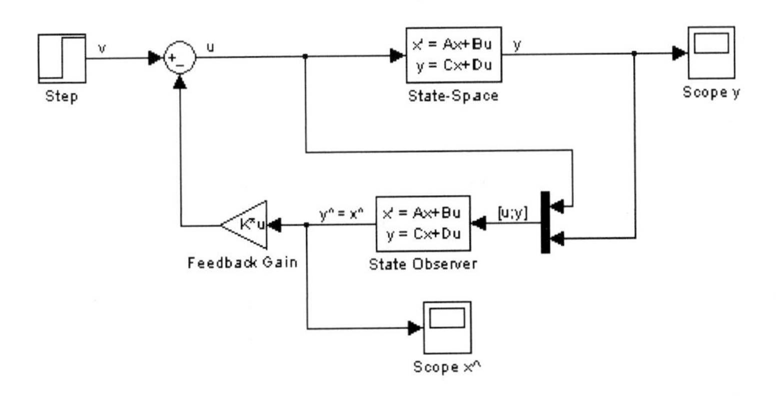

图 9.19 具有状态观测器的状态反馈系统的 Simulink 模型

启动仿真后，得到如图 9.20 所示仿真结果。

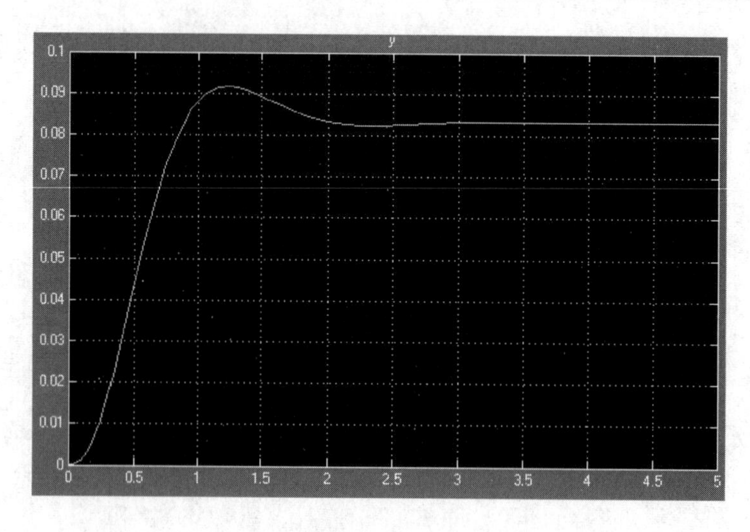

图 9.20　具有状态观测器的状态反馈系统的阶跃响应

9.1.6　拉普拉斯变换、Z 变换及其逆变换

拉普拉斯(Laplace)变换和 Z 变换是控制系统分析中最为常见的数学方法。通过拉普拉斯变换，不仅可以将时域函数转换为像函数的形式，而且可以将微分方程(连续系统)化为以 s 为变量的代数方程，从而方便求解。Z 变换是拉普拉斯变换的离散模式，应用于离散系统(差分方程)。

MATLAB 的符号数学工具箱中提供了求取拉普拉斯变换和 Z 变换以及它们的逆变换函数，可以直接用于完成以上运算。

1. 拉普拉斯变换及其逆变换

拉普拉斯变换和逆变换的定义为：

$$F(s)=\int_0^{\infty} f(t)\mathrm{e}^{-st}\,\mathrm{d}t \tag{9.17}$$

$$f(t)=\frac{1}{2\pi\mathrm{j}}\int_{\sigma-\mathrm{j}\infty}^{\sigma+\mathrm{j}\infty} F(s)\mathrm{e}^{st}\,\mathrm{d}s \tag{9.18}$$

拉普拉斯变换和逆变换可以使用函数 laplace 和 ilaplace 实现。它们最常用的调用格式为：

F=laplace(f,t,s)　　　　求时域函数 f(t)的拉普拉斯变换

f=ilaplace(F,s,t)　　　　求变换域函数 F(s)的拉普拉斯逆变换

【说明】

- 第 1 种格式的输入宗量 f 为 t 的函数；当参数 t 省略时，默认自由变量为't'；输出宗量 F 为 s 的函数；当参数 s 省略时，输出宗量 F 默认为's'的函数。
- 第 2 种格式的输入宗量 F 为 s 的函数；当参数 s 省略时，默认自由变量为's'；输出宗量 f 为 t 的函数；当参数 t 省略时，输出宗量 f 默认为't'的函数。

例 9.18　求 $\sin(at)$和 $\cos(at+b)$的拉普拉斯变换。

编写 M 脚本文件 exam9_18.m 如下：

```
% exam9_18
clear
syms a b s t
F1 = laplace(sin(a * t),t,s)
F2 = laplace(cos(a * t + b),t,s)
```

运行 exam9_18. m 后，得到如下结果：

```
F1 =
a/(a^2 + s^2)
F2 =
- (a * sin(b) - s * cos(b))/(a^2 + s^2)
```

例 9.19　求$\frac{1}{s-1}$和 1 的拉普拉斯逆变换。

编写 M 脚本文件 exam9_19. m 如下：

```
% exam9_19
clear
syms s t
f1 = ilaplace(1/(s - 1),s,t)
f2 = ilaplace(1,s,t)
```

运行 exam9_19. m 后，得到如下结果：

```
f1 =
exp(t)
f2 =
dirac(t)
```

【说明】

- $\mathrm{dirac}(t)=\begin{cases}0 & t\neq 0\\ \infty & t=0\end{cases}$，且 $\int_{-\infty}^{+\infty}\mathrm{dirac}(t)\mathrm{d}t=1$

2. *Z* 变换及其逆变换

一个离散信号的 Z 变换和 Z 逆变换的定义为：

$$F(z)=\sum_{n=0}^{\infty}f(n)z^{-n} \tag{9.19}$$

$$f(n)=Z^{-1}|F(z)| \tag{9.20}$$

Z 变换和 Z 逆变换可以使用函数 ztrans 和 iztrans 实现。它们最常用的调用格式为：

F=ztrans(f,n,z)　　　　求时间序列 f(n)的 Z 变换

f=iztrans(F,z,n)　　　　求变换域函数 F(z)的 Z 逆变换

例 9.20　求 $f(n)=2^n$，$g(n)=\sin(kn)$和 $h(n)=\cos(kn)$的 Z 变换。

编写 M 脚本文件 exam9_20. m 如下：

```
% exam9_20
clear
syms k n z
Fz = ztrans(2^n,n,z)
Gz = ztrans(sin(k * n),n,z)
Hz = ztrans(cos(k * n),n,z)
```

运行 exam9_20.m 后,得到如下结果:

```
Fz =
z/(z - 2)
Gz =
(z * sin(k))/(z^2 - 2 * cos(k) * z + 1)
Hz =
(z * (z - cos(k)))/(z^2 - 2 * cos(k) * z + 1)
```

例 9.21 求 $F(z)=\dfrac{10z}{(z-1)(z-2)}$ 的 Z 逆变换。

编写 M 脚本文件 exam9_21.m 如下:

```
% exam9_21
clear
syms n z
fn = iztrans(10 * z/(z - 1)/(z - 2),z,n)
```

运行 exam9_21.m 后,得到如下结果:

```
fn =
10 * 2^n - 10
```

9.2 MATLAB 在电路分析中的应用

如前所述,MATLAB 中的所有变量都是数组。标量被看成是(1×1)的数组,向量是(n×1)或(1×n)的数组,而矩阵则是(m×n)的数组。数组中的各个元素都可以是实数、复数或者任意形式的表达式。这些特点使得 MATLAB 具有强大的数组和复数处理功能,有利于处理电路分析中的各种问题,并且可以使得编程更简便,运算效率更高。

利用 MATLAB 解决电路分析问题的步骤可归纳为:首先,根据给定的条件依据电路方程建立电路模型;其次,将模型进行适当化简和处理;再次,编写 MATLAB 求解程序(应当尽可能采用向量化编程和 MATLAB 提供的内在函数);最后,运行 MATLAB 求解程序得到结果。

本节主要通过具体实例,介绍 MATLAB 解决电路分析的编程方法与技巧。

9.2.1 电阻电路

例 9.22 电阻电路计算。电阻电路如图 9.21 所示。其中,$R_1=R_2=10\ \Omega$,$R_3=4\ \Omega$,$R_4=R_5=8\ \Omega$,$u_{s1}=20\ \text{V}$,$u_{s2}=40\ \text{V}$,$i_s=1\ \text{A}$。求 i。

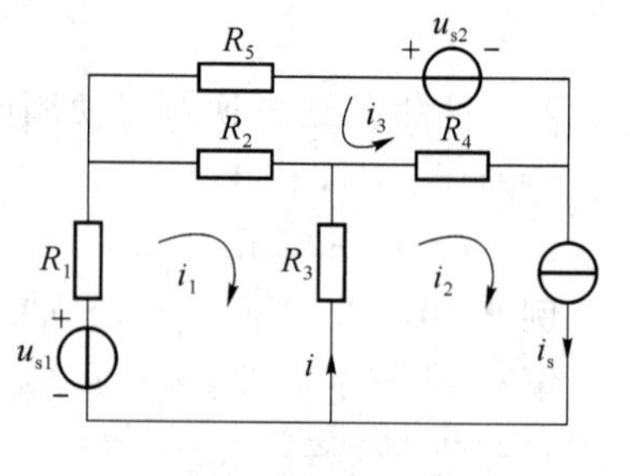

图 9.21 电阻电路

利用回路电流法建立该电路的数学模型,有

$$\begin{cases}(R_1+R_2+R_3)i_1-R_3i_2+R_2i_3=u_{s1}\\ i_2=i_s\\ R_2i_1+R_4i_2+(R_2+R_4+R_5)i_3=u_{s2}\end{cases}$$

整理化简以上各式,并写成矩阵形式为

$$\begin{pmatrix} R_1+R_2+R_3 & -R_3 & R_2 \\ 0 & 1 & 0 \\ R_2 & R_4 & R_2+R_4+R_5 \end{pmatrix}\begin{pmatrix} i_1 \\ i_2 \\ i_3 \end{pmatrix}=\begin{pmatrix} 1 & 0 & 0 \\ 0 & 0 & 1 \\ 0 & 1 & 0 \end{pmatrix}\begin{pmatrix} u_{s1} \\ u_{s2} \\ i_s \end{pmatrix}$$

并记作 $\boldsymbol{AX}=\boldsymbol{Bu}$。

又有

$$i=i_2-i_1$$

借此,可以计算出所求电流 i。

根据上述分析结果,并代入给定的电路参数,编写 M 脚本文件 exam9_22.m 如下:

```
% exam9_22
clear
R1 = 10;R2 = 10;R3 = 4;R4 = 8;R5 = 8;        % 设置元件参数
us1 = 20;us2 = 40;is = 1;
% 按 AX = Bu 列写此电路的矩阵方程,其中 X = [i1;i2;i2],u = [us1;us2;is]
% 设置系数矩阵 A
a11 = R1 + R2 + R3; a12 = - R3; a13 = R2;
a21 = 0; a22 = 1; a23 = 0;
a31 = R2; a32 = R4; a33 = R2 + R4 + R5;
A = [a11 a12 a13;a21 a22 a23;a31 a32 a33];
% 设置系数矩阵 B
B = [1 0 0;0 0 1;0 1 0];
% 设置控制矩阵 u
u = [us1;us2;is];
X = A\B * u;                    % 求解代数方程
i = X(2) - X(1);                % 计算电流 i = i2 - i1
% 显示结果,注意数值转换为字符函数 num2str 的用法
disp(['i = ',num2str(i),'A'])
```

运行 exam9_22.m 后,得到如下结果:

```
i = 0.41985A
```

例 9.23　含受控源的电阻电路计算。在图 9.22 所示的电路中,$R_1=R_2=4\ \Omega$,$R_3=3\ \Omega$,$R_4=R_5=2\ \Omega$,$k_1=6$,$k_2=2$,$u_s=5$ V。求 u_1 和 i_2。

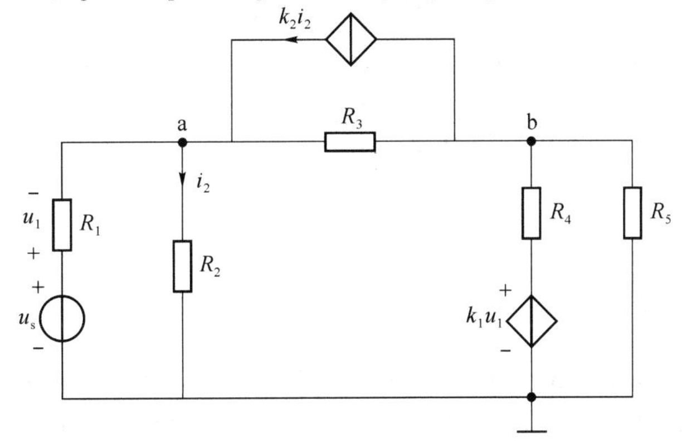

图 9.22　含受控源的电阻电路

利用节点法建立该电路的数学模型,有

$$\begin{cases}(\frac{1}{R_1}+\frac{1}{R_2}+\frac{1}{R_3})u_a-\frac{u_s}{R_1}-\frac{u_b}{R_3}=k_2 i_2\\(\frac{1}{R_3}+\frac{1}{R_4}+\frac{1}{R_5})u_b-\frac{u_a}{R_3}-\frac{k_1 u_1}{R_4}=-k_2 i_2\\u_1=u_s-u_a\\i_2=\frac{u_a}{R_2}\end{cases}$$

整理化简以上各式,并写成矩阵形式为

$$\begin{pmatrix}\frac{1}{R_1}+\frac{1}{R_2}+\frac{1}{R_3} & -\frac{1}{R_3} & 0 & -k_2\\ -\frac{1}{R_3} & \frac{1}{R_3}+\frac{1}{R_4}+\frac{1}{R_5} & -\frac{k_1}{R_4} & k_2\\ 1 & 0 & 1 & 0\\ \frac{1}{k_2} & 0 & 0 & -1\end{pmatrix}\begin{pmatrix}u_a\\u_b\\u_1\\i_2\end{pmatrix}=\begin{pmatrix}\frac{1}{R_1}\\0\\1\\0\end{pmatrix}\boldsymbol{u}_s$$

并记作 $\boldsymbol{AX}=\boldsymbol{Bu}_s$。

根据上式,并代入给定的电路参数,编写M脚本文件exam9_23.m如下:

```
% exam9_23
clear,clc
R1 = 4;R2 = 4;R3 = 2;R4 = 2;R5 = 2;        % 设置元件参数
us = 5;k1 = 6;k2 = 2;
% 按 AX = Bus 列写此电路的矩阵方程,其中 X = [ua;ub;u1;i2]
% 设置系数矩阵 A
a11 = 1/R1 + 1/R2 + 1/R3; a12 = - 1/R3; a13 = 0; a14 = - k2;
a21 = - 1/R3; a22 = 1/R3 + 1/R4 + 1/R5; a23 = - k1/R4; a24 = k2;
a31 = 1; a32 = 0; a33 = 1; a34 = 0;
a41 = 1/R2; a42 = 0; a43 = 0; a44 = - 1;
A = [a11 a12 a13 a14;a21 a22 a23 a24;a31 a32 a33 a34;a41 a42 a43 a44];
% 设置系数矩阵 B
B = [1/R1;0;1;0];
X = A\B * us;                              % 求解代数方程
% 显示结果
disp(['u1 = ',num2str(X(3)),'V'])
disp(['i2 = ',num2str(X(4)),'A'])
```

运行exam9_23.m后,得到如下结果:

```
u1 = 0.83333V
i2 = 1.0417A
```

9.2.2 动态电路

例9.24 一阶动态电路的三要素法求解。在图9.23所示的电路中,$R_1=R_2=50\ \Omega$,$R_3=100\ \Omega$,$R_4=2\ \Omega$,$C=0.2\ \text{F}$,$u_s=40\ \text{V}$,$i_s=3\ \text{A}$,$k=4$。电路开关原合在位置1,已达稳定。$t=0$时开关由位置1合向位置2,求$t\geqslant0$时电容电压$u_C(t)$和电阻电流$i_1(t)$,并画出它

们的波形。

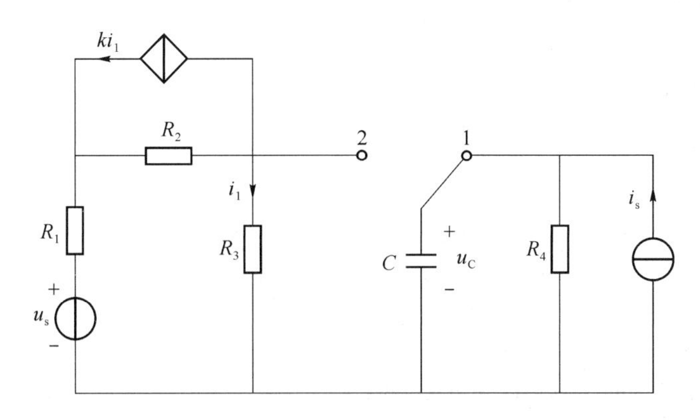

图 9.23　一阶动态电路

这是一阶动态电路，可用三要素法求解。

(1) 求初始值 $u_C(0^+)$ 和 $i_1(0^+)$

开关动作前，电路已达稳定，位置 1 处电压就是电阻电压，有

$$u_C(0^-)=i_sR_4=6\ \text{V}$$

根据换路时电容电压不变的定律，得电容的初始电压

$$u_C(0^+)=u_C(0^-)=6\ \text{V}$$

当 $t=0$ 时，开关已闭合到位置 2，可求得非独立初始值

$$i_1(0^+)=\frac{u_C(0^+)}{R_3}=0.06\ \text{A}$$

(2) 求稳态值 $u_C(\infty)$ 和 $i_1(\infty)$

当达到稳态时，电容可以看作开路，于是有

$$i_1(\infty)(R_1+R_2+R_3)+ki_1(\infty)R_2=u_s$$

从而可得

$$i_1(\infty)=\frac{U_s}{R_1+(1+k)R_2+R_3}=0.1\ \text{A}$$

$$u_C(\infty)=i_1(\infty)R_3=10\ \text{V}$$

(3) 求动态响应 $u_C(t)$ 和 $i_1(t)$

当 $t\geqslant 0$ 时，系统的等效电路如图 9.24 所示，接入外加电压源 u，有

$$\begin{cases}\dfrac{u}{R_3}+\dfrac{u+ki_1R_2}{R_1+R_2}=i\\ i_1=\dfrac{u}{R_3}\end{cases}$$

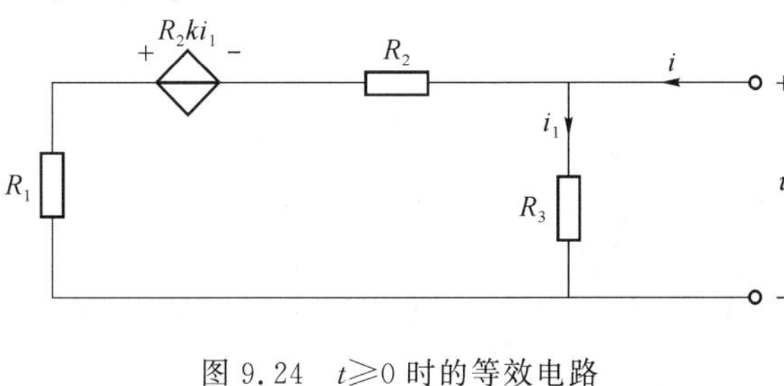

图 9.24　$t\geqslant 0$ 时的等效电路

整理后，得

$$\begin{pmatrix}\dfrac{1}{R_3}+\dfrac{1}{R_1+R_2} & \dfrac{kR_2}{R_1+R_2}\\ 1 & -R_3\end{pmatrix}\begin{pmatrix}u\\ i_1\end{pmatrix}=\begin{pmatrix}1\\ 0\end{pmatrix}i$$

则得等效电阻

$$R_{eq}=\frac{u}{i}=25\ \Omega$$

进而,求出过渡过程的时间常数为

$$\tau=R_{eq}C=5\ \text{s}$$

于是,由三要素公式,有

$$u_C(t)=u_C(\infty)+[u_C(0_+)-u_C(\infty)]e^{-t/\tau}=10-4e^{-0.2t}$$

$$i_1(t)=\frac{u_C(t)}{R_3}=0.1-0.04e^{-0.2t}$$

根据以上分析,编写 M 脚本文件 exam9_24. m 如下:

```
% exam9_24
clear
% 给出原始数据
R1 = 50;R2 = 50;R3 = 100;R4 = 2;C = 0.2;k = 4;
us = 40;is = 3;
% 算出初值 uc0 和 i10,并显示
uc0 = is * R4;
i10 = uc0/R3;
disp( ['uc(0 + ) = ',num2str(uc0),'V'])
disp(['i1(0 + ) = ',num2str(i10),'A'])
% 算出终值 ucf 和 i1f, 并显示
i1f = us/(R1 + (1 + k) * R2 + R3);
ucf = i1f * R3;
disp(['ucf = ',num2str(ucf),'V'])
disp(['i1f = ',num2str(i1f),'A'])
t = [ - 2 - eps:0 - eps,0:10];              % 设置时间数组
uc(1:3) = uc0; i1(1:3) = i1f;                % 求 t<0 的值
% 求出 t> = 0 时的等效电阻 Req
% 设定系数矩阵 A
a11 = 1/(R1 + R2) + 1/R3;a12 = k * R2/(R1 + R2);a21 = 1;a22 = - R3;
A = [a11 a12;a21 a22];
B = [1;0];                                   % 设定系数矩阵 B
X = A\B * 1;                                 % 取 i = 1,求方程 X = [u;i1] = A\B * i 的解
Req = X(1);                                  % Req = u/i = u/1 = u = X(1)
T = Req * C;                                 % 求出时间常数
% 用三要素法求输出
uc(4:13) = ucf + (uc0 - ucf) * exp( - t(4:13)/T);
i1(4:13) = i1f + (i10 - i1f) * exp( - t(4:13)/T);
subplot(1,2,1);plot(t,uc,'k');grid
title('uc(t)的时间响应'),xlabel('t'),ylabel('uc(t)')
subplot(1,2,2);plot(t,i1,'k');grid
title('i1(t)的时间响应'),xlabel('t'),ylabel('i1(t)')
```

运行 exam9_24. m 后,得到如下结果和如图 9.25 所示的响应曲线。

```
uc(0 + ) = 6V
i1(0 + ) = 0.06A
ucf = 10V
i1f = 0.1A
```

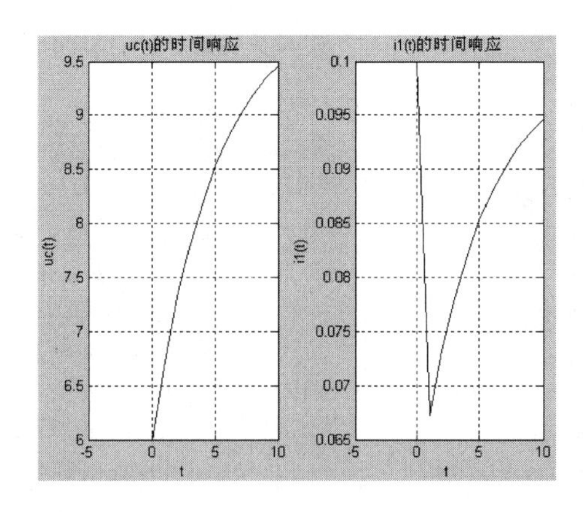

图 9.25 $u_C(t)$和 $i_1(t)$的波形图

例 9.25 二阶欠阻尼电路的零输入响应计算。在如图 9.26 所示的典型的二阶电路中，$R=2\ \Omega$，$L=0.5\ \mathrm{H}$，$C=0.02\ \mathrm{F}$，电容原先已充电，且 $u_C(0^-)=10\ \mathrm{V}$，$i_L(0^-)=0\ \mathrm{A}$。当 $t=0^+$ 时，开关 S 闭合。试绘制 $u_C(t)$、$i_L(t)$的零输入响应曲线。

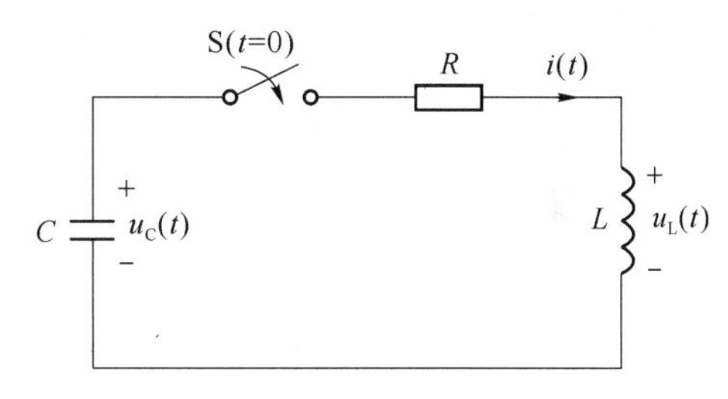

图 9.26 典型的二阶电路

开关 S 闭合后，电路的微分方程为

$$\frac{\mathrm{d}^2u_C(t)}{\mathrm{d}t^2}+\frac{R}{L}\frac{\mathrm{d}u_C(t)}{\mathrm{d}t}+\frac{1}{LC}u_C(t)=0$$

令衰减常数 $\alpha=\frac{R}{2L}$，谐振角频率 $\omega_n=\frac{1}{\sqrt{LC}}$，则上式可以写成二阶微分方程的典型形式

$$\frac{\mathrm{d}^2u_C(t)}{\mathrm{d}t^2}+2\alpha\frac{\mathrm{d}u_C(t)}{\mathrm{d}t}+\omega_n^2u_C(t)=0$$

其初始值为

$$u_C(0^-)=10,\ \frac{\mathrm{d}u_C(0^-)}{\mathrm{d}t}=\frac{i_L(0^-)}{C}=0$$

对微分方程作拉普拉斯变换，并考虑到初始条件，可得

$$s^2U_C(s)-su_C(0^-)-\frac{\mathrm{d}u_C(0^-)}{\mathrm{d}t}+2\alpha[sU_C(s)-u_C(0^-)]+\omega_n^2U_C(s)=0$$

整理后，得

$$U_C(s)=\frac{su_C(0^-)+2\alpha u_C(0^-)+i(0^-)/C}{s^2+2\alpha s+\omega_n^2}$$

对其求拉普拉斯逆变换，即得时域函数。若将上式右端的多项式分解为部分分式，得

$$U_C(s)=\frac{r_1}{s-p_1}+\frac{r_2}{s-p_2}$$

其中，p_1 和 p_2 是有理多项式的极点，r_1 和 r_2 是它们对应的留数。于是，有

$$u_C(t)=r_1\mathrm{e}^{p_1t}+r_2\mathrm{e}^{p_2t}$$

利用 6.1.2 节介绍的 residue 函数，很容易完成上述运算。根据以上分析，编写 M 脚本文件 exam9_25.m 如下：

```
% exam9_25
clear
R = 2; L = 0.5; C = 0.02;                              % 输入元件参数
uc0 = 10; iL0 = 0;                                     % 输入初始值
alpha = R/L/2; wn = 1/sqrt(L * C);                     % 电路参数计算
num = [uc0,2 * alpha * uc0];                           % Uc(s)的分子多项式系数
den = [1,2 * alpha,wn * wn];                           % Uc(s)的分母多项式系数
[r,p,k] = residue(num,den);                            % 求极点和留数
t = 0:0.001:2;                                         % 设定求解时间区间
uc = r(1) * exp(p(1) * t) + r(2) * exp(p(2) * t);      % 求 uc(t)
iL = C * gradient(uc);                                 % 求 iL(t)
subplot(1,2,1), plot(t,uc,'k'), grid                   % 绘制 uc(t)曲线
xlabel('t'), ylabel('uc')
subplot(1,2,2), plot(t,iL,'k'), grid                   % 绘制 iL(t)曲线
xlabel('t'), ylabel('iL')
```

运行 exam9_25.m 后，得到如图 9.27 所示的响应曲线。

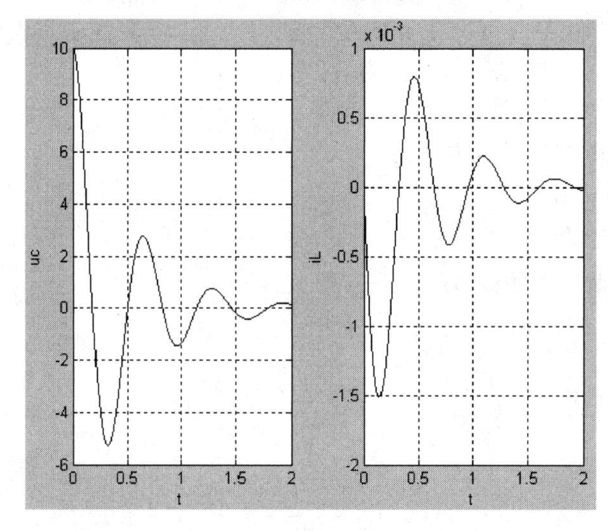

图 9.27 欠阻尼电路的电压 $u_C(t)$和电流 $i_L(t)$的波形

9.2.3 正态稳态电路

例 9.26 正态稳态电路:戴维南定理。在图 9.28 所示的电路中，$R=2\ \Omega$，$L=2$ H，$C=0.5$ F，$u_s(t)=10+10\cos(t)$，$i_s(t)=5+5\cos(2t)$。求 a、b 之间的电压 $u_{ab}(t)$。

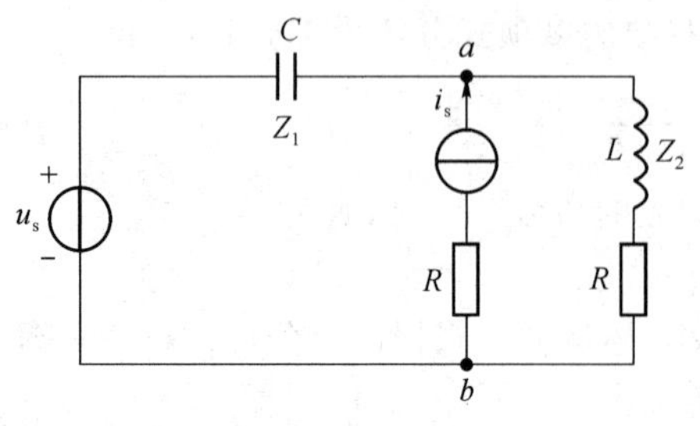

图 9.28 正态稳态电路

根据叠加原理，令 $i_s=0$，u_s单独作用，有

$$u_1=\frac{Z_2+R}{Z_1+Z_2+R}u_s$$

令 $u_s=0$，i_s单独作用，有

$$u_2=i_s\frac{Z_1(Z_2+R)}{Z_1+Z_2+R}$$

于是，有

$$u_{ab}=u_1+u_2$$

根据以上分析，编写 M 脚本文件 exam9_26.m 如下：

```
% exam9_26
clear
w = [eps 1 2];                                % 设定频率值
us = [10,10,0]; is = [5,0,5];                 % 按频率依次设定输入信号数组
% 电抗分量根据频率生成数组，将电阻分量也设置成同等大小的数组
Z1 = 1./(j * 0.5 * w); Z2 = j * 2 * w; R = [2 2 2];
% us 单独作用，is = 0
u1 = us. * (Z2 + R)./(Z1 + Z2 + R);
% is 单独作用，us = 0
u2 = is. * Z1. * (Z2 + R)./(Z1 + Z2 + R);
uab = u1 + u2;                                % 求解
disp('    w          uab          phi')        % 显示结果
disp([w',  abs(uab'),  angle(uab') * 180/pi])
```

运行 exam9_26.m 后，得到如下结果：

```
    w           uab            phi
0.0000     10.0000        - 0.0000
1.0000     14.1421       - 45.0000
2.0000      6.2017         82.8750
```

由此可以写出 $u_{ab}(t)$ 的表达式为

$$u_{ab}(t)=10+14.1421\cos(t-45^\circ)+6.2017\cos(2t+82.875^\circ)$$

例 9.27　含互感的电路的复功率。在图 9.29 所示的电路中，$R_1=R_2=1\ \Omega$，$\omega L_1=3\ \Omega$，$\omega L_2=2\ \Omega$，$\omega M=2\ \Omega$。求开关 S 打开和闭合时的电流 $\dot{I}$ 及电源发出的复功率。

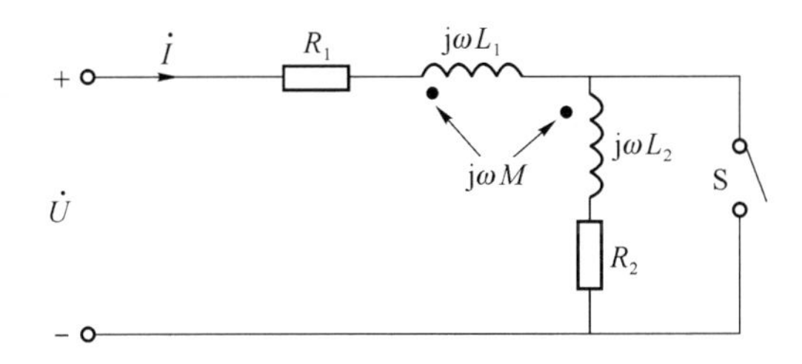

图 9.29　互感电路

将互感电路变换为其去耦等效电路，如图 9.30 所示。

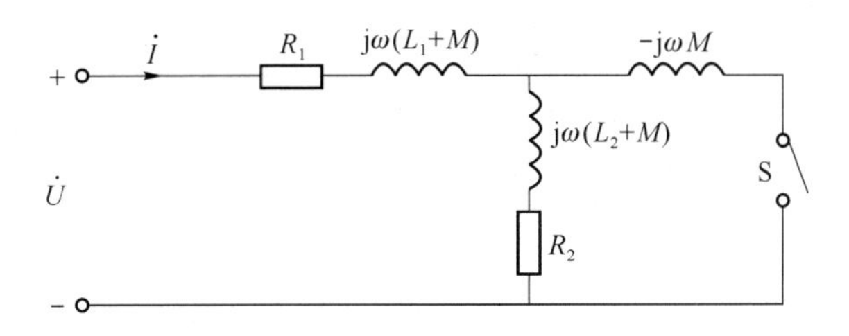

图 9.30　去耦等效电路

(1) 开关 S 打开时,电路的等效阻抗为

$$Z_{eq}=R_1+j\omega(L_1+M)+j\omega(L_2+M)+R_2$$
$$=R_1+R_2+j\omega(L_1+L_2+2M)$$

$$\dot{I}=\frac{\dot{U}}{Z_{eq}}$$

电源发出的复功率为

$$\tilde{S}=\dot{U}\cdot\dot{I}^*$$

(2) 开关 S 闭合时,电路的等效阻抗为

$$Z_{eq}=R_1+j\omega(L_1+M)+\frac{[R_2+j\omega(L_2+M)]\cdot[-j\omega M]}{[R_2+j\omega(L_2+M)]+[-j\omega M]}$$
$$=R_1+j\omega(L_1+M)+\frac{[R_2+j\omega(L_2+M)]\cdot[-j\omega M]}{R_2+j\omega L_2}$$

$$\dot{I}=\frac{\dot{U}}{Z_{eq}}$$

电源发出的复功率为

$$\tilde{S}=\dot{U}\cdot\dot{I}^*$$

根据以上分析,编写 M 脚本文件 exam9_27.m 如下:

```
% exam9_27
clear
R1 = 1;R2 = 1;wL1 = 3;wL2 = 2;wM = 2;                    % 输入元件参数
U = 100 * (cos(pi/6) + j * sin(pi/6));                   % 设置电压源
% 开关 S 打开时的电流 I 和电压源复功率 S 的计算
Zeq1 = R1 + R2 + j * (wL1 + wL2 + 2 * wM);               % 计算等效电抗
I1 = U/Zeq1;                                             % 计算电流
S1 = U * I1';                                            % 计算电压源复功率
% 开关 S 闭合时的电流 I 和电压源复功率 S 的计算
Zeq2 = R1 + j * (wL1 + wM) + (R2 + j * (wL2 + wM)) * ( - j * wM)/(R2 + j * wL2);
                                                         % 计算等效电抗
I2 = U/Zeq2;                                             % 计算电流
S2 = U * I2';                                            % 计算电压源复功率
% 显示结果
disp([' S','        电流 I(A)','          电压源复功率 S(V * A)'])
disp(['打开  ',num2str(I1),'   ',num2str(S1)])
disp(['闭合  ',num2str(I2),'   ',num2str(S2)])
```

运行 exam9_27.m 后,得到如下结果:

```
 S        电流 I(A)               电压源复功率 S(V * A)
打开  7.33182 - 7.99321i   235.29412 + 1058.8235i
闭合  43.4393 - 6.00838i   3461.5385 + 2692.3077i
```

9.2.4 频率响应

频率响应函数(即正弦稳态网络函数)定义为响应相量$\dot{Y}$与激励相量$\dot{F}$之比,即

$$H(j\omega)=|H(j\omega)|e^{j\varphi(\omega)}=\frac{\dot{Y}}{\dot{F}} \tag{9.21}$$

其中，$|H(j\omega)|$ 随 ω 变化的关系称为幅频特性，$\varphi(\omega)=\arg[H(j\omega)]$ 随 ω 变化的关系称为相频特性。在 MATLAB 中，函数 abs 和 angle 可以用来直接计算幅值和相位值，分别用于绘制幅频特性和相频特性，而且其图形的频率坐标（横坐标）可以根据需要设定为线性坐标（用 plot 指令）或对数坐标（用 semilogx 指令）。这就给计算和绘制频率特性带来了很大的方便。另外，也可以根据电路系统的传递函数，直接调用控制系统工具箱中的 bode 函数绘制对数幅频特性和对数相频特性曲线。

例 9.28　RLC 串联电路的频率响应。RLC 串联电路如图 9.31 所示，其中，$R=1\ \Omega$，$L=2$ H，$C=0.5$ F。试绘制其阻抗的频率响应曲线。

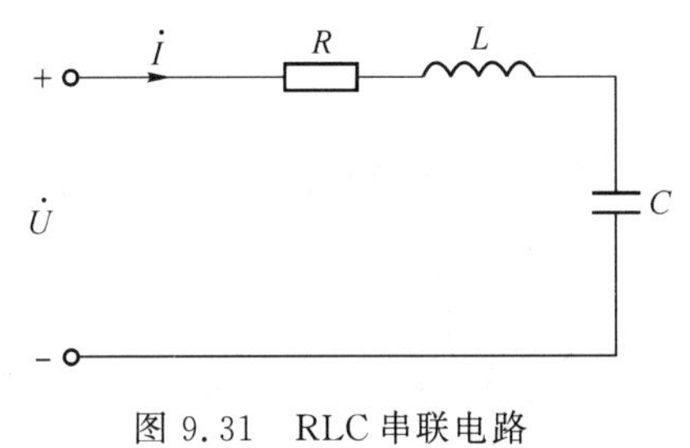

图 9.31　RLC 串联电路

显然，频率响应函数为

$$Z(j\omega)=R+j\omega L-j\frac{1}{\omega C}=1+j(2\omega-\frac{2}{\omega})$$

据此，编写 M 脚本文件 exam9_28.m 如下：

```
% exam9_28
clear
w = 0:0.2:5;                                        % 设定频率数组
Z = 1 + j * (2 * w - 2./w);                         % 求频率响应
% 绘制线性频率特性
subplot(2,2,1);plot(w,abs(Z),'k')                   % 绘制幅频特性
grid,xlabel('w'),ylabel('abs(Z)'),title('幅频特性')
subplot(2,2,3);plot(w,angle(Z) * 180/pi,'k')        % 绘制相频特性
grid,xlabel('w'),ylabel('degree'),title('相频特性')
% 绘制对数频率特性
subplot(2,2,2);semilogx(w,20 * log(abs(Z)),'k')     % 纵坐标为分贝
grid,xlabel('w'),ylabel('分贝'),title('对数幅频特性')
subplot(2,2,4);semilogx(w,angle(Z) * 180/pi,'k')    % 绘制相频特性
grid,xlabel('w'),ylabel('degree'),title('对数相频特性')
```

运行 exam9_28.m 后，得到如图 9.32 所示的频率响应曲线。

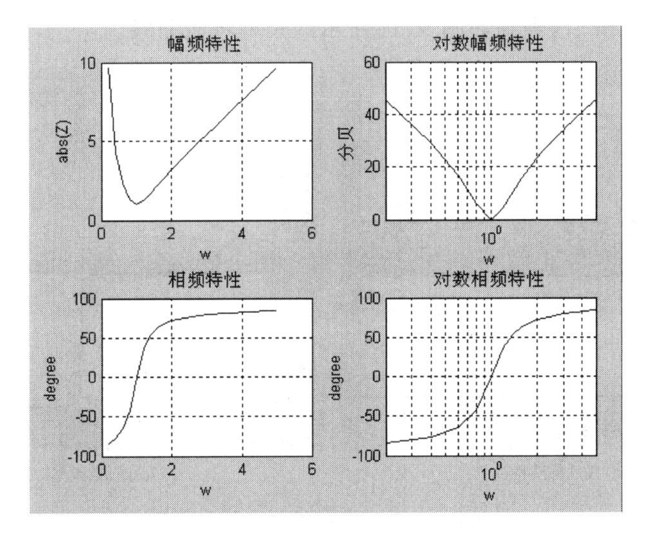

图 9.32　RLC 串联电路的频率响应

例 9.29 RLC 并联电路的频率响应。RLC 并联电路如图 9.33 所示，其中，$R=1\ \Omega$,$C=5\ \text{F},10\ \text{F},20\ \text{F},50\ \text{F},100\ \text{F}$,$L=(1/C)\text{H}$。试绘制其阻抗的频率响应曲线。

显然，其频率响应函数为

$$H(\mathrm{j}\omega)=\frac{1}{\dfrac{1}{R}+\dfrac{1}{\mathrm{j}\omega L}+\mathrm{j}\omega C}$$

$$H(s)=\frac{1}{\dfrac{1}{R}+\dfrac{1}{sL}+sC}$$

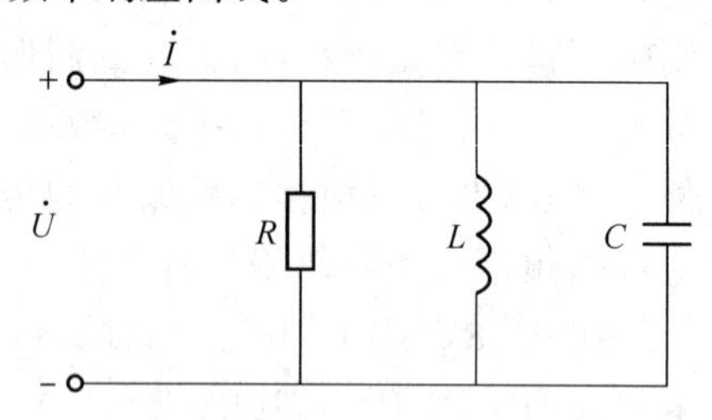

图 9.33 RLC 并联电路

据此，编写 M 脚本文件 exam9_29.m 如下：

```
% exam9_29
clear
R = 1;                                    % 设置元件参数
w = logspace( - 1,1,50);                  % 设定频率数组
%计算频率响应函数
num = [R 0];
for C = [5 10 20 50 100]
    L = 1/C;
    Hw = 1./(1/R + 1./(j * w * L) + j * w * C);  % 求复频率响应
    figure(1)                             % 绘制线性频率特性曲线
    subplot(2,1,1),plot(w,abs(Hw),'k'),hold on
    xlabel('w'),ylabel('abs(H(jw))'),grid
    subplot(2,1,2),plot(w,angle(Hw),'k'),hold on
    xlabel('w'),ylabel('angle(H(jw))'),grid
    figure(2)                             % 绘制对数频率特性曲线
    den = [R * C 1 R/L];
    sys = tf(num,den);
    bode(sys,'k');hold on                 % 用 bode 函数绘制对数频率响应曲线
end
grid
```

运行 exam9_29.m 后，得到如图 9.34 所示的频率响应曲线。

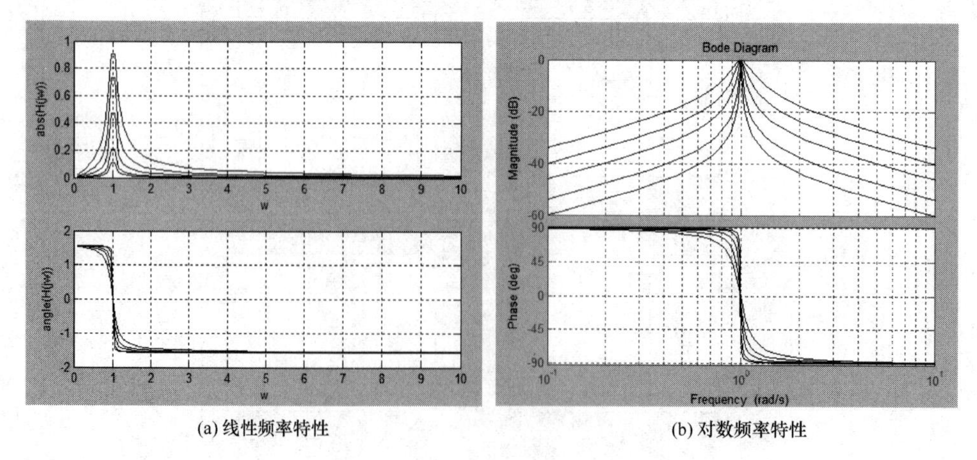

(a) 线性频率特性　　(b) 对数频率特性

图 9.34 RLC 并联电路的频率特性

9.3 MATLAB 在信号处理中的应用

在过去的几十年中，数字信号处理在理论和技术上都有了突破性进展。随着 MATLAB 的出现和完善，尤其是 MATLAB 的信号处理工具箱(Signal Processing Toolbox)的推出，使用 MATLAB 来解决数字信号处理问题是一种既省时又省力的选择。由于 MATLAB 具有计算快速准确和使用方便等优点，在过去的十几年中，MATLAB 已成为数字信号处理应用中分析和设计的主要工具。

本节通过具体实例，介绍 MATLAB 解决数字信号处理问题的设计编程方法以及相应的主要函数。

9.3.1 离散傅里叶变换

任何系统的响应都可以看作是一个输入对系统各个频率响应的加权和，这就是数字信号处理理论中的离散时间傅里叶变换(DTFT)。

如果离散序列$\{x(n), n=-\infty,\cdots,0,1,\cdots,\infty\}$是绝对可加的，即 $\sum_{n=-\infty}^{\infty}|x(n)|<\infty$，则其离散时间傅里叶变换为

$$X(\omega) = \text{DTFT}[x(n)] = \sum_{-\infty}^{\infty} x(n)\mathrm{e}^{-\mathrm{j}\omega n} \tag{9.22}$$

对应的离散时间傅里叶逆变换为

$$x(n) = \text{IDTFT}[X(\omega)] = \frac{1}{2\pi}\int_{-\pi}^{\pi} X(\pi)\mathrm{e}^{\mathrm{j}\omega n}\mathrm{d}\omega \tag{9.23}$$

由此可见，离散时间傅里叶变换在时域上是离散序列，在频域上是连续信号，即具有连续频谱。当时域序列是有限长时，对它作周期延拓，此时它的频谱便向一些等间隔的点靠拢。随着延拓周期数的无限增加，其连续频谱就收敛于周期性的离散点，此时就要用离散傅里叶变换来处理。

有限长离散序列$\{x(n), n=0,1,\cdots,N-1\}$的傅里叶变换称为离散傅里叶变换(DFT)，其正逆变换形式为

$$X(k) = \text{DFT}[x(n)] = \sum_{n=0}^{N-1} x(n)W_N^{kn}, k = 0,1,2,\cdots,N-1 \tag{9.24}$$

$$x(n) = \text{IDFT}[X(k)] = \frac{1}{N}\sum_{k=0}^{N-1} X(k)W_N^{-kn}, n = 0,1,2,\cdots,N-1 \tag{9.25}$$

其中，

$$W_N = \mathrm{e}^{-\mathrm{j}(2\pi/N)} \tag{9.26}$$

对于求取离散信号连续频谱的 MATLAB 实现，可以从离散时间傅里叶变换的定义式(9.22)出发。设置一系列较密的频率 wi，求出一系列 X(wi)＝x * exp(－j * n′ * wi)，其中，x 和 n 是等长的行向量。于是，x 与 exp(－j * n′ * wi)的乘积就是逐项相乘后的连加演算，得出一个标量 X(wi)，即该频点上的频率响应。把不同的 wi 写成一个行向量 w，代入上式，即可分别得出相应 wi 处的响应，得出 X(w)＝x * exp(－j * n′ * w)。

例 9.30 求离散信号的连续频谱。取一个周期的正弦信号 $x=\sin(2\pi t)$，完成下列计算：

(1) 作 N 点采样，求它的连续频谱；

(2) 对该信号进行 K 个周期延拓,求其连续频谱。

编写 M 脚本文件 exam9_30 如下:

```
% exam9 _30
clear
disp('取一个周期的正弦信号 x(t) = sin(2 * pi * t),对其进行 N 点采样')
N = input('N = ');                          % 从键盘输入采样点数
t = [1:N]/N;
xt = sin(2 * pi * t);                       % 对一个周期的正弦信号进行 N 点采样
dt = 2 * pi/N;                              % 步长
w = linspace(0,2 * pi,1000)/dt;             % 设置频率
Xw = xt * exp( - j * [1:N]' * w) * dt;      % 根据 DFT 定义求得频率响应 X(w)
% 周期延拓
disp('重复 K 个周期的 N 点信号离散傅里叶变换')
K = input('K = ');                          % 输入延拓周期
xt1 = reshape(xt' * ones(1,K),1,K * N);     % 延拓后的时域信号
Xw1 = xt1 * exp( - j * [1:length(xt1)]' * w) * dt;   % 延拓后的频率信号
% 显示图形
subplot(2,1,1),plot(w,abs(Xw),'k'),grid
title('一个周期的 N 点正弦信号 x(t) = sin(2 * pi * t)的频率响应'), xlabel('w'),  ylabel('X(w)')
subplot(2,1,2),plot(w,abs(Xw1),'k'),grid
title('周期延拓后的频率响应'), xlabel('w'),ylabel('X(w)')
```

运行 exam9_30. m 后,得到如下结果和图 9.35。

```
取一个周期的正弦信号 x(t) = sin(2 * pi * t),对其进行 N 点采样
N = 16
重复 K 个周期的 N 点信号离散傅里叶变换
K = 3
```

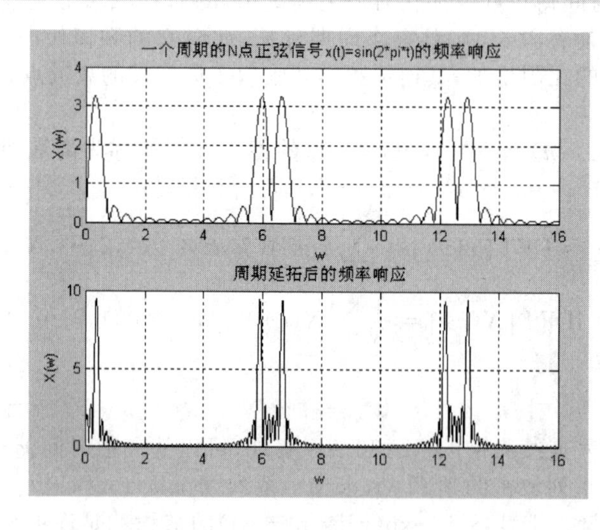

图 9.35 DFT 与周期延拓后的 DFT 对比

DFT 实际上是对有限长序列频谱的离散化,使时域有限长序列与频域有限长序列相对应,从而可在频率域对信号进行处理。可以把式(9.22)写成矩阵形式

$$\boldsymbol{X}(k)=\boldsymbol{x}_n \cdot \boldsymbol{W}_{nk} \tag{9.27}$$

其中，

$$\boldsymbol{x}_n=[x(0),x(1),\cdots,x(N-1)]$$

$$\boldsymbol{W}_{nk}=\begin{pmatrix} \boldsymbol{W}_n^{0\times 0} & \boldsymbol{W}_n^{0\times 1} & \cdots & \boldsymbol{W}_n^{0\times (N-1)} \\ \boldsymbol{W}_n^{1\times 0} & \boldsymbol{W}_n^{1\times 1} & \cdots & \boldsymbol{W}_n^{1\times (N-1)} \\ \vdots & \vdots & & \vdots \\ \boldsymbol{W}_n^{(N-1)\times 0} & \boldsymbol{W}_n^{(N-1)\times 1} & \cdots & \boldsymbol{W}_n^{(N-1)\times (N-1)} \end{pmatrix}$$

称为旋转因子矩阵。

因此，也可以用矩阵乘法计算 N 点 DFT。

例 9.31　根据定义求离散傅里叶变换。用矩阵乘法计算 N 点 DFT，离散序列由键盘输入。

编写 M 脚本文件 exam9_31 如下：

```
% exam9_31
clear
disp('请以 x(n) = [x(0),x(1),x(2),...,x(N-1)]格式输入离散序列')
xn = input('x = ');
N = length(xn);
% 由矩阵乘法运算 X(K) = xnWnk 计算 DFT
n = 0:N-1;k = n;nk = n' * k;                          % 生成[0:N-1]' * [0:N-1]方阵
WN = exp(-j * 2 * pi/N);
Wnk = WN.^nk;                                         % 产生旋转因子矩阵
Xk = xn * Wnk                                         % 计算 N 点 DFT
```

运行 exam9_31 后，得到如下结果：

```
请以序列 x(n) = [x(0),x(1),x(2),...x(N-1)]格式输入离散序列
x = [1,2,3,4,5]
Xk =
  Columns 1 through 3
  15.0000              -2.5000 + 3.4410i   -2.5000 + 0.8123i
  Columns 4 through 5
   -2.5000 - 0.8123i   -2.5000 - 3.4410i
```

这种根据定义计算离散傅里叶变换的方法，编程简单，但占用内存大，运行速度慢，不太实用。MATLAB 信号处理工具箱提供了实现快速傅里叶变换(FFT)的函数 fft 和 ifft，可以使 DFT 的运算速度提高若干数量级。它们的主要调用格式为：

X=fft(x, N)　　　　采用 FFT 算法求离散序列的 DFT

x=ifft(X, N)　　　　采用 FFT 算法求 IDFT

【说明】

- 在第 1 种格式中，x 可以是向量和矩阵；N 为离散序列的长度，可以省略，默认值为 x 的长度；如果 x 的长度小于 N，则会自动补 0；如果 x 的长度大于 N，则会自动截断；当 N 取 2 的整数幂时，DFT 的运算速度最快。
- 第 2 种格式与第 1 种格式类似。

例 9.32 FFT 变换计算。设有序列

$$x(n)=e^{j\frac{\pi}{8}n}\cdot R_N(n),\quad N=16$$

$$xx(n)=\begin{cases}x(n), & 0\leqslant n<8\\ 0, & 8\leqslant n<16\end{cases}$$

(1) 求 $x(n)$,$xx(n)$的 16 点 DFT,并绘制 $x(n)$,$X(k)$,$xx(n)$和 $XX(k)$的波形图;

(2) 对 $X(k)$在区间[0,15]上进行等间隔抽样

$$X_1(k)=X(2k),k=0,1,2,\cdots,7$$

求 $X_1(k)$的 8 点 IDFT,并绘制出 $x_1((n))_8$ 的波形图。

编写 M 脚本文件 exam9_32.m 如下:

```
% exam9_32
clear,close all
N = 16;                              % FFT 变换长度
n = 0:N - 1;
xn = exp(j * pi/8 * n); % 序列 x(n)
xxn = [xn(1:8),zeros(1,N - 8)];      % 产生序列 xx(n)
Xk = fft(xn,N);                      % 计算 x(n)的 16 点 FFT[x(n)]
XXk = fft(xxn,N);                    % 计算 xx(n)的 16 点 FFT[xx(n)]
X1k = Xk(1:2:N);                     % 隔点抽取 X(k)得到 X1(k)
x1n = ifft(X1k,N/2);                 % 计算 X1(k)的 8 点 IFFT[X1(k)]得到 x1(n)
nc = 0:3 * N/2;                      % 取 nc 个点进行观察
xc = x1n(mod(nc,N/2) + 1);           % x1(n)周期延拓
% 显示 x(n)和 X(k)
figure(1)
subplot(2,2,1);stem(n,xn,'k.');
title('16 点 x(n)序列'),xlabel('n'),ylabel('x(n)')
subplot(2,2,3);k = 0:N - 1;stem(k,abs(Xk),'k.')
title('16 点 DFT[x(n)]'),xlabel('k'),ylabel('|X(k)|')
subplot(2,2,2);n1 = 0:N/2 - 1;stem(n1,x1n,'k.')
title('8 点 IDFT[X1(k)]'),xlabel('n'),ylabel('x1(n)')
subplot(2,2,4);k = 0:N/2 - 1;stem(k,abs(X1k),'k.')
title('X(k)的间隔抽样'),xlabel('k'),ylabel('|X1(k)|')
figure(2)
stem(nc,xc,'k.')
title('x1(n)的周期延拓'),xlabel('n'),ylabel('x(mod(n.8))')
figure(3)
subplot(2,1,1);stem(n,xxn,'k.');
title('16 点 xx(n)序列'),xlabel('n'),ylabel('xx(n)')
subplot(2,1,2);k = 0:N - 1;stem(k,abs(XXk),'k.')
title('16 点 DFT[xx(n)]'),xlabel('k'),ylabel('|XX(k)|')
```

运行 exam9_32.m 后,得到图 9.36(a)~(c)。

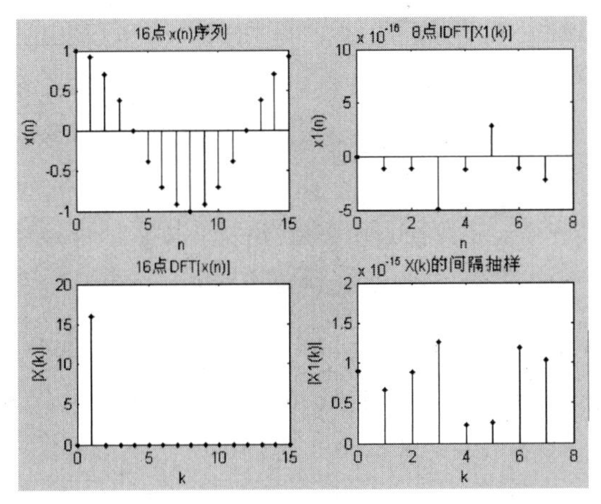

(a) $x(n)$与DFT$[x(n)]$以及$X(2k)$与IDFT$[X(2k)]$的波形图

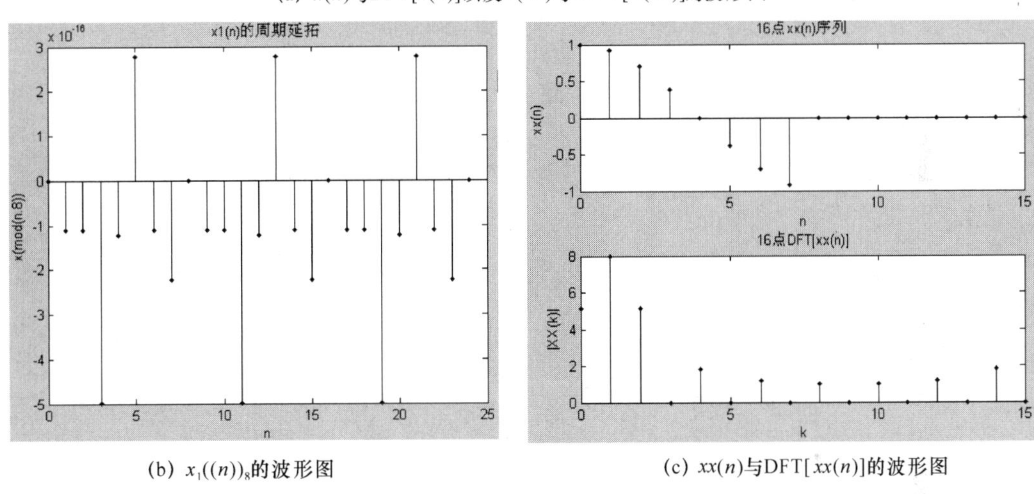

(b) $x_1((n))_8$的波形图

(c) $xx(n)$与DFT$[xx(n)]$的波形图

图 9.36　例 9.32 运行结果

9.3.2　数字滤波器的结构

数字滤波器含有多种结构，对于同样的线性系统，可以有不同的实现结构。MATLAB 提供了一系列的转换函数以实现线性系统类型和滤波器结构之间的转换，主要有：ss2tf、zp2tf、latc2tf、sos2tf、tf2ss、zp2ss、sos2ss、tf2zp、ss2zp、sos2zp、tf2latc、tf2sos、ss2sos、zp2sos 等。

MATLAB 还提供了各种类型的滤波器实现滤波的计算函数：函数 filter 用于计算直接型滤波器的输出；函数 filtic 用于把过去的 x、y 数据转化为初始条件；函数 sosfilt 用于计算二阶分割型滤波器的输出；函数 latcfilt 用于计算格形滤波器的输出。

例 9.33　数字滤波器。有直接型滤波器

$$H(z)=\frac{1+0.8z^{-1}-0.8z^{-2}+z^{-3}-1.2z^{-4}}{1-1.7z^{-1}+1.25z^{-2}-0.675z^{-3}+0.99z^{-4}}$$

(1) 将其转换为级联型结构和格形梯形结构；

(2) 设有序列 $X=\{1,1.5,2.0,2.5,\cdots,9.5,10\}$，计算直接型滤波器的输出。

编写 M 脚本文件 exam9_33.m 如下：

```
% exam9_33
clear
a=[1 -1.7 1.25 -0.675 0.99];
b=[1 0.8 -0.8 1 -1.2];
disp('级联型结构系数:')
[sos,g]=tf2sos(b,a)                  % 求级联型结构系数
disp('格形结构系数:')
[K,C]=tf2latc(b,a)                   % 求格形梯形结构系数
X=[1:0.5:10];
disp('直接型滤波器的输出:')
y=filter(b,a,X)                      % 计算直接型滤波器的输出
```

运行 exam9_33.m 后，得到如下结果：

```
级联型结构系数:
sos=
    1.0000    0.9519   -1.4711    1.0000   -2.1405    1.5571
    1.0000   -0.1519    0.8157    1.0000    0.4405    0.6358
g=
    1
格形结构系数:
K=
   -1.3477
   -1.0242
   50.6533
    0.9900
C=
    3.5651
    2.3794
  -53.2206
   -1.0400
   -1.2000
直接型滤波器的输出:
y=
  Columns 1 through 8
    1.0000   4.0000   7.9500   13.0900   17.7255   19.2771   16.0794   7.1443
  Columns 9 through 16
   -7.1902  -23.6844  -36.2720  -37.4831  -20.3500  18.5229  75.2346  136.2173
  Columns 17 through 19
  178.6755   174.8225   100.6183
```

由计算结果可知，级联型结构的 $H(z)$ 表达式为

$$H(z)=\left(\frac{1+0.9519z^{-1}-1.4711z^{-2}}{1-0.1519z^{-1}+0.8157z^{-2}}\right)\left(\frac{1-2.1405z^{-1}+1.5571z^{-2}}{1+0.4405z^{-1}+0.6358z^{-2}}\right)$$

级联型结构如图 9.37 所示。

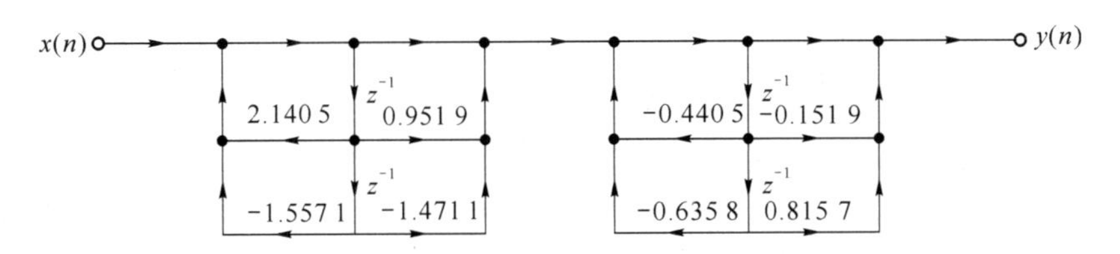

图 9.37　级联型结构图

格形梯形结构如图 9.38 所示。

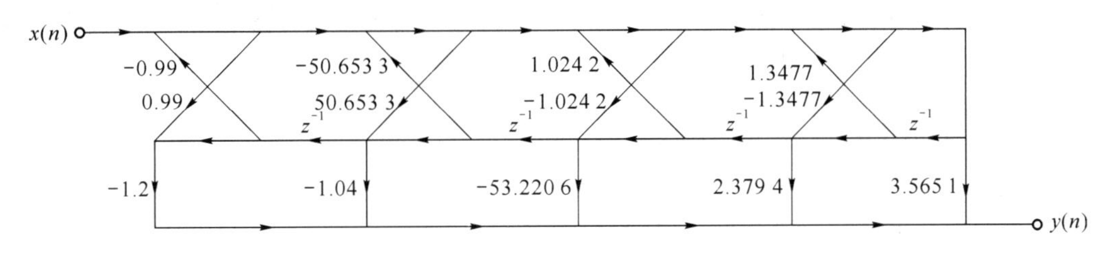

图 9.38　格形梯形结构图

9.3.3　FIR 数字滤波器的设计

在 MATLAB 中，常用的设计 FIR 数字滤波器的方法有：窗函数法、频率抽样法、切比雪夫逼近法和约束最小二乘法等。限于篇幅，本节只给出几个利用窗函数法设计 FIR 数字滤波器的例子。

在 MATLAB 中，可以用下列函数产生常用的窗函数序列：boxcar、triang、batlett、hamming、hanning、blackman、chebwin 和 kaiser。这些函数的使用方法可以通过 help 指令进行查看。

利用窗函数法设计 FIR 数字滤波器时，可以直接使用函数 fir1 和 fir2。

函数 fir1 以经典方法实现加窗线性相位 FIR 数字滤波器的设计，它可设计出标准的低通、带通、高通和高阻滤波器。常用的调用格式为：

```
b = fir1(n,Wn)
b = fir1(n,Wn,'ftype')
b = fir1(n,Wn,Window)
b = fir1(n,Wn,'ftype',Window)
```

【说明】

- 第 1 种格式可以得到 n 阶低通滤波器，滤波器系数包含在输出宗量 b 中。这是一个加了 Hamming 窗的线性相位 FIR 滤波器，截止频率为 Wn。当 Wn=[W1，W2]时，可以得到通带为 W1<w<W2 的 FIR 带通滤波器。
- 第 2 种格式可以得到高通和带阻滤波器。当输入宗量 ftype=high 时，得到高通滤波器；当 ftype=stop 时，得到带阻滤波器。在设计高通和带阻滤波器时，fir1 函数总是使用偶次阶结构，即当 n 为奇数时，fir1 函数会自动将阶次加 1。
- 第 3 种格式利用输入宗量 Window 中指定的窗函数进行滤波器设计，Window 的长度为 n+1。如果不指定 Window 宗量，则默认采用 Hamming 窗。
- 第 4 种格式可以利用输入宗量 ftype 和 Window，设计各种加窗的 FIR 滤波器。

函数 fir2 用于设计任意频率响应的 FIR 滤波器。常用的调用格式为：

```
b = fir2(n,f,m)
b = fir2(n,f,m,Window)
b = fir2(n,f,m,npt)
b = fir2(n,f,m,npt,Window)
b = fir2(n,f,m,npt,lap)
b = fir2(n,f,m,npt,lap,Window)
```

【说明】

- 第 1 种格式可以设计出一个 n 阶 FIR 滤波器,其频率特性由输入宗量 f 和 m 决定。
- 第 2 种格式可以利用输入宗量 Window 中指定的窗函数进行滤波器设计,若该宗量省略,则默认采用 Hamming 窗。
- 第 3 种格式可以利用输入宗量 npt 指定对频率响应进行内插的点数。
- 第 4 种格式可以自行指定窗函数。
- 第 5 种格式可以利用输入宗量 lap 指定在重复频率点附近插入的区域大小。
- 第 6 种格式可以自行指定窗函数。

此外,MATLAB 信号处理工具箱还提供了求连续和离散系统频率响应的两个函数：freqs 和 freqz。

函数 freqs 用于求模拟滤波器 $H_a(s)$的频率响应。常用的调用格式为：

```
H = freqs(B,A,w)
[H,w] = freqs(B,A,M)
```

【说明】

- 第 1 种格式用于计算由向量 w(rad/s)指定的频率点上模拟滤波器 $H_a(s)$的频率响应 $H_a(jw)$,结果存于 H 向量中。向量 B 和 A 分别为模拟滤波器系统函数 $H_a(s)$的分子和分母多项式系数。
- 第 2 种格式用于计算 M 个频率点上的频率响应存于 H 向量中,M 个频率点存于 w 向量中。freqs 函数自动将这 M 个频率点设置在适当的频率范围内。
- 上述两种调用格式,不带输出向量时,函数将绘制出幅频和相频曲线。w 和 M 缺省时函数将自动选取 200 个频率点计算。

函数 freqz 用于求数字滤波器 $H(z)$的频率响应。常用的调用格式为：

```
H = freqz(B,A,w)
[H,w] = freqz(B,A,M)
```

【说明】

- 第 1 种格式用于计算由向量 w 指定的数字频率点上数字滤波器 $H(z)$的频率响应 $H(e^{j\omega})$,结果存于 H 向量中。向量 B 和 A 分别为数字滤波器系统函数 $H(z)$的分子和分母多项式系数。
- 第 2 种格式用于计算 M 个频率点上的频率响应存于 H 向量中,M 个频率点存于 w 向量中。freqz 函数自动将这 M 个频率点均匀设置在频率范围[0,π]上。
- 上述两种调用格式,不带输出宗量时,函数将绘制出幅频和相频曲线。w 和 M 缺省时函数将自动选取 512 个频率点计算。

更多的调用格式可用 help 指令查看。

例 9.34　函数 fir1 应用示例。试利用函数 fir1 设计一个 20 阶的 FIR 低通滤波器,带

通截止频率为 $\pi/4$，要求分别采用矩形窗和 Hamming 窗进行设计。分别画出滤波器的系数序列(脉冲响应)及频率响应曲线。

编写 M 脚本文件 exam9_34.m 如下：

```
% exam9_34
clear
N = 21; wc = pi/4;
n = 0:N-1;r = (N-1)/2;
hn1 = fir1(N-1,wc/pi,boxcar(N));            % 矩形窗加窗法
hn2 = fir1(N-1,wc/pi,hamming(N));           % Hamming 窗加窗法
figure (1),freqz(hn1,1,512)                 % 矩形窗 FIR 的频率响应曲线
figure (2),freqz(hn2,1,512)                 % Hamming 窗 FIR 的频率响应曲线
figure (3)
subplot(1,2,1),stem(n,hn1,'k.')             % 显示矩形窗 FIR 的系数
title('矩形窗 FIR')
subplot(1,2,2),stem(n,hn2,'k.')             % 显示 Hamming 窗 FIR 的系数
title('Hamming 窗 FIR')
```

运行 exam9_34.m 后，得到图 9.39(a)～(c)。

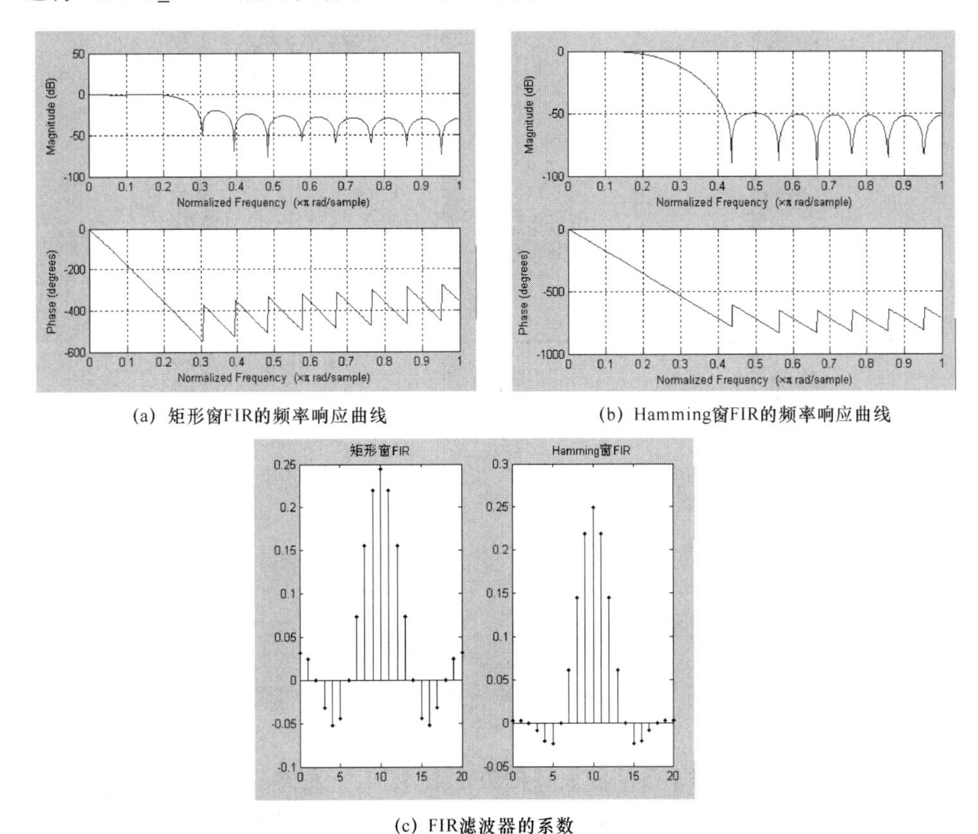

(a) 矩形窗FIR的频率响应曲线　　(b) Hamming窗FIR的频率响应曲线

(c) FIR滤波器的系数

图 9.39　滤波器的系数序列(脉冲响应)及频率响应曲线

例 9.35　函数 fir2 应用示例。设计一个多带的 30 阶 FIR 数字滤波器，其理想幅频响应为：频率分别为 0，0.2，0.4，0.4，0.6，0.6，0.8，1；对应幅值为 1，1，0，0，1，1，0，0。

编写 M 脚本文件 exam9_35.m 如下:

```
% exam9_35
clear,clc
N = 30;                                   % 设定滤波器阶次
f = [0 0.2 0.4 0.4 0.6 0.6 0.8 1];        % 预期设定幅频响应
m = [1 1 0 0 1 1 0 0];
b = fir2(N,f,m);                          % 设计 FIR 数字滤波器系数
n = 0:N;
subplot(1,2,1);stem(n,b,'k.');            % 绘制此 FIR 滤波器的系数序列
xlabel('n');ylabel('h(n)');title('FIR 数字滤波器系数')
[h,w] = freqz(b,1,256);
subplot(1,2,2);                           % 绘制幅频特性曲线,并与期望值进行比较
plot(f,m,'k:',w/pi,abs(h),'k')
xlabel('频率');ylabel('幅值');title('幅频响应曲线')
legend('期望的幅频响应','实际的幅频响应')
```

运行 exam9_35.m 后,得到图 9.40。

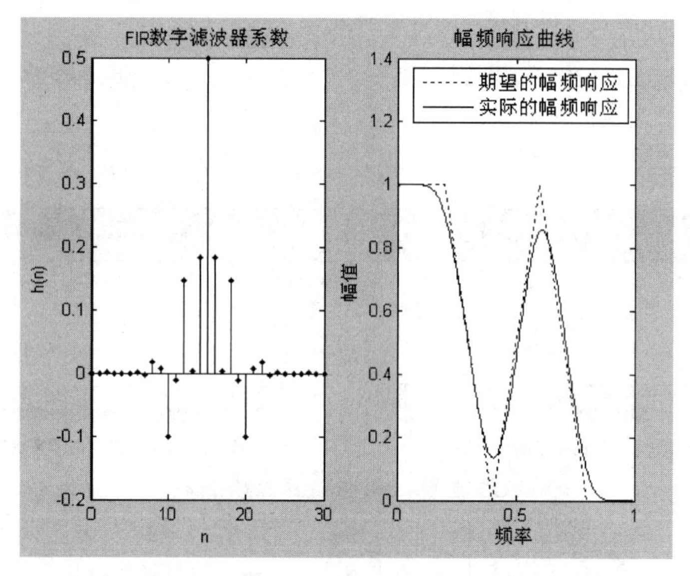

图 9.40 一个理想多带的 30 阶 FIR 数字滤波器设计结果

9.3.4 IIR 数字滤波器的设计

常见的 IIR 数字滤波器有 Butterworth 滤波器、Chebyshev I 型滤波器和 Chebyshev II 型滤波器等。

在 MATLAB 中,设计 IIR 数字滤波器的方法有两种:一种是先设计出相应的模拟滤波器,再转换成数字滤波器;另一种是直接调用有关函数设计符合要求的数字滤波器。

在设计 IIR 滤波器时,首先要根据滤波器指标计算出滤波器阶数。MATLAB 中,常用于估计滤波器阶数的函数有:函数 butterord,用于 Butterworth 滤波器阶的选择;函数 cheb1ord,用于 Chebyshev I 型滤波器阶的选择;函数 cheb2ord,用于 Chebyshev II 型滤波器阶的选择;函数 ellipord,用于椭圆滤波器阶的选择。

采用上述第一种方法设计 IIR 数字滤波器时，必须对模拟 IIR 滤波器进行频率变换。在 MATLAB 中，用于实现此功能的函数有：lp2bp、lp2hp、lp2bs、lp2lp。

采用上述第二种方法设计 IIR 数字滤波器时，可直接调用的函数有：bilinear、impinvar、besself、butter、cheby1、cheby2、ellip。

上述各函数的使用方法可以通过 help 指令进行查看。

例 9.36 设计一个 Butterworth 模拟滤波器和数字滤波器，要求通带截止频率 f_p 为 400 Hz，阻带截止频率 f_s 为 600 Hz，通带内的最大衰减 R_p 为 0.3 dB，阻带最小衰减 A_s 为 60 dB，抽样频率 F_s 为 2 000 Hz。绘制出滤波器的幅频特性曲线。

编写 M 脚本文件 exam9_36.m 如下：

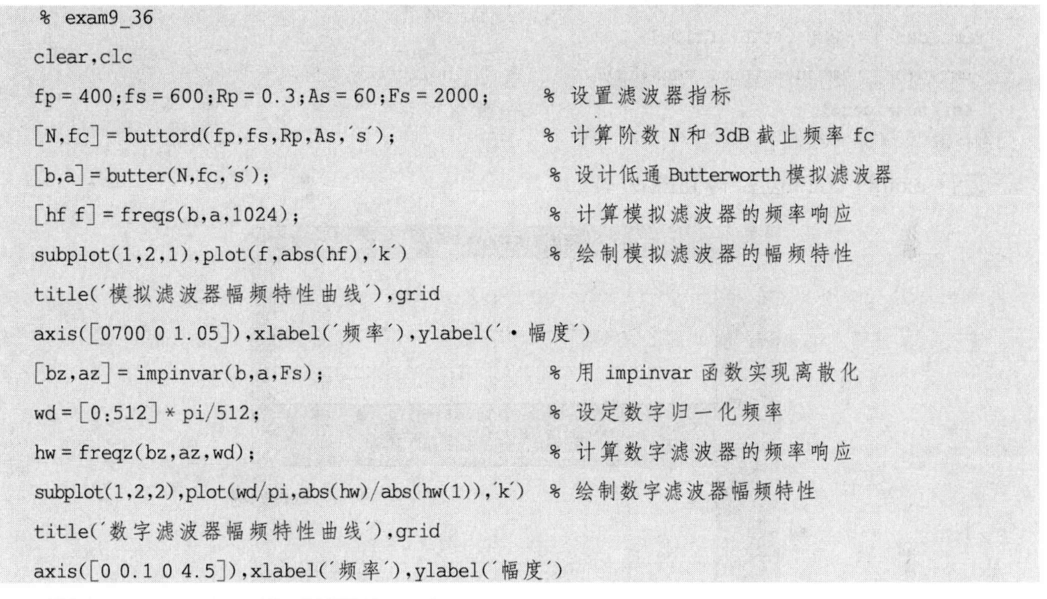

```
% exam9_36
clear,clc
fp = 400;fs = 600;Rp = 0.3;As = 60;Fs = 2000;        % 设置滤波器指标
[N,fc] = buttord(fp,fs,Rp,As,'s');                   % 计算阶数 N 和 3dB 截止频率 fc
[b,a] = butter(N,fc,'s');                            % 设计低通 Butterworth 模拟滤波器
[hf f] = freqs(b,a,1024);                            % 计算模拟滤波器的频率响应
subplot(1,2,1),plot(f,abs(hf),'k')                   % 绘制模拟滤波器的幅频特性
title('模拟滤波器幅频特性曲线'),grid
axis([0700 0 1.05]),xlabel('频率'),ylabel('・幅度')
[bz,az] = impinvar(b,a,Fs);                          % 用 impinvar 函数实现离散化
wd = [0:512] * pi/512;                               % 设定数字归一化频率
hw = freqz(bz,az,wd);                                % 计算数字滤波器的频率响应
subplot(1,2,2),plot(wd/pi,abs(hw)/abs(hw(1)),'k')    % 绘制数字滤波器幅频特性
title('数字滤波器幅频特性曲线'),grid
axis([0 0.1 0 4.5]),xlabel('频率'),ylabel('幅度')
```

运行 exam9_36.m 后，得到图 9.41。

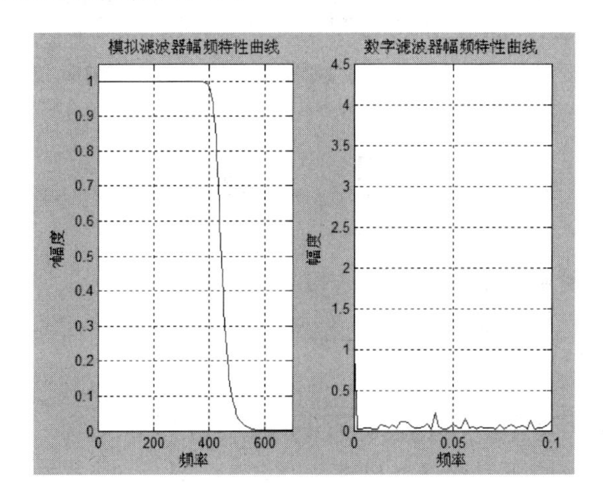

图 9.41 模拟滤波器和数字滤波器的频率特性

例 9.37 设计一个 Chebyshev I 型低通滤波器，采样频率为 1 000 Hz，滤波器的 3 dB

截止频率为 40 Hz,阻带截止频率为 150 Hz,通带内的最大衰减为 0.3 dB,阻带最小衰减为 60 dB。绘制出该滤波器的频率响应曲线。

编写 M 脚本文件 exam9_37.m 如下:

```
% exam9_37
clear
Wp = 2 * pi * 40;Ws = 2 * pi * 150;                    % 设置滤波器指标
Rp = 0.3;Rs = 60;Fs = 1000;
[N,Wn] = cheb1ord(Wp,Ws,Rp,Rs,'s');                    % 求滤波器阶数
[Z,P,K] = cheb1ap(N,Rp);                               % 求模拟低通滤波器
[A,B,C,D] = zp2ss(Z,P,K);
[At,Bt,Ct,Dt] = lp2lp(A,B,C,D,Wn);                     % 去归一化
[nums,dens] = ss2tf(At,Bt,Ct,Dt);
[numz,denz] = impinvar(nums,dens,Fs);                  % 用 impinvar 函数实现离散化
freqz(numz,denz);                                      % 绘制频率响应曲线
title('滤波器的频率响应曲线')
```

运行 exam9_37.m 后,得到图 9.42。

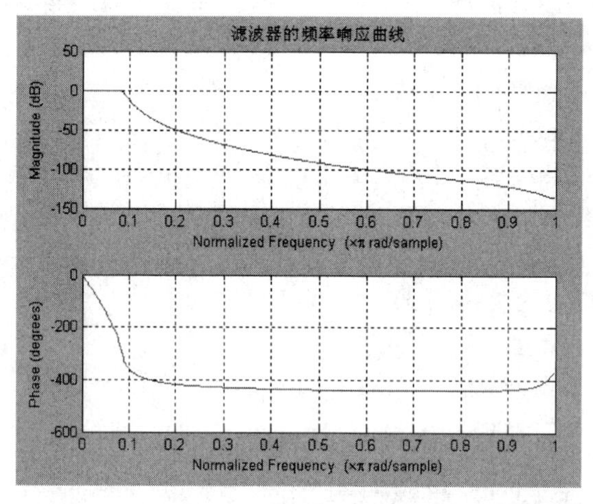

图 9.42 Chebyshev I 型低通滤波器的频率响应

习　题

9.1 将下面的传递函数模型输入 MATLAB 工作空间。

(1) $G(s)=\dfrac{s^2+5s+6}{[(s+1)^2+1](s+2)(s+4)}$;

(2) $H(z)=\dfrac{5\,(z-0.2)^2}{z(z-0.4)(z-1)(z-0.9)+0.6}$, $T=0.1$ s。

9.2 假设线性系统由下列状态空间模型给出:

$$\begin{cases}\dot{x}_1(t)=-x_1(t)+x_2(t)\\ \dot{x}_2(t)=-x_2(t)-3x_3(t)+u(t)\\ \dot{x}_3(t)=-x_1(t)-5x_2(t)-3x_3(t)+u(t)\end{cases},\quad y(t)=-x_2(t)+x_3(t)-5u(t)$$

试将其输入 MATLAB 工作空间，并求出等效的传递函数模型。

9.3　已知某系统的差分方程模型为

$$y(k+2)+y(k+1)+0.16y(k)=u(k-1)+2u(k-2)$$

试将其输入 MATLAB 工作空间。

9.4　将下面的零极点增益模型输入 MATLAB 工作空间。

(1) $G(s)=\dfrac{8(s+1-\mathrm{j})(s+1+\mathrm{j})}{s^2(s+5)(s+6)(s^2+1)}$；

(2) $H(z^{-1})=\dfrac{(z^{-1}+3.2)(z^{-1}+2.6)}{z^{-5}(z^{-1}-8.2)}$，$T=0.05$ s。

9.5　求出下列状态空间模型的等效传递函数模型，并求出此模型的零极点。

$$\dot{\boldsymbol{x}}(t)=\begin{pmatrix}1 & 2 & 3\\ 4 & 5 & 6\\ 7 & 8 & 0\end{pmatrix}\boldsymbol{x}(t)+\begin{pmatrix}4\\ 3\\ 2\end{pmatrix}\boldsymbol{u}(t),\quad \boldsymbol{y}(t)=(1\quad 2\quad 3)\boldsymbol{x}(t)$$

9.6　从下面给出的典型反馈控制系统结构子模型中，求出总系统的状态空间模型和传递函数模型。

$$G_0(s)=\frac{211.87s+317.64}{(s+20)(s+94.34)(s+0.17)},\ G_c(s)=\frac{169.6s+400}{s(s+4)},\ H(s)=\frac{1}{0.01s+1}$$

9.7　假设被控对象和 PID 控制器的传递函数分别为

$$G_0(s)=\frac{10}{(s+1)^3},G_{\mathrm{PID}}(s)=0.48\left(1+\frac{1}{1.814s}+\frac{0.435\,3s}{1+0.043\,53s}\right)$$

它们串联连接，并且整个闭环系统由单位反馈构成。试求出闭环系统的传递函数模型及零极点增益模型。

9.8　系统的总框图如图 9.43 所示，试推导出从输入信号 $r(t)$ 到输出信号 $y(t)$ 的总系统模型。

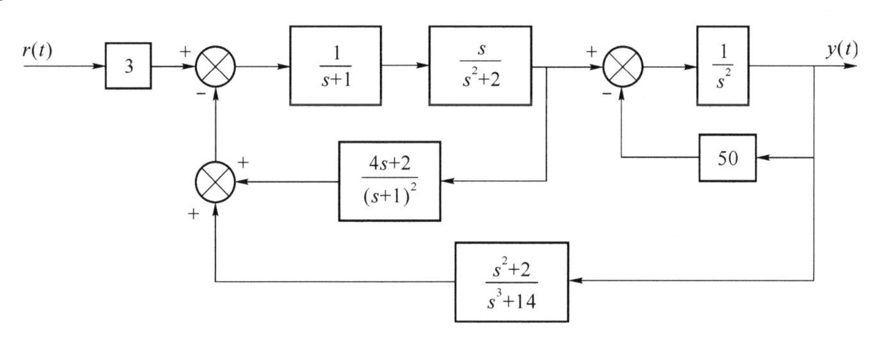

图 9.43　习题 9.8 附图

9.9　某双闭环直流电机控制系统如图 9.44 所示，试按照结构图化简的方式求出系统模型，并得出相应的状态空间模型。如果先将各个传递函数转换成状态空间模型，再进行上述化简，得出的状态空间模型与上述的结果一致吗？

9.10　已知传递函数模型

$$G(s)=\frac{(s+1)^2(s^2+2s+400)}{(s+5)^2(s^2+3s+100)(s^2+3s+2\,500)}$$

用不同的采样周期 $T=0.01$ s，0.1 s，1 s 对其进行离散化，比较原系统的阶跃响应与各离散系统的阶跃响应。

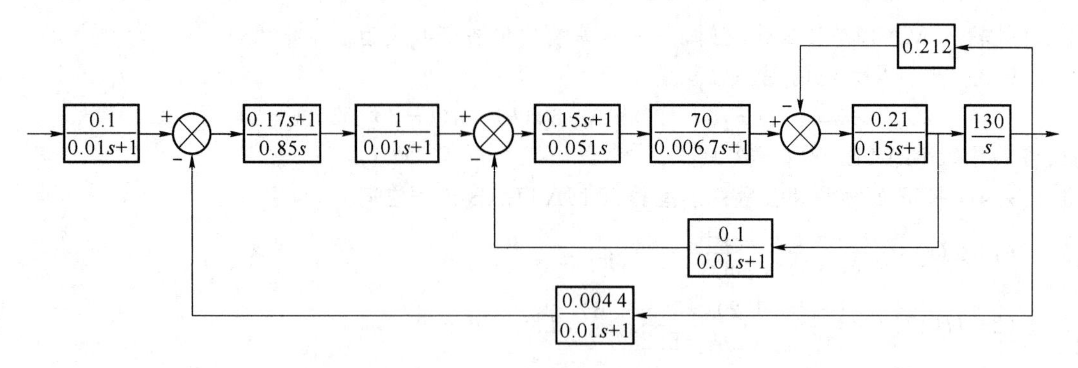

图 9.44 习题 9.9 附图

9.11 已知系统的传递函数模型为

$$G(s)=\frac{6s^3+11s^2+6s+10}{s^4+2s^3+3s^2+s+1}$$

(1) 求出系统的零极点增益模型;

(2) 求出系统的状态空间模型;

(3) 取采样周期 $T=1\,\mathrm{s}$,求出系统的脉冲传递函数模型和离散状态空间模型;

(4) 求出离散系统的阶跃响应和脉冲响应。

9.12 一个八阶系统的模型为

$$G(s)=\frac{18s^7+514s^6+5\,982s^5+36\,380s^4+122\,664s^3+222\,088s^2+185\,780s+40\,320}{s^8+36s^7+546s^6+4\,536s^5+22\,449s^4+6\,7284s^3+118\,124s^2+109\,584s+40\,320}$$

并假定系统具有零初始状态,试求出单位阶跃响应和脉冲响应。若输入信号变为 $u(t)=\sin(3t+5)$,试求出对应的时域响应。

9.13 试判断下列系统的稳定性:

(1) $G(s)=\dfrac{1}{6s^4+3s^3+2s^2+s+1}$;

(2) $H(z)=\dfrac{3z^2-0.39z^2-0.09}{z^4-1.7z^3+1.04z^2+0.268z+0.024}$。

9.14 试判断下列状态方程的稳定性:

(1) $\dot{\boldsymbol{x}}(t)=\begin{pmatrix}-0.2 & 0.5 & 0 & 0 & 0\\ 0 & -0.5 & 1.6 & 0 & 0\\ 0 & 0 & -14.3 & 85.8 & 0\\ 0 & 0 & 0 & -33.3 & 100\\ 0 & 0 & 0 & 0 & -10\end{pmatrix}\boldsymbol{x}(t)+\begin{pmatrix}0\\0\\0\\0\\30\end{pmatrix}\boldsymbol{u}(t)$;

(2) $\boldsymbol{x}(k+1)=\begin{pmatrix}17 & 24.54 & 1 & 8 & 15\\ 23.54 & 5 & 7 & 14 & 16\\ 4 & 6 & 13.75 & 20 & 22.588\,9\\ 10.868\,9 & 1.290\,0 & 19.099 & 21.896 & 3\\ 11 & 18.089\,8 & 25 & 2.356 & 9\end{pmatrix}\boldsymbol{x}(k)+\begin{pmatrix}1\\2\\3\\4\\5\end{pmatrix}\boldsymbol{u}(k)$。

9.15 试绘制下列开环系统的根轨迹曲线,并大致确定使单位反馈系统稳定的 K 值范围。

(1) $G(s)=\dfrac{K(s+6)(s-6)}{s(s+3)(s+4-\mathrm{j}4)(s+4+\mathrm{j}4)}$;

(2) $G(s)=\dfrac{K(s^2+2s+2)}{s^4+s^3+14s^2+8s}$。

9.16 对下列各个开环系统模型进行频域分析，绘制出 Bode 图和 Nyquist 图，并求出系统的幅值稳定裕度和相位稳定裕度。假设闭环系统是由单位反馈构造而成的，试由频率响应分析判断闭环系统的稳定性，并用阶跃响应来验证。

(1) $G(s)=\dfrac{8(s+1)}{s^2(s+15)(s^2+6s+10)}$；

(2) $H(z)=0.45\dfrac{(z+1.31)(z+0.054)(z-0.957)}{z(z-1)(z-0.368)(z-0.09)}$。

9.17 假设被控对象模型为

$$G_0(s)=\frac{100(1+s/2.5)}{s(1+s/0.5)(1+s/50)}$$

由某种方法设计出的串联控制器模型为

$$G_c(s)=\frac{1\,000(s+1)(s+2.5)}{(s+0.5)(s+50)}$$

试用频域分析法判定闭环系统的性能，并用时域响应检验得出的结论。

9.18 给定被控对象模型

$$\dot{\boldsymbol{x}}(t)=\begin{pmatrix}2 & 1 & 0 & 0\\0 & 2 & 0 & 0\\0 & 0 & -1 & 0\\0 & 0 & 0 & -1\end{pmatrix}\boldsymbol{x}(t)+\begin{pmatrix}0\\1\\1\\1\end{pmatrix}\boldsymbol{u}(t),\ \boldsymbol{y}(t)=(1\quad 0\quad 1\quad 0)\boldsymbol{x}(t)$$

试设计出一个状态反馈向量 $\boldsymbol{K}$，使得闭环系统的极点配置到 $(-2,-2,-1,-1)$ 位置。

9.19 求下列时域函数 $f(t)$ 的拉普拉斯变换 $F(s)$。

(1) $f(t)=0.5(1-\cos(5t))$；

(2) $f(t)=\mathrm{e}^{-0.2t}\cos(\pi t)$；

(3) $f(t)=t^2\mathrm{e}^{-3t}$。

9.20 已知下列拉普拉斯变换 $F(s)$，求其对应的时域函数 $f(t)$。

(1) $F(s)=\dfrac{s^2+s+100}{s(s^2+100)}$；

(2) $F(s)=\dfrac{1}{1-\mathrm{e}^{-Ts}}$。

9.21 求下列时域函数 $x(t)$ 的 Z 变换函数 $X(z)$。

(1) $x(t)=A\cos(\omega t)$；

(2) $x(t)=t^2$；

(3) $x(t)=1-\mathrm{e}^{-5t}$。

9.22 已知下列采样信号的 Z 变换函数 $X(z)$，求其对应的采样信号 $x(n)$。

(1) $X(z)=\dfrac{z}{(z-1)(z-2)}$；

(2) $X(z)=\dfrac{z}{(z-\mathrm{e}^{-T})(z-\mathrm{e}^{-2T})}$。

9.23 在图 9.45 所示的电路中，已知 $R_1=R_2=2\ \Omega$，$R_3=R_4=4\ \Omega$，$i_s=5\ \mathrm{A}$，求 u。

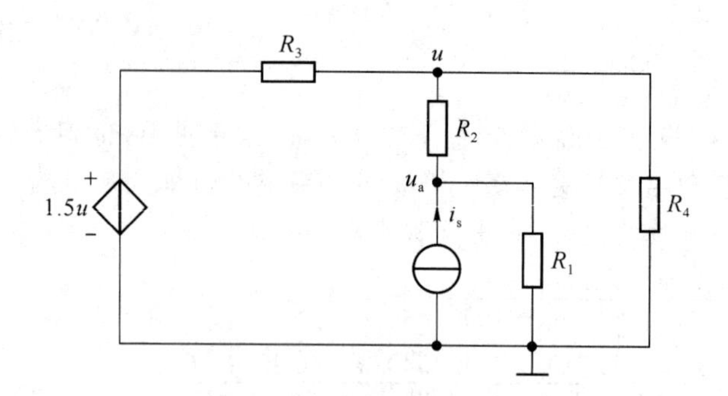

图 9.45 习题 9.23 附图

9.24 在图 9.46 所示的一阶电路中,已知:$R=2\ \Omega$,$C=0.5$ F,$u_C(0^+)=4$ V,$u_s(t)=10\cos(2t)$。当 $t=0$ 时,开关 S 闭合,求电容电压的全响应,并画出波形图。

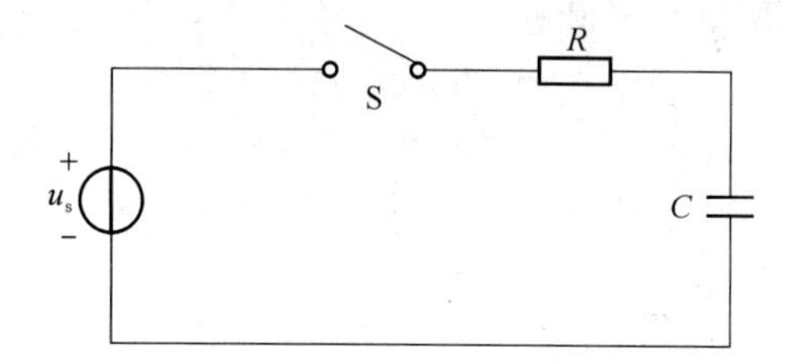

图 9.46 习题 9.24 附图

9.25 电路如图 9.47 所示,各元件参数为:$R_1=R_2=100\ \Omega$,$Z_1=Z_2=\mathrm{j}100\ \Omega$,$Z_C=-\mathrm{j}100\ \Omega$,$\dot{U}_s=100\angle 0°$,$\omega=100$ rad/s 求 Z_L 能获得的最大功率。

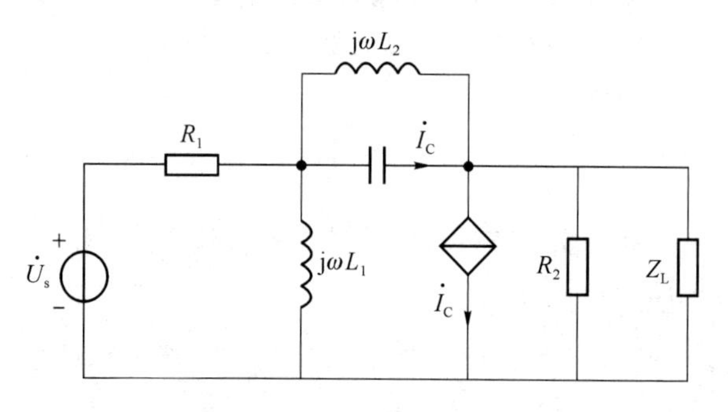

图 9.47 习题 9.25 附图

9.26 电路结构如图 9.48 所示,已知 $R_1=2\ \Omega$,$R_2=R_3=1\ \Omega$,$C=1$ F。求$\dfrac{\dot{U}_2}{\dot{U}_1}$、$\dfrac{\dot{I}_1}{\dot{U}_1}$,并画出频率特性曲线。

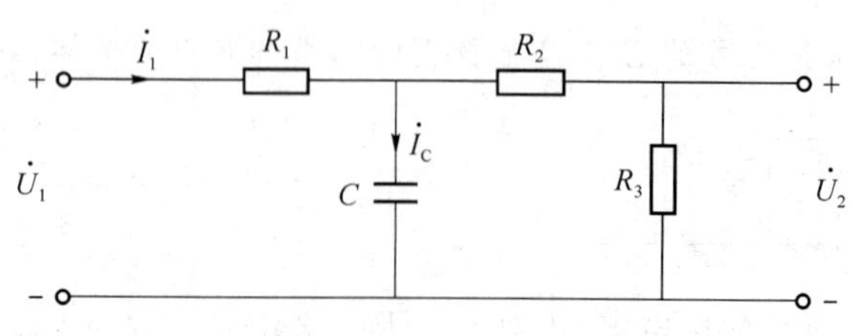

图 9.48 习题 9.26 附图

9.27　对连续时域信号 $x(t)=t\sin(t)$ 作 16 点采样，再对它作 3 个周期延拓，试分别绘制出它们的连续频谱。

9.28　已知有限长序列

$$x(n)=2^n R_N(n), N=16$$

(1) 计算 $x(n)$ 的 16 点 DFT，并图示 $x(n)$ 和 $X(k)=\mathrm{DFT}[x(n)]$，$k=0,1,2,3,\cdots 15$；

(2) 对所得 $X(k)$ 在 $[0,15]$ 上进行 8 点采样，得 $X_1(k)=X(2k)$，$k=0,1,2,\cdots 7$，求 $X_1(k)$ 的8 点 IDFT，并绘制 $x_1((n))_8$ 的波形图。

9.29　完成 IIR 滤波器直接型与级联型之间的相互转换，并将级联型转换为状态空间型和零极增益型。滤波器的系统函数为

$$H(z)=\frac{1-3z^{-1}+11z^{-2}+18z^{-3}+z^{-4}}{16+10z^{-1}-4z^{-2}-z^{-3}+z^{-4}}$$

9.30　用窗函数法设计一个 79 阶的 FIR 带通滤波器，通带截止频率为 0.35 和 0.65，要求采用 Blackman 窗函数法。绘制出滤波器的系数序列(脉冲响应)及频率响应曲线。

9.31　已知采样频率为 2 000 Hz，滤波器的 3 dB 截止频率为 50 Hz，阻带截止频率为 200 Hz，阻带最小衰减为 60 dB。试直接调用 MATLAB 信号分析工具箱中的相关函数，分别设计一个 Chebyshev I 型低通滤波器和 Chebyshev II 型低通滤波器，并绘制出滤波器的频率响应曲线。

附录 C/C++与 MATLAB 的混合编程

完全使用 MATLAB 作为开发工具，虽然能够完成任务，但它无法实现高效的程序开发过程和高效的程序执行速度，以及简单易行的程序部署方案。而 MATLAB 具有强大的矩阵运算能力、数据处理和图形显示等功能，如果采用其程序设计语言编写，如C/C++，则编程过程将变得十分复杂。因此，采用 MATLAB 与其他程序设计语言相互调用的方法在科学研究与工业技术开发方面得到了广泛应用。

目前广泛使用的混合编程技术主要有：使用 MATLAB 引擎、使用 ActiveX 控件、使用 MAT 文件共享数据、使用 C-MEX 技术、使用 MATLAB COM Builder、使用 Mideva 工具、使用 MATLAB Add-in 以及使用 MATLAB 编译器实现混合编程。本书将以在 VC 环境中使用 MATLAB引擎为例简要介绍 C/C++与 MATLAB 的混合编程。如果读者想进一步了解 MATLAB 与其他主要编程语言的相互调用，请参阅相关书籍，本书不再详细介绍。

MATLAB 引擎函数库是 MATLAB 提供的一组接口函数，它允许用户在自己的应用程序中对 MATLAB 函数进行调用，实现用户程序与 MATLAB 进程之间的数据交换和命令传送。在调用过程中，采用 C/S(客户/服务器)模式，用户程序作为前段客户机，通过调用 engine 在后台与 MATLAB 服务器建立连接，实现动态通信。在 Windows 系统中通过 ActiveX 完成。通过 MATLAB 计算引擎可以轻松地实现较复杂的数值计算、分析和可视化任务，对所有的数据结构都提供 100%的支持，因此，MATLAB Engine 可大大简化应用程序的开发。但同时会打开一个新的 MATLAB 进程，运行效率低下。

C 语言的引擎库函数都在头文件 engine. h 中定义。这些函数都使用了 eng 前缀名，有 engOpen、engGetArray、engPutArray、engEvalString、engOutputBuffer、engOpenSingleUse、engClose、engSetVisible、engGetVisiable、engGetVariable、engPutVariable。其中，engSetVisible、engGetVisiable、engGetVariable 和 engPutVariable 是 MATLAB6. 1 新增加的。而 engGetArray 和 engPutArray 已经过时，它们分别被 engGetVariable 和 engPutVariable 所取代，但仍可以使用。

【例 A. 1】 Visual C++6. 0 环境下调用 MATLAB 引擎的示例(假设 MATLAB R2013b 安装在目录 D:\Program Files\MATLAB 下)

在 VC++环境下产生一个数组 $t=[0\quad 0.1\quad 0.2\quad \cdots\quad 9.9]$，将其送入 MATLAB 工作空间中，调用自编的 M 函数文件完成 $y(t)=\sin(t)$的运算并绘制相应的函数曲线。然后，在 VC++环境下提取 MATLAB 工作空间中的数据 $y(t)$，完成 $z(t)=y(t)e^{t}$ 的运算并使用 MATLAB 中的相关指令绘制 $z(t)$的函数曲线。

编写 VC++程序(engdemo. cpp)如下：

```
#include<iostream>
#include<math.h>
#include"engine.h"
using namespace std;
int main()
{
    Engine *ep;  //创建一个指向MATLAB引擎类型的指针ep
    mxArray *TT = NULL;
    double t[100];
    for(int i = 0;i<100;++i)
    {
        t[i] = i*0.1;
    }
    if(!(ep = engOpen(NULL)))  //打开本机的MATLAB引擎
    {
        cerr<<"\n无法打开MATLAB引擎!"<<endl;
        exit(-1);
    }
    cout<<"\n成功打开MATLAB引擎!"<<endl;
    /*
     *第一部分
     *程序的前半部分,将发送数据到MATLAB工作区,并对其进行分析绘制
     */
    //使用给定数据创建一个变量
    TT = mxCreateDoubleMatrix(1,100,mxREAL);  //创建一个1*100的Double数组
    memcpy((char*)mxGetPr(TT),(char*)t,100*sizeof(double));  //使用t对TT赋值
    //将变量TT送至MATLAB工作空间,并对其进行处理
    engPutVariable(ep,"Time",TT);              //将TT存入MATLAB工作空间
    engEvalString(ep,"subplot(2,1,1)");        //执行MATLAB指令
    engEvalString(ep,"Yf = fun(Time);");       //调用M函数文件
    mxDestroyArray(TT);  //释放TT指向的mxArray
    /*
     *第二部分
     *程序的后半部分,将从MATLAB工作空间获取计算结果,对其进行处理并显示
     */
    mxArray *YY = NULL;
    mxArray *ZZ = NULL;
    double *Yreal;
    YY = engGetVariable(ep,"Yf");  //获取MATLAB工作区中的变量Yf的值
    if(mxGetNumberOfElements(YY) == 1)cerr<<"\n提取失败!"<<endl;
        exit(-1);
    }
    cout<<"\n提取数据成功!"<<endl;
    cout<<"\n所提取的数据大小为:"<<mxGetM(YY)<<"*"<<mxGetN(YY)<<endl;
    //对提取的数据进行处理
    Yreal = mxGetPr(YY);  //获取YY的数据指针
    double z[100];
    const double e = 2.71828;
    for(int ii = 0;ii<100;++ii) //处理数据
```

```
        {
    z[ii] = Yreal[ii] * pow(e,t[ii]);
    }
    //将处理结果返回 MATLAB 工作空间,并显示
    ZZ = mxCreateDoubleMatrix(1,100,mxREAL); //创建 1 * 100 的 Double 数组
    memcpy((char * )mxGetPr(ZZ),(char * )z,100 * sizeof(double));  //使用 z 对 ZZ 赋值
    engPutVariable(ep,"Z",ZZ);  //将 YY 存入 MATLAB 工作空间
    engEvalString(ep,"subplot(2,1,2)");
    engEvalString(ep,"plot(Time,Z,'k * ')");
    engEvalString(ep,"title('经 VC++ 处理后数据显示')");
    engEvalString(ep,"xlabel('time')");
    engEvalString(ep,"ylabel('z')");
    mxDestroyArray(YY);     //释放 YY 指向的 mxArray
    mxDestroyArray(ZZ);     //释放 ZZ 指向的 mxArray
    //程序结束前,是否需要关闭引擎
    char flag = 'Y';
    cout<<"\n 结果已显示!"<<endl;
    cout<<"\n 是否关闭引擎? (输入 Y 表示\"是\",其余任意键表示\"否\")"<<endl;
    if(cin>> flag&&flag == 'Y')
    {
        cout<<"引擎关闭!"<<endl;
        engClose(ep);  //关闭 MATLAB 引擎
    }
    else
        cout<<"引擎未关闭,请手动关闭!"<<endl;
    return 0;
}
```

M 函数文件 fun.m 如下:

```
function y = fun(t)
y = sin(t);
plot(t,y,'k');
title('调用 M 函数文件后数据显示');
xlabel('time');
ylabel('y');
```

运行 engdemo.cpp 后,得到如图 A.1～A.3 所示的结果。

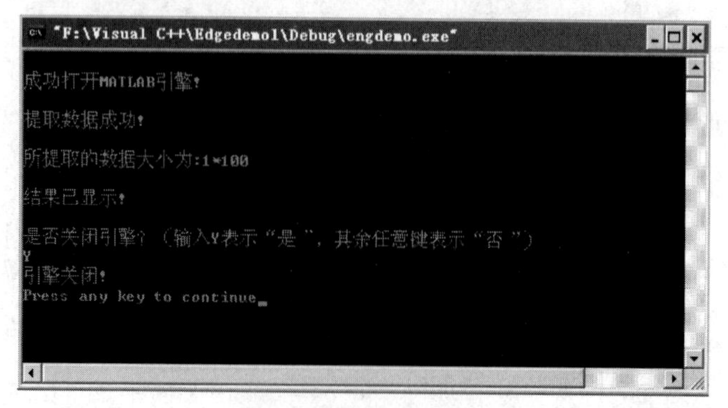

图 A.1　VC++运行界面

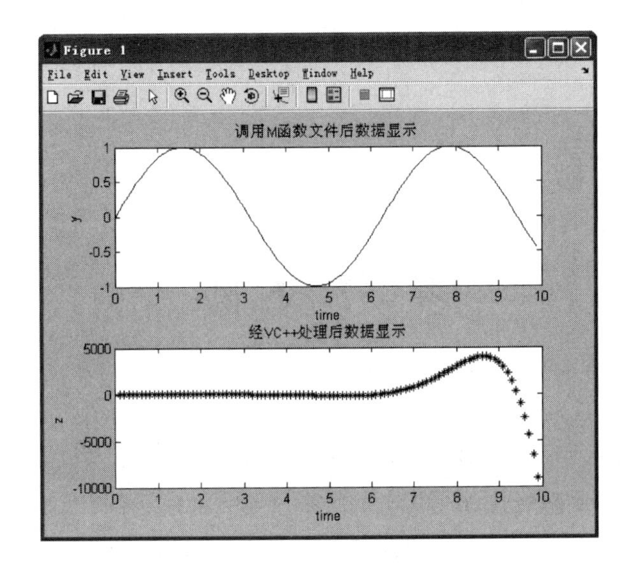

图 A.2　MATLAB 绘制出的曲线

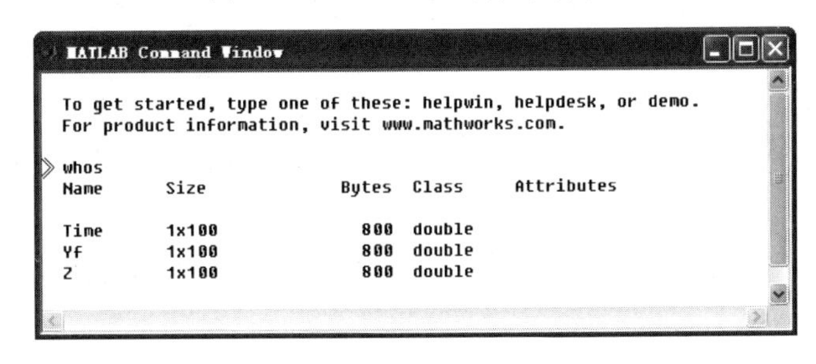

图 A.3　检查 VC++变量是否传送到 MATLAB 工作空间

【说明】

- 在编写 VC++程序前需要添加 MATLAB 引擎库的头文件和库函数路径。操作：打开菜单 tools→Options，选择“Directories”选项卡；在“Show directories for:”组合框中选取“Include Files”，添加“D:\Program Files\MATLAB\EXTERN\INCLUDE”，它是 MATLAB 引擎库的头文件 engine.h 所在目录；在“Show directories for:”组合框中选取“Library Files”，添加“D:\Program Files\MATLAB\EXTERN\LIB\WIN32 \MICROSOFT”；它是引擎库用到的动态链接库所在目录。
- VC++程序(engdemo.cpp)运行前还需要导入 MATLAB 引擎对应的静态链接库。打开菜单 Project→Settings，选取“link”选项卡，在“Object/Library Modules”里添加 libmx.lib、libmex.lib、libeng.lib。注意 3 个文件名中间以空格分开。
- VC++程序运行到最后，将打开如图 A.3 所示的 MATLAB 指令窗，可以输入指令 whos 查看工作空间中的变量情况。注意：该项操作必须在图 A.1 所示界面中关闭 MATLAB 引擎前完成。
- 如果要自动关闭 MATLAB 引擎，可调用函数 engClose，否则用手动关闭。
- MATLAB 中函数文件 fun.m 必须在搜索路径上。

同样，也可以在 MATLAB 程序中调用 C/C++语言编制的函数，其过程较为烦琐。限于篇幅，本书不再讲述。有兴趣的读者可参阅参考文献[25]。

参考文献

[1] 张志涌,等. 精通 MATLAB6.5 版. 北京:北京航空航天大学出版社,2003

[2] 黄忠霖. 控制系统 MATLAB 计算及仿真. 2 版. 北京:国防工业出版社,2004

[3] 郑阿奇,曹戈,赵阳. MATLAB 实用教程. 北京:电子工业出版社,2005

[4] 张志涌,杨祖樱,等. MATLAB 教程(R2006a-R2007a). 北京:北京航空航天大学出版社,2006

[5] 张平,等. MATLAB 基础与应用. 北京:北京航空航天大学出版社,2007

[6] 周开利,邓春晖,李临生,等. MATLAB 基础及其应用教程. 北京:北京大学出版社,2007

[7] 楼顺天,姚若玉,沈俊霞. MATLAB7.x 程序设计语言. 2 版. 西安:西安电子科技大学出版社,2007

[8] 张笑天,杨奋强. MATLAB7.x 基础教程. 西安:西安电子科技大学出版社,2008

[9] 薛山. MATLAB 2012 简明教程. 北京:清华大学出版社,2013

[10] 彭代慧,邹显春,等. MATLAB 2012 实用教程. 北京:高等教育出版社,2014

[11] 刘宏友,等. MATLAB6.x 符号运算及其应用. 北京:机械工业出版社,2003

[12] 薛定宇,陈阳泉. 基于 MATLAB/Simulink 的系统仿真技术及应用. 北京:清华大学出版社,2002

[13] 魏克新,王志亮,陈志敏. MATLAB 语言与自动控制系统设计. 北京:机械工业出版社,1997

[14] 赵文峰,等. 控制系统设计与仿真. 西安:西安电子科技大学出版社,2002

[15] 颜文俊,陈素琴,林峰. 控制理论 CAI 教程. 北京:科学出版社,2002

[16] 韩利竹,王华. MATLAB 电子仿真与应用. 北京:国防工业出版社,2003

[17] 陈晓平,李长杰. MATLAB 及其在电路与控制理论中的应用. 合肥:中国科学技术大学出版社,2004

[18] 聂祥飞,王海宝,谭祥富. MATLAB 程序设计及其在信号处理中的应用. 成都:西南交通大学出版社,2005

[19] 薛定宇. 控制系统计算机辅助设计——MATLAB 语言与应用. 2 版. 北京:清华大学出版社,2006

[20] 田玉平,蒋珉,李世华. 自动控制原理. 2版. 北京:科学出版社,2006
[21] 薛定宇,陈阳泉. 控制数学问题的MATLAB求解. 北京:清华大学出版社,2007
[22] 唐向宏,岳恒立,郑雪峰. MATLAB及在电子信息类课程中的应用. 北京:电子工业出版社,2007
[23] 张德丰. MATLAB在电子信息工程中的应用. 2版. 北京:电子工业出版社,2009
[24] 蒋珉,柴干,王宏华,等. 控制系统计算机仿真. 2版. 北京:电子工业出版社,2012
[25] 杨高波,亓波. MATLAB7.0混合编程. 北京:电子工业出版社,2006